博碩文化

全台第一本深入 React 核心觀念的技術指南

React 思維進化

一次打破常見的觀念誤解，躍升專業前端開發者

周昱安（Zet）著

U0099612

告別學習瓶頸的關鍵思維力

提升專業技術理解，打造傑出工程師之路

注重觀念理解	脈絡循序漸進	額外技術知識	筆者思維分享
深入剖析核心觀念與運作原理	從零堆疊技術脈絡新手老手都適用	額外技術知識點看這一本就夠	跳脫思考盲點學習之路不孤單

2022
iThome鐵人賽
冠軍

iThome
鐵人賽

作　　　者：周昱安（Zet）
責任編輯：何芃穎

董　事　長：曾梓翔
總　編　輯：陳錦輝

出　　　版：博碩文化股份有限公司
地　　　址：221 新北市汐止區新台五路一段 112 號 10 樓 A 棟
　　　　　　電話 (02) 2696-2869　傳真 (02) 2696-2867

發　　　行：博碩文化股份有限公司
郵撥帳號：17484299　戶名：博碩文化股份有限公司
博碩網站：http://www.drmaster.com.tw
讀者服務信箱：dr26962869@gmail.com
訂購服務專線：(02) 2696-2869 分機 238、519
（週一至週五 09:30 ～ 12:00；13:30 ～ 17:00）

版　　　次：2024 年 2 月初版二刷
　　　　　　2024 年 3 月初版三刷

建議零售價：新台幣 750 元
I S B N：978-626-333-769-5
律師顧問：鳴權法律事務所 陳曉鳴律師

本書如有破損或裝訂錯誤，請寄回本公司更換

國家圖書館出版品預行編目資料

React 思維進化：一次打破常見的觀念誤解，躍升專
業前端開發者（iThome 鐵人賽系列書）【平裝】/
周昱安 (Zet) 著 . -- 初版 . -- 新北市：博碩文化股份
有限公司 , 2024.02 印刷　面；　公分

ISBN 978-626-333-769-5（平裝）

1.CST: 系統程式 2.CST: 軟體研發
3.CST: JavaScript（電腦程式語言）

312.52　　　　　　　　　　　　　113001422
Printed in Taiwan

歡迎團體訂購，另有優惠，請洽服務專線
博碩粉絲團　(02) 2696-2869 分機 238、519

商標聲明

本書中所引用之商標、產品名稱分屬各公司所有，本書引用
純屬介紹之用，並無任何侵害之意。

有限擔保責任聲明

雖然作者與出版社已全力編輯與製作本書，唯不擔保本書及
其所附媒體無任何瑕疵；亦不為使用本書而引起之衍生利益
損失或意外損毀之損失擔保責任。即使本公司先前已被告知
前述損毀之發生。本公司依本書所負之責任，僅限於台端對
本書所付之實際價款。

著作權聲明

本書著作權為作者所有，並受國際著作權法保護，未經授權
任意拷貝、引用、翻印，均屬違法。

為什麼 React 這麼難學的好？

大家好，我是 Zet，目前是 iCHEF 的 Lead Front-End Engineer。我的 React 的開發經驗有九年左右，從大概 2014 的年底（那時候還是個資工系大學生）就開始接觸 React，而學習經驗是以自學加上參與技術社群為主，也曾在蠻多技術社群的小聚或是大型研討會擔任過議程講者以及工作人員。

從還只是個大學生兼 React 初學者，到能夠在技術社群進行分享，再到正式踏入前端工程師的職場並成長到 senior，甚至擔任許多夥伴的 mentor，我發現這麼多年來有一件事情始終沒有太大的改變，就是關於「大家普遍覺得 React 學習門檻很高，也很難學的好」這一點。

以我自己長年接觸 React 生態圈，以及擔任 mentor、前端面試官的經驗來看，我認為既同意，但也不同意，怎麼說呢？

先說說不同意的部分。React 相較於其他主流的前端框架或解決方案（如 Vue、Angular）來說，其實是更純粹的 JavaScript 開發體驗。比起各種特殊的 template language、directive、依賴注入…等等需要完全重新學習的特規功能或語法，React 完全沒有 JavaScript 以外的東西是必須額外學習的（即使是 JSX 語法也只是一種擴展很有限的語法糖，而不是超出 JavaScript 範疇的特性）。**在 React 中幾乎全部的機制都是完全依賴 JavaScript 內建的特性，沒有任何不透明的魔法或特規的指令語法，因此在基礎語法或 API 的掌握方面的學習成本是相對較低的。**

而同意的部分則是分成兩個面向，第一個面向其實就正好是上面講的不同意的部分：**由於 React 有大量機制或撰寫習慣是依賴 JavaScript 本身的核心特性，所以 JavaScript 基礎不穩的人在學習 React 時通常會非常辛苦**，甚至分辨不出來某些寫法或行為是 JavaScript 本身的特性導致的，還是 React 獨有的特性導致的。因此，我會**建議將 JavaScript 的基本功打好打穩之後再開始進行 React 的學習**，可能會是比較順暢的學習路徑。

而另一個面向，則是我認為 React 學習起來會比其他前端框架更依賴於「心智模型」的認知。React 的設計基於了許多程式領域的設計模式，而這些設計模式的概念大多都與「還沒有使用前端框架時的程式運作思維與習慣」相去甚遠，因此當你沒有真正理解它們時，你會覺得 React 的許多設計與行為都很不直覺甚至莫名其妙。此外，

如果你不熟悉這些概念或原理的話，則非常容易在實際開發時寫出有問題但卻不自知的程式碼，為專案的程式碼品質和軟體產品的可靠性埋下巨大的隱患。

相反的，當你真的掌握在這些設計背後的思維與脈絡後，你反而會覺得 React 的所有設計都非常直覺、甚至是一脈相承。這是因為 React 當中的概念或機制大多都環環相扣，當你從一開始就對核心概念一知半解甚至理解錯誤，則後續延伸的進階概念認知都會基於這個錯誤的理解之上越走越偏；反之，當你對於核心思想與概念真正內化到你的開發思維時，你會有一種任督二脈被打通的感覺，覺得那些原本看似莫名其妙的設計一切都說得通了，everything connected。

而這些觀念通常並不會因為你寫的 React 專案或程式碼越多就突然自己憑空開竅，而是需要額外投入大量的功夫，好好的從核心概念開始打穩基本功，然後帶著這些理解與思維融合進實作，才會是有意義的累積並融會貫通，最後內化到你的心智模型當中，成為一種技術思維。

其實有很多人在學習、嘗試掌握 React 時碰到瓶頸並難以突破，大多都是因為以上的原因。而無論是 JavaScript 的基本功，又或是 React 的核心觀念，這些東西都是一旦在學習的前期沒有好好理解並內化的話，後續較進階的技術學習就會帶著錯誤的理解去堆疊上更錯誤的理解，或是以一知半解的觀念寫出看似能動但其實有問題的程式碼，進而離真正掌握這門技術越來越遠。

因此本書正是希望將這些 React 的學習門檻、核心觀念與設計思維進行一個盤點並深入解析，希望能對於正在學習 React 或是已經有 React 的經驗但是苦惱於難以進一步掌握的朋友們有所幫助。

▍關於這本書的誕生

謹以此書獻給我的父親 Jimmy 以及母親 May。

從鐵人賽得獎，到這本書真正誕生並上市，期間長達一年左右的過程遠比我原本想像的要阻礙重重，其中發生了太多事情令我身心俱疲、痛苦不已。在去年參加鐵人賽的期間，罹患癌症第三期的父親經過了手術後兩年的穩定，病情漸漸開始反覆並住院。所幸在進行一些治療處置之後，順利的出院了，而我也成功的拿到了該屆鐵人賽的 Modern Web 組冠軍 —— 當時的我還不知道，這可能是我最後一次有機會讓父親為我感到驕傲。

在報名該屆鐵人賽的頒獎典禮時，我不知道是腦子抽到還是怎麼樣，覺得家人應該不會特別想跟我大老遠跑去輔大領獎吧，所以就沒有特別邀請他們一起來。直到在典禮現場看著大家都帶著親朋好友一起參與這份殊榮，我心裡才不禁後悔起來。幸好頒獎典禮有線上的轉播，我的家人還是可以透過鏡頭看到這個值得他們驕傲的時刻，同時我也只能安慰自己「或許明年也來參賽？明年有得獎的話一定找我爸來現場一起拍照留念」。

然而在不久之後，父親就因病況急轉直下而再次住院了。在這期間出版社也開始跟我聯絡詢問出書的意願，而住院中的父親也非常鼓勵我去追求想做的事情，我真的很希望能讓他親眼見證這本書的誕生。遺憾的是，在住院一個多月後，父親就永遠的離開了我。

父親的離世對我的打擊相當的巨大，在此之前我也花了好幾年才能漸漸釋懷母親在我還是學生時也因病離世的事，但我遠遠還沒有足夠的心理準備再次失去至親。在接下來的好幾個月中，處理父親後事、搬家、工作的專案壓力、寫書的進度壓力同時撲面而來，令我幾乎喘不過氣、無數次想要逃避。而沒有找父親來參加鐵人賽頒獎典禮的事，也注定成為了我一輩子無法彌補的悔恨與遺憾。

在這樣的狀態下，說實話對這本書我有好幾次都覺得很想要放棄。但與此同時，我也不想要讓在天上的爸媽失望、不想讓支持我的朋友失望、不想一直都很期待這本書的人失望。我很希望自己能夠做到父親以他一生的經歷教會我的：「不要當一個心虛的人、不要去逃避面對」，這也支撐了我走過如此痛苦不堪的一年，支撐我掏出自己的每分每毫、步履蹣跚的去完成這一本書。

這本書是我在能力所及、個人狀態允許的範圍內傾盡全力的嘔心瀝血之作，它蘊含了我這段時間的苦痛與悲傷，也承載了我對未來之路的期許與希望。在此我也想特別感謝家人、朋友以及同事的支持與幫忙，無論是與我一同面對並相互扶持的親姊姊明璇，還有協助本書誕生的朋友 Lois、Emily，幫忙撰寫推薦序的 Caesar、Richard、Kyle，以及不斷鼓勵我完成這本書的 Abby、責任編輯 Amblin 和所有參與這本書的博碩出版社工作人員們。

最後我也想感謝所有跟我說過「很期待這本書」的人，你們都是我抵抗這些負面能量繼續前行的動力，並真心希望這本書的成果沒有讓你們失望。

周立安 Zet

首先恭喜 Zet 出書！隨著 React 發展至今已超過 10 年的時間，Zet 也在這個領域持續深耕，首次讀完內容之後就可以感受到概念之扎實，出這本書實在實至名歸。這本書的出現無疑是為所有對前端開發感興趣，尤其是想深入了解 React 生態的開發者帶來了一份寶貴的資源。

這本書的內容可能對於初次閱讀的入門者來說可能感覺節奏較快，但它實際上是為那些想要探索 React 背後的核心概念而出現的巧妙編排。它深入講解了 React 是如何實現渲染的，為什麼採用單向資料流，以及這些設計如何影響我們的開發方式。

Zet 的這本書不僅是對新手的指引，對於已經有經驗的開發者的啟迪。它不僅讓讀者迅速理解 JavaScript 和 JSX 的生態系統，更重要的是深入剖析了 React 的設計理念和實作細節。

技術的學習往往容易開始，卻在面對問題時顯得棘手。例如，為什麼使用 useCallback 和 useEffect 就能解決某些問題？這背後往往是對 React 的渲染流程理解不足所致。這本書將幫助開發者揭開這些疑惑的面紗。

更深層次地，這本書它更像是一部心法，提供了深刻的洞察。它適合那些在調試 React 應用時遇到困難，或者對 React 的運作原理、組件和 Hooks 的封裝不太明白的開發者。對於那些渴望將自己的技能提升到更高層次的人來説，這絕對是一本必讀書籍。

我相信，當讀者首次閱讀完這本書時，你會對 React 有一種全新的認識。這本書將成為許多人的「啟蒙書籍」，讓他們驚嘆於 React 的強大和優雅。這就是 React 的魅力，這本書將會是你探索這個精彩世界的完美指南。

JavaScript Developer Conference Taiwan 主辦群
Caesar Chi 戚務漢

React 高手進化指南：在 AI 時代中掌握前端開發的原理

隨著 AI 和大型語言模型的到來，以 Copilot 為首的自動化程式撰寫工具普及，前端開發的市場正在迅速變化。這些 AI 技術能夠自動完成基本的 API 串接和框架使用，這意味著那些只懂得API 串接的入門前端工程師很容易被 AI 取代，甚至連「碼農」的地位都難以保持。因此，對於任何希望在未來軟體開發市場中保持競爭力的開發人員來說，掌握底層知識變得至關重要。

這正是 Zet 的新書讓我感到驚豔的一點。這本書不只教授如何使用 React，更重要的是深入剖析了 React 的底層原理與核心觀念。這種深度的理解超越了自動化工具的範疇，為開發者在生成式 AI 時代提供了獨特的優勢與價值。

Zet 從基本的 React 語法出發，逐步引領讀者深入 React 的精髓。他不僅闡述了 React 在畫面渲染與資料流動的技術細節，還透過圖解、重點提示、常見誤解澄清及筆者的思維分享，幫助讀者不僅理解 React 的操作方式，更重要的是理解其背後的原理。

此外，書中還提及 React 的設計基於許多程式設計模式，這些模式對於初學者來說可能是陌生的。Zet 的書籍讓讀者不僅學習到如何使用 React，更重要的是學習到 React 為什麼要這樣使用它，就算不是 React 的使用者，也能夠從這些思維當中獲益學習。

總而言之，Zet 的書不僅傳授技術知識，更提供了一種深入洞察與應對技術變遷的思維方式。這本書使 React 初學者能夠打破「只會跟著寫範例但不理解背後原理」的惡性循環，進而成為真正的專業 React 開發者。我強烈推薦這本書給所有希望在未來軟體開發市場中保持競爭力的前端開發者。

Richard Lee
愛料理 - 共同創辦人＆技術長
Google Developer Expert - Firebase

　　現代 Web 前端技術變化頻繁，各式各樣的前端框架主打著自己的優勢，不論是應用效能、開發者體驗或是較低的學習曲線，目的不外乎都是期望能獲得多數開發者的青睞，主導前端開發的下一個世代。而我自己在眾多前端框架之中，尤獨熱愛 React 這個框架。原因有很多，例如我喜歡它的語法、喜歡它的設計哲學、喜歡它擁有的龐大社群與生態系、看好它的未來發展…等等（當你真正愛上它時你會發現連覺得 Logo 比較好看都會被你看作是一個優勢），可以說 React 對我而言有一種獨特的魅力，也深刻影響了我對於前端領域的理解。

　　不過喜歡是一回事，我認為要成為一位優秀的開發者，必須對手中的工具有充分的理解，這也是為什麼我在過去嘗試去理解 React 底層的實作原理並寫成技術文章或是納入自己教學的課綱中，像是 React 的 Fiber 架構、React 的渲染流程、React Hooks 的實作原理…等等。即便這些細節初步看下來不僅艱澀難懂又對日常開發沒有什麼幫助，但在掌握這些知識後，它們的確給了我很多的「Aha Moment」，在日常開發的某些時刻，我發現正因為自己有嘗試理解這些概念，所以我知道為什麼在特定情境下程式會如此執行。

　　但說實話，學習這些觀念是相對困難的，並不是因為它們真的太過晦澀難懂，而是在於學習資源相當的零碎，我們可能需要先知道關鍵字，才能透過關鍵字找尋相關的學習資源。似乎還沒有一本書或一套課程，教導我們身為 React 開發者，除了學會怎麼使用它來開發以外，還應該要知道的底層知識與正確的觀念。聽到 Zet 要出版這本書的當下，我是十分興奮的，我深信本書可以大大降低學習 React 的難度，同時也可以讓更多人真正的去認識 React 這個框架，去理解它想傳達的設計思想、了解底層的運作原理，而後真正的愛上它。

　　不論你是剛踏入 React 世界的新手，還是已經在這個領域裡摸爬滾打一段時間的老手，我都誠心推薦閱讀這本書。它的內容深入淺出，讓你能夠輕鬆理解 React 的核心原理，同時也解開了那些平時經常被忽略的錯誤觀念。透過這本書，你會發現 React 不只是一個工具，它更是一門程式藝術，值得我們去探索、去體會。這本書將伴隨你在 React 的旅途中，一步步成長為更優秀的開發者。

莫力全 Kyle Mo

莫力全 Kyle Mo
Full Stack Web Engineer @Netskope
《今晚來點 Web 前端效能優化大補帖》作者

第三篇　**State 資料的管理與維護**

1-1 React 是什麼

React 的起源

React 是由 Facebook 的工程團隊在 2013 年所開源的一款 JavaScript 函式庫。在當時，Facebook 的網頁應用程式面臨著日益增長的複雜性。因此，他們的工程師們開始尋找一種新的方式，以簡化並管理這些複雜的互動式使用者介面（UI）。他們的答案，就是創造了 React。

React 的設計主旨在於製造一個高效能並且具有可預測性的使用者介面開發方式，其核心理念是將 UI 畫面轉化為一系列可重用和互相組合的元件。這個想法源自於程式碼模組化的觀念，以提供更高效的開發流程並促進程式碼的可維護性。

為什麼需要 React

在網頁開發技術的歷史初期，大多數的網頁是靜態的，並且與使用者的互動十分有限。然而，隨著網際網路技術的進步和使用者需求的增長，這些網頁變得越來越動態，與使用者的互動也越來越頻繁，這種變化導致了網頁開發的複雜度大幅提升。

React 的出現就是為了解決這個問題。它將網頁界面分解成獨立、可重用的元件，讓開發者能夠專注於每一個小的畫面區塊，而不需要在意整體的複雜性。這種方式讓開發者能更有效的組織和理解他們的程式碼，並更容易實現複雜的畫面 UI。

React 解決了什麼問題

React 主要解決了兩個問題。

首先，對於動態、大規模並且高度互動的網頁應用程式來說，傳統的開發方式經常導致開發者需要處理大量的 DOM 操作以及狀態管理，這使得程式碼難以維護和理解。React 透過其獨特的元件化方式，讓開發者可以輕鬆管理這些複雜性。

其次，React 能夠在應用程式的狀態資料更新時自動的連帶更新對應的畫面 UI，這種連動的能力使得開發者不需要手動操作 DOM，從而大幅提升了開發效率與應用程式的效能。

React 的主要優勢

React 的主要優勢包括了開發效率、效能以及社群支援。React 的元件化結構使得開發者可以高效率的開發和管理畫面 UI，並且透過特殊的畫面管理機制提供高效能的畫面更新。

此外，React 也擁有一個龐大且活躍的技術社群，提供了大量的資源，包括教學、問答以及第三方的套件等，讓開發者在使用 React 開發應用程式時可以得到大量的支援和靈感。

總結

React 不僅僅是一個開發使用者界面的工具，它是一種新的思考和組織前端程式碼的方式。透過將網頁畫面分解為獨立、可重用的元件，React 為開發者提供了一種有效管理複雜性的方式。加上其良好的效能以及豐富的社群支援，React 無疑是現代前端開發的一個優秀選擇。

Icons by Icons8

1-2 學好 React 所需要的 JavaScript 基本功

React 有著大量機制或撰寫習慣是依賴於 JavaScript 本身的核心特性，所以 JavaScript 基礎不穩的人在學習 React 時通常會非常辛苦，甚至分辨不出來某些寫法或行為是 JavaScript 本身的特性導致的，還是 React 獨有的特性導致的。因此，會建議將 JavaScript 的基本功打好打穩之後再開始進行 React 的學習，可能會是比較順暢的學習路徑。

因此筆者我會建議一開始先不要著急，在開始 React 的學習之旅前可以先盤點看看在本章節中所列出的必須 JavaScript 基本功是否都已經掌握。當然，礙於篇幅限制，我們不會在這邊直接深入解析所有的知識點，而是會著重分別點出為什麼這些特性或語法對於掌握 React 來說是必要的，並提供一些推薦的學習資源。

章節學習目標

▶ 了解哪些 JavaScript 特性或語法對於掌握 React 來說是必要的。

必要的 JavaScript 核心特性或語法

✿ Closure

Function component 中會大量的應用到 closure 來定義 component 中的函式，並且以這個特性來保持資料流，因此可以說是 React 最依賴的 JavaScript 特性。務必要完全掌握才能延伸去理解 React 的核心概念。

📖 **延伸閱讀**

Closure - MDN docs

https://developer.mozilla.org/en-US/docs/Web/JavaScript/Closures

📖 **延伸閱讀**

重新認識 JavaScript：Day 19 閉包 Closure

https://ithelp.ithome.com.tw/articles/10193009

📖 **延伸閱讀**

所有的函式都是閉包：談 JS 中的作用域與 Closure

https://blog.huli.tw/2018/12/08/javascript-closure/

⚛ Arrow function

在 function component 的程式碼撰寫中，我們會很常以 arrow function 來方便的定義 event handler 或 effect 函式。這是一個使用頻率極高的 JavaScript 特性，請務必要先掌握。

📖 **延伸閱讀**

Arrow function - MDN docs

https://developer.mozilla.org/en-US/docs/Web/JavaScript/
Reference/Functions/Arrow_functions

📖 **延伸閱讀**

什麼是箭頭函式 (Arrow Function)？跟一般的函式有什麼差別？

https://www.explainthis.io/zh-hant/swe/what-is-arrow-function

❀ Primitive type 與 object type

由於 React 是以 immutable 的概念來設計資料流的，因此對於資料型別系統的觀念掌握是不可或缺的基本功。

> 📖 **延伸閱讀**
>
> 重新認識 JavaScript：Day 03 變數與資料型別
>
> https://ithelp.ithome.com.tw/articles/10190873

> 📖 **延伸閱讀**
>
> 重新認識 JavaScript：Day 04 物件、陣列以及型別判斷
>
> https://ithelp.ithome.com.tw/articles/10190962

> 📖 **延伸閱讀**
>
> 深入探討 JavaScript 中的參數傳遞：call by value 還是 reference？
>
> https://blog.huli.tw/2018/06/23/javascript-call-by-value-or-reference/

❀ 陣列內建方法：`map`、`filter`、`slice`

在資料的 immutable update 操作時會大量使用到這些資料操作方法，後面的章節也會比較詳細的介紹。

> 📖 **延伸閱讀**
>
> 陣列的 `map()` 方法 - MDN docs
>
> https://developer.mozilla.org/en-US/docs/Web/JavaScript/
> Reference/Global_Objects/Array/map

📖 延伸閱讀

陣列的 `filter()` 方法 - MDN docs

https://developer.mozilla.org/en-US/docs/Web/JavaScript/
Reference/Global_Objects/Array/filter

📖 延伸閱讀

陣列的 `slice()` 方法 - MDN docs

https://developer.mozilla.org/en-US/docs/Web/JavaScript/
Reference/Global_Objects/Array/slice

⚛ 陣列 / 物件的解構賦值、spread、rest

在 props 資料解構和拆分、`useState` 回傳值解構、物件 state immutable update 等地方，都會頻繁的使用到這些陣列與物件的操作語法。

📖 延伸閱讀

解構賦值 - MDN docs

https://developer.mozilla.org/en-US/docs/Web/JavaScript/
Reference/Operators/Destructuring_assignment

📖 延伸閱讀

Spread 語法 - MDN docs

https://developer.mozilla.org/en-US/docs/Web/JavaScript/
Reference/Operators/Spread_syntax

⚛ 三元運算子

三元運算子能夠讓我們以一個表達式來做到便捷的條件式效果，在 React 畫面渲染的邏輯處理中非常實用。

> 📖 **延伸閱讀**
>
> 三元運算子 - MDN docs
>
> https://developer.mozilla.org/en-US/docs/Web/JavaScript/
> Reference/Operators/Conditional_Operator

⚛ ES Module 與 `import` / `export` 語法

React 非常早就擁抱了現代化前端工程中的重要技術：模組化。尤其是在基於 component 為單位的開發方式下，我們很常會將不同的 component 拆分成不同的檔案，並且互不干擾，只有在有需要時才手動相互引用。ES module 作為目前標準的 JavaScript 模組系統也是必須先熟悉掌握的知識點。

> 📖 **延伸閱讀**
>
> 完全解析 JavaScript import、export
>
> https://www.casper.tw/development/2020/03/25/import-export/

| 不是一開始就必須的，可以有需要時再學

⚛ Promise、`async` / `await` 語法

當我們在處理一些非同步請求時還是會接觸到與 Promise 相關的東西，不過它們跟 React 本身比較沒有直接的關係，可以當自己有需求時再補充相關的學習。當然，無論學不學 React，這還是 JavaScript 中相當重要的知識點。

> 📖 **延伸閱讀**
>
> JavaScript Promises: an introduction
>
> https://web.dev/articles/promises?hl=en
>
>

> 📖 **延伸閱讀**
>
> 簡單理解 JavaScript Async 和 Await
>
> https://www.oxxostudio.tw/articles/201908/js-async-await.html
>
>

⚛ 函數式程式設計

　　React 的設計中其實借鑒了很多函數式程式設計的設計模式，尤其是在進入到 function component 與 hooks 的時代後更加明顯，因此會非常推薦大家可以在掌握 React 到一定程度之後，額外去補充一些函數式程式設計相關的知識與概念。

> 📖 **延伸閱讀**
>
> JavaScript Functional Programming 指南
>
> https://jigsawye.gitbooks.io/mostly-adequate-guide/content/
>
>

1-3

React 開發環境建置的門檻

過去有很長一段時間裡，開發環境的建置都被視為學習 React 的首要最大難關。由於 React 從非常早期的版本就已經擁抱了 transpiler 與 module bundler 等現代化的前端技術作為預設的開發環境選項，但當時並沒有提供官方的開發環境建置工具，因此你必須自己手把手的去設定 Babel、Webpack 等工具的所有細節才能建立一個完善的 React 開發環境，門檻可謂不低。

不過幸好隨著 React 技術與社群的蓬勃發展，出現了許多便捷的 React 開發環境建置工具，甚至是包含了許多進階功能與架構的框架。在這個章節中我們就一起來簡單的認識這些常見的 React 開發環境建置工具。

章節學習目標

▶ 認識 React 常見的開發環境建置工具。

1-3-1 安裝 Node.js

在開始使用任何的 React 開發環境建置工具之前，我們都需要先安裝 Node.js。Node.js 是一個能讓 JavaScript 在伺服器端執行的環境，它基於 V8 JavaScript 引擎，並提供了一系列的功能，讓開發者可以建立高效能、可擴展的應用程式。雖然主要用於伺服器端開發，不過 Node.js 其實也經常用於前端開發中，作為套件管理（如npm）和構建工具（如 Webpack）的執行環境。

我們可以透過 Node.js 的官方網站提供的下載點來安裝 Node.js。而如果你希望同時安裝多個 Node.js 版本並可以切換的話，可以使用 nvm 來安裝 Node.js：

> 📖 **延伸閱讀**
>
> Node.js 官方網站
>
> https://nodejs.org

> 📖 **延伸閱讀**
>
> 安裝 nvm 環境，Node.js 開發者必學（Windows、Mac 均適用）
>
> https://www.casper.tw/development/2022/01/10/install-nvm/

1-3-2 Create React App

　　所幸在 React 誕生並經過幾年的發展之後，React 核心維護團隊也意識到「開發環境建置工具」是攸關 React 這項技術是否能順利入門的重要門檻，並且手把手設定有其相當的難度，因此從 2016 年時開始著手推出官方的工具 Create React App。隨著時間的推移這個工具也不斷的改善並推廣，已經是一個相當簡潔易用的方案，它能夠讓開發者一鍵的快速建立一個 React 的開發環境。

　　你可以在 Create React App 的官方文件找到手把手的使用教學，在此就不贅述其安裝流程：

> 📖 **延伸閱讀**
>
> Create React App 官方文件
>
> https://create-react-app.dev/

▍Create React App 即將要被棄用了？

　　在 2023 年 5 月，React 新版的官方文件上線之後，有一件事情被 React 的技術社群所熱議，就是新官方文件中的推薦環境建置選項裡居然不再出現 Create React App 這個由官方自己維護的工具了。這個調整讓許多開發者都議論紛紛 React 官方是否準備

要放棄維護 Create React App，轉而全面擁抱 Next.js 或 Remix 等框架級別的開發環境方案。

為此，當時身為 React 核心團隊知名開發者的 Dan Abramov，還特地在 Github 的討論上發表了一篇長文解釋 React 官方對於此事的看法與未來規劃。簡單來説，React 官方當初是因為社群上還沒有一個好的整合環境方案才創造了 Create React App 這個工具，然而這幾年隨著 React 技術不斷的演進以及社群的蓬勃發展，產生了許多進階的特性是必須依賴於更複雜的開發環境建置才能支援，例如像是 server-side rendering 或甚至是最新的 server component。

這些功能運作所需的環境設定相當複雜，且必須與整個應用程式級別的架構進行整合，因此社群這幾年也誕生了如 Next.js 或 Remix 這種整合度高且非常熱門的 React 框架。隨著這些進階開發需求的日漸增加，Create React App 所提供的環境建置功能已漸漸捉襟見肘，然而，React 官方並不希望再另外創造一個全新的官方框架來與這些已經發展已久的熱門框架進行對抗，這會導致社群資源的分裂與浪費，同時也失去了創建 Create React App 的原始目的：提供一個單一、簡單的工具來幫助新手開始 React 的開發。

因此 React 官方預計未來會將 Create React App 往「專案啟動器」的方向進行轉型。也就是説，在未來你使用 Create React App 來建議一個新的專案時，會提供多種開發環境的的選項，你可以自行根據需求或喜好來選擇要以哪一種開發環境工具來建立一個新的 React 專案。

如果你的環境需求單純，甚至只是學習 React 的用途的話，仍然可以選擇使用既有的 Create React App 環境建置功能來建立一個簡單的 React 開發環境。而如果你想要建立一個環境需求更進階、或是 production 等級的 React 應用程式的話，也可以選擇想要的框架，Create React App 將會幫你建立好該框架的開發環境。

📓 **延伸閱讀**

關於 React 官方對 Create React App 未來規劃的討論

https://github.com/reactjs/react.dev/pull/5487#issuecomment-1409720741

1-3-3 基於 React 的進階框架

React 社群中也有功能更豐富且更架構更完善的的框架系統，如主流的 Next.js 與 Remix。這些框架通常也已經內建整合了許多開發環境的設置，同時也封裝了其他更進階的功能與特性，例如 server-side rendering 或 server component，因此會建議先了解之後再評估是否有需要使用到這些框架。

Next.js

Next.js 是一套由 Vercel 維護、在 React 社群中非常熱門且主流的框架。與 React 本身只是一個管理畫面處理的函式庫不同，Next.js 是一個架構涵蓋整個前端應用程式的框架，能夠讓開發者方便的打造功能強大的 React 應用程式。

> 📖 **延伸閱讀**
>
> Next.js 官方文件
>
> https://nextjs.org/

Remix

Remix 則是另一套由 Shopify 所維護的 React 框架後起之秀，擅長以更有結構的方式組織程式碼與資料管理。

> 📖 **延伸閱讀**
>
> Remix 官方文件
>
> https://remix.run/

總結

　　總結來說，如果你的開發環境需求單純，甚至只是學習 React 的練習用途的話，仍然會推薦使用 **Create React App** 來建置開發環境。

　　以框架來開發 React 雖然能享有更多更方便、進階的特性與功能，但是對於 React 初學者來說非常容易被混淆：到底哪些是 React 本身的特性，而哪些又是框架加工之後才產生的特性？這對於學習的目標來說很容易產生不必要的雜訊，反而讓初學者更難以釐清 React 觀念或運作機制的脈絡。

　　而當你已經對 React 技術有一定程度的掌握，並且要開發環境需求更進階、複雜的 React 專案時，自然就適合進一步考慮 Next.js 或 Remix 這些在業界十分熱門且主流的框架級解決方案。

參考資料

▶ https://github.com/reactjs/react.dev/pull/5487#issuecomment-1409720741

2-1 DOM 與 Virtual DOM

如同官方文件所描述的，React 是一個用於「打造 UI」的工具，而在瀏覽器中我們呈現 UI 畫面的載體就是 DOM。DOM 與瀏覽器的畫面渲染引擎綁定，因此操作 DOM 就會連動更新畫面繪製的結果。

在 React 這種現代的前端解決方案中，開發者一般來說並不會直接去接觸 DOM，而是由 React 幫忙代理 DOM 的操作與管理，大多數時候我們只需要負責跟 React 提供的 API 互動就好。因此，想要真正的從基礎好好理解 React 的運作方式，就必須從 DOM 以及 React 的畫面管理機制開始著手剖析。

章節學習目標

▶ 了解為什麼 DOM 操作是一種效能成本昂貴的動作。

▶ 了解 Virtual DOM 是什麼，以及 Virtual DOM 與 DOM 之間的關係。

▶ 了解 Virtual DOM 是如何優化 DOM 操作所帶來的效能問題。

2-1-1 DOM

在開始進入 React 之前，我們先來回顧一下關於瀏覽器中的 DOM。

DOM（Document Object Model）是一種樹狀資料結構，用於表示瀏覽器中的畫面結構。DOM 當中包含了整個畫面對應的所有元素，一個元素就是一個 DOM element，而 DOM element 是瀏覽器內建的特殊 JavaScript 物件，包含該元素的屬性並提供操作方法，如插入和修改元素等。並且，**DOM 與瀏覽器的渲染引擎有著緊密的連動，當我們**

對 **DOM** 進行任何操作時，渲染引擎將自動執行一系列的更新過程來重新繪製畫面。因此，DOM 操作是一個效能成本彎高的動作，尤其是在短時間內更新大量的 DOM element 時，就可能導致畫面卡頓等問題。

因此，在瀏覽器中盡可能的減少 DOM 操作 —— 精確來說，應該是「**以最小範圍的 DOM 操作來完成所需的畫面變動**」，將會是前端效能優化的重要關鍵之一。

2-1-2 Virtual DOM

我們先不著急著進入到 React 本身的部分。在那之前，我們得先引入一個 React 核心機制背後所採用的重要概念：Virtual DOM。

Virtual DOM 是試做品，DOM 是成品

Virtual DOM 是一種為了有效的處理畫面 UI 結構管理而產生的程式設計概念。簡單來說，這個概念的核心是以一種「虛擬的畫面結構」的自創資料，來模擬並對應實際 DOM 的畫面結構，所以這種概念被稱為「Virtual（虛擬的）DOM」。這種虛擬的畫面結構與實際的 DOM 通常會透過程式的處理來不斷更新以保持對應，這能夠為畫面更新的管理帶來一些好處，我們將在稍後提及。

Virtual DOM 只是一種概念，而要如何設計虛擬畫面結構的資料，以及如何與實際的 DOM 保持對應，則並沒有一套固定的標準，因此採用了 Virtual DOM 概念的那些前端技術可能有各自不同的實作方式。

通常以 Virtual DOM 概念所實現的「虛擬畫面結構資料」會是一種模擬並描述實際 DOM 結構的資料，其本身也是一種樹狀資料結構。**其中每一個元素的資料都是普通的 JavaScript 物件變數，內容則嘗試在描述一個實際的 DOM element 預計要長的樣子**（像是元素類型、屬性、子元素有哪些…等等資訊）。接著透過負責渲染畫面的程式處理後，就能將這些虛擬的畫面結構資料轉換並產生成實際的 DOM element，以更新瀏覽器的畫面結果。

有一種在學習 React 時常見的誤解是認為「Virtual DOM 是從實際 DOM 複製一份出來的副本，並因此覺得畫面結構對應的同步化方向是由實際 DOM ⇒ Virtual DOM」，不過實際上這個同步化的方向正好是相反的：

其實 **Virtual DOM 並非是從實際 DOM 複製而來**。正確的流程是首先以 Virtual DOM 的形式定義期望的畫面結構，然後再依照 Virtual DOM 的結構來操作實際的 DOM，使實際 DOM 變得與 Virtual DOM 的結構保持對應一致。因此，**這兩者之間的同步化關係應該是由 Virtual DOM ⇒ DOM 單向的才對**。

> **? 詞彙解釋**
>
> 此處所提及的「同步化」指的是動詞，意指「**使兩個或多個事物的狀態或資訊拉齊，以保持一致**」，例如「由 A 同步化資訊到 B」是指是以 A 作為資料來源，更新 B 的狀態令其變得與 A 對應一致。而「同步、非同步程式設計」中的形容詞「同步」則涵義不同，後者的形容詞「同步」通常是在描述一種程式設計方法的特徵：程式按預定依序執行任務，其中後續任務需等待前一個任務完成才能開始。

因此，你可以將 Virtual DOM 看作是畫面繪製的試做品，而 DOM 則是最終正式的成品：我們先根據畫面的需求來建立試做品，然後再以試做品作為樣本依據，來產生或修改相應的實際成品。讓我們以示意圖的方式來表達這個從 **Virtual DOM ⇒ DOM** 的**轉換、同步化流程**，如圖 2-1-1 所示：

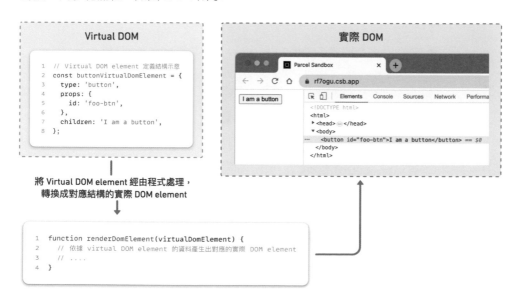

圖 2-1-1 Virtual DOM ⇒ DOM 的轉換、同步化流程示意圖

請注意圖 **2-1-1** 中的範例程式僅為示意用途，而非 **React** 中實際的實作，真正能完整將 Virtual DOM 轉換成 DOM 的計算流程會遠比此複雜許多。在像是 React 這種現代化的前端解決方案中，通常會讓開發者專注於對 Virtual DOM 進行管理與互動，而由 Virtual DOM 到實際 DOM 的轉換與同步化則由框架自動幫你處理好。

畫面更新的策略：在新舊畫面的彩排之間尋找差異之處

然而，特地多設計了這麼一層轉換處理的好處是什麼呢？

你可以想像 Virtual DOM 是一種渲染畫面的模擬彩排所產出的試做品。當首次繪製畫面時，我們產生了一份 Virtual DOM 結構，並且也轉換出對應的實際 DOM 結構。而當 UI 畫面需要更新時，我們可以使用以下流程來處理：

1. 完整的重新產生對應新畫面的新 Virtual DOM 結構，作為新版的彩排結果。

2. 將新版畫面的 Virtual DOM 結構與舊版畫面的 Virtual DOM 結構進行細節的比較，找出其中的具體差異之處，即本次畫面更新中真正需要操作 DOM 的部分。

3. 根據這些新舊 Virtual DOM 畫面結構的差異之處，就能以最小範圍的 DOM 操作來完成本次瀏覽器畫面的更新。

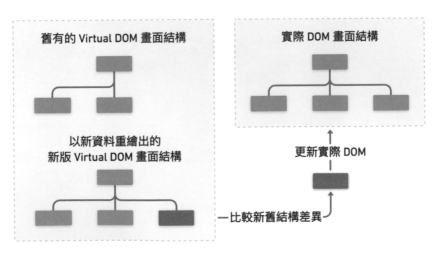

圖 2-1-2 Virtual DOM 畫面更新策略示意圖

透過這個流程，我們就可以**將實際 DOM 的操作範圍最小化**，並限縮在這些真正需要變更的地方，來盡可能的減少因多餘 DOM 操作而造成的效能浪費，以達到效能優化的目的。

因此 Virtual DOM 這種概念在效能優化上的效益，就是當畫面有更新需求時，能夠以事前彩排以及比較新舊差異的方式，找到最低成本的 DOM 操作範圍。雖然每次重新產生畫面的 Virtual DOM 結構以及新舊比較的計算流程都會產生效能上的成本，但是與實際的 DOM 不同的是，**Virtual DOM 畫面結構的資料並沒有與瀏覽器的渲染引擎做直接的綁定**，產生、操作、比較的都只是普通的 JavaScript 物件資料，因此這種設計在頻繁或大範圍的畫面變動時，還是可以帶來效能上的優勢。

有不少主流的前端框架或解決方案都採用了 Virtual DOM 的概念來處理畫面更新的需求，包括本書的主角 React。雖然不同的框架或解決方案對於 Virtual DOM 的實現和應用方式有所不同，不過大多數都是為開發者代理了對 DOM 的操作。由於本書是以 React 為主，因此以上的描述主要是基於 React 的概念。

如果你覺得以上的概念描述有點抽象、難以想像實際上在撰寫的程式中是如何運作的話，也不用感到緊張、覺得開始跟不上了，此處的簡介只是為了先讓我們對於 Virtual DOM 的概念與設計緣由有個基本的認識作為鋪陳。在後續的篇幅中，我們還會再更進一步的介紹 Virtual DOM 的概念在 React 的畫面更新流程中所扮演的角色，並對應到實際的程式碼流程來做細節的解析，相信到時候大家就能夠對於其觀念能有更深的體察與感受。

> 📖 **延伸閱讀**
>
> 關於 Virtual DOM 效益的進階討論：
>
> https://www.zhihu.com/question/31809713
>
>

在介紹完了背景的緣由以及大致觀念之後，下一章就讓我們進入到 Virtual DOM 概念在 React 中實現的最小構成單位：React element。

章節重點觀念整理

本章節介紹了 DOM、Virtual DOM 的概念，以及 Virtual DOM 在效能優化上的原理與效益：

▶ DOM（Document Object Model）是一種樹狀資料結構，用於表示瀏覽器中的畫面元素。**操作 DOM 會連動瀏覽器的渲染引擎重繪畫面因而效能成本昂貴。**

▶ Virtual DOM 是一種程式設計概念，旨在有效處理 UI 結構的管理。它透過創建一個虛擬的畫面結構來模擬實際的 DOM，這種虛擬結構會持續同步化到與實際的 DOM，從而為 UI 管理提供了便利和效能優勢。

▶ 通常以 Virtual DOM 概念所實踐的「虛擬畫面結構資料」是一種模擬並描述實際 DOM 結構的資料，其本身也是一種樹狀資料結構。

▶ Virtual DOM 並非從實際 DOM 複製而來。Virtual DOM 就像是開發者描繪的畫面試做品，用於先定義期望的畫面結構，然後程式再依據 Virtual DOM 的結構來操作實際的 DOM，使其與 Virtual DOM 的結構保持一致，所以同步化的方向為**由 Virtual DOM ⇒ DOM 單向。**

▶ Virtual DOM 這種概念在效能優化上的效益，是當畫面需要更新時，可以透過**產生新的 Virtual DOM 結構，然後比較新舊 Virtual DOM 結構的差異，並根據差異之處來執行最小範圍的 DOM 操作**，以減少效能成本。

▶ 雖然產生、操作、比較 Virtual DOM 的畫面結構也需要花費效能成本，但由於它並沒有直接與瀏覽器的渲染引擎綁定，因此這種設計在頻繁或大範圍的畫面變動時，還是可以帶來效能上的優勢。

章節重要觀念自我檢測

▶ DOM 是什麼？為什麼操作 DOM 是一種效能成本昂貴的動作？

▶ Virtual DOM 是什麼？其與 DOM 的關係是？

▶ Virtual DOM 為什麼可以幫助解決頻繁或大範圍的畫面變動時的效能浪費？

參考資料

▶ https://medium.com/手寫筆記/build-a-simple-virtual-dom-5cf12ccf379f

💡 **筆者思維分享**

從這個章節開始，我們正式開始介紹關於 React 的核心畫面管理機制。然而比起先介紹 component 或是 JSX 這種常見的做法，我們選擇從引入 Virtual DOM 的概念，以及釐清其與 DOM 之間的關聯作為起點。

你會發現這與絕大多數的 React 學習資源的設計順序都不同。這是因為筆者我認為 React 之所以學習起來不易，正是因為它需要非常多的觀念作為鋪墊並累積，而無論是 React element、JSX、component 等概念，它們追溯源頭的前置概念都是 Virtual DOM。若先去介紹那些其實是基於 Virtual DOM 的延伸概念或 API，然後在事後才補上介紹 Virtual DOM 的概念的話，反而會讓最前期的基礎觀念堆疊產生斷層，且浪費了基於觀念去理解並內化實作流程的機會。

此外，對於一個尚未學習過前端主流框架或解決方案的開發者來說，他們熟悉的畫面管理媒介也正僅止於 DOM。因此，從 Virtual DOM 的概念以及它能夠幫助解決什麼問題，還有 Virtual DOM 與 DOM 的關係著手，是能夠在學習 React 時打穩基礎的重要切入點，並延伸到後續章節的觀念堆疊。

建構畫面的最小單位：React element

在上一個章節中，我們介紹了 DOM 操作所面臨的效能問題，以及 Virtual DOM 的概念是如何幫助我們解決這個問題的，而本書的主角 **React** 正是採用了 **Virtual DOM** 來作為畫面管理的核心概念。

觀念回顧與複習

▶ 操作 DOM 會連動瀏覽器的渲染引擎重繪畫面，因此效能成本昂貴。

▶ Virtual DOM 是一種程式設計概念，它透過創建一個虛擬的畫面結構來模擬實際的 DOM，這種虛擬結構會持續同步化到與實際的 DOM，從而為 UI 管理提供了便利和效能優勢。

▶ 通常以 Virtual DOM 概念所實踐的「虛擬畫面結構資料」是一種模擬並描述實際 DOM 結構的資料，其本身也是一種樹狀資料結構。接著程式再依據 Virtual DOM 的結構來操作實際的 DOM，使 DOM 與 Virtual DOM 的結構保持一致，所以同步化的方向為**由 Virtual DOM ⇒ DOM 單向**。

▶ Virtual DOM 概念在效能優化上的效益，是當畫面需要更新時，可以透過產生新的 Virtual DOM 畫面結構，並與舊有畫面的 Virtual DOM 結構進行細節的比較，最後根據差異之處來執行最小範圍的 DOM 操作，以減少效能成本。

章節學習目標

▶ 了解 React element 的基本概念以及建立的方法。

▶ 了解 React element 、 Virtual DOM 以及 DOM 之間的關係。

▶ 了解為什麼 React element 一旦被建立後就是不可被事後修改的。

▶ 了解 React element 與 DOM element 之間雖然有對應關係，但是它們某些屬性命名有所差異。

2-2-1 什麼是 React element

React 基於 Virtual DOM 的概念來設計並實作了一套 UI 畫面產生、更新與管理的機制。在 React 的實作中，**Virtual DOM 畫面結構裡的每個元素被稱為「React element」**，作為描述並組成畫面的最小單位。

🧑 **常見誤解澄清**

你可能會在一些學習資源中看到過「component 是 React 中組成畫面的最小單位」、「React 中的一切都是 component」之類的描述，而這種說法嚴格來說是不精確的。

Component 是用來描述並定義可重用的畫面區塊，而一個 component 所定義的畫面區塊可能是由許多 React element 所組成的。因此比較精確的來說，**component 應該是資料狀態以及畫面更新機制的最小切分單位**（我們會在後續的章節有更詳細的解析），而描述並組成畫面的最小單位是 **React element** 才對。

React element 是 React 基於 Virtual DOM 概念所實現的虛擬畫面結構元素，因此它是一種普通的 JavaScript 物件資料，用於描述一個預期的實際 DOM element 結構。你可以透過呼叫 React 提供的 `createElement` 方法來建立一個 React element，例如：

```
1  import React from 'react';
2
3  const buttonReactElement = React.createElement(
4    'button',            // 元素類型
5    { id: 'foo-btn' },   // 屬性
6    'I am a button'      // 子元素
7  );
```

`createElement` 方法的第一個參數為元素類型，第二個參數為屬性，而第三個參數則為子元素。

　　你可以將這段範例中的 React element 描述理解為：「我希望這個 React element 到時候轉換出來的對應 DOM element，它的元素類型會是 button，且 id 為 'foo-btn'，按鈕的文字內容則為 'I am a button'」。

　　產生出來的 React element 會是一個普通的 JavaScript 物件，嘗試將其以 console.log 印出來之後你會發現它長得像這樣：

```
1  // buttonReactElement
2  {
3    type: 'button',
4    props: { id: 'foo-btn', children: 'I am a button' },
5    key: null,
6    ref: null,
7    $$typeof: Symbol('react.element'),
8  };
```

　　看起來確實是一個再普通不過的 JavaScript 物件資料，而將這個 React element 交由 React 進行轉換處理之後，就可以自動產生對應的實際瀏覽器 DOM 畫面結果，如圖 2-2-1 中所示：

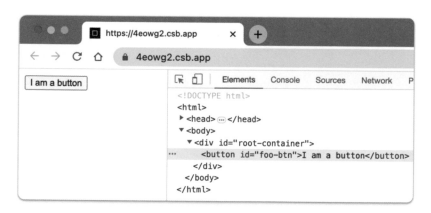

圖 2-2-1

　　從最後產出的結果來看，實際 DOM 的樣子確實完全符合原本 React element 描述的結構。而此時的實際 DOM 結構中，就可以找到這個由 React 代你自動產生的實際 DOM element：

```
const buttonDomElement = document.getElementById('foo-btn');
```

在上面這個範例中：

▶ `buttonReactElement`：

- 是一個 React element，在交給 React 進行渲染轉換之前就只是個普通的 JavaScript 物件，意義上是 Virtual DOM 畫面結構中的一個元素，用來讓開發者描述並定義轉換後產生的實際 DOM 預計會長成什麼結構。

- 由開發者透過呼叫 `createElement` 方法來定義並產生。

▶ `buttonDomElement`：

- 是一個實際的 DOM element，由 React 根據上面定義的 React element `buttonReactElement` 的內容，自動產生的實際 DOM 結果。

- 由 React 自動產生。

讓我們把以上的範例整理成如圖 2-2-2 的流程示意圖：

圖 2-2-2 React element 與實際 DOM 關係圖

2-2-2 React element 的子元素

　　當然，與實際的 DOM element 一樣，React element 也可以是巢狀的樹狀結構，一個 **React element** 的子元素可以是另一個 **React element**。而如果子元素不只一個的話，則可以繼續在呼叫 `createElement` 方法時的第四、第五、第六…第 **N** 個參數以此類推往下填，React 會依序將它們視為接續的子元素：

```
1  const reactElement = React.createElement(
2    'div',
3    { id: 'wrapper', className: 'foo' },          從第 3 個參數開始每個參數都是子元素
4    React.createElement(
5      'ul',
6      { id: 'list-01' },
7      React.createElement('li', { className: 'list-item' }, 'item 1'),
8
9      React.createElement('li', { className: 'list-item' }, 'item 2'),
10
11     React.createElement('li', { className: 'list-item' }, 'item 3'),
12   ),
13   React.createElement(
14     'button',                                    第 4 個參數就會是第 2 個子元素
15     { id: 'button1' },
16     'I am a button'
17   )                        第 5 個參數就會是第 3 個子元素
18 );
```

　　上面的 React element 就能描述像是圖 2-2-3 這樣的畫面樹狀結構：

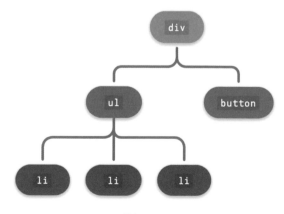

圖 2-2-3

最後將這個 React element 經過 React 的轉換處理，就能產生對應的瀏覽器 DOM 畫面結果，如圖 2-2-4 中所示：

圖 2-2-4

如以上的流程所見，我們可以透過定義 React element 的結構內容，來間接控制實際上畫面最後產生的 DOM 結構，兩者之間有著顯而易見的對應關係。至於在流程中是如何透過呼叫 React 所提供的方法來將 React element 轉換成實際的 DOM，這個部分將會在下一個章節中有更進一步的解析。

📖 延伸閱讀

createElement() API 官方文件

https://react.dev/reference/react/createElement

2-2-3 React element 在建立後是不可被修改的

透過前文我們已經了解到如何建立一個 React element 來描述想要的畫面結構。然而需要注意的是，**React element 一旦被建立後就是不可被事後修改的**。

根據我們在前面章節所學習過的 Virtual DOM 概念，當我們想要重新描述一個新畫面的結構時，應該要產生新版本的 Virtual DOM 畫面結構，並與舊畫面版本的 Virtual DOM 結構進行差異比較，來找出 DOM 操作所需的最小範圍，以減少效能浪費。

而如同前文有提到的，**Virtual DOM 概念的虛擬畫面結構在 React 中的實作就是 React element**，它是在描述某個時間點版本的畫面結構，就像是一種畫面結構的歷史紀錄。因此當我們有畫面更新的需求時，應該要產生一份全新的 React element 來表達新的畫面結構，而不會去修改之前表達舊版畫面結構的舊 React element，這樣 React 接下來才能以舊版與新版兩者作為依據進行結構的比較，進而找出具體是哪些地方的 DOM 需要真正被操作更新。

而一旦之前已經建立的舊 React element 被事後竄改的話，就代表著 React 不再知道舊版的畫面結構原本長什麼樣子，自然也就無法進行這個新舊比較的機制。為了保護這個核心機制的正常運作，React element 的實作也被設計成會防止建立後的修改。在實際的程式中，即使你嘗試修改一個已經建立的 React element 內容，也會發現毫無效果：

```
1  const reactElement = React.createElement(
2    'button',
3    { id: 'foo' }, // props
4    'foo'
5  );
6
7  console.log(reactElement.props.id);
8
9  reactElement.props.id = 'bar';
10
11 console.log(reactElement.props.id);
```

印出 'foo'

嘗試修改 reactElement.props.id 的值

嘗試修改後希望是印出 'bar'，但實際上仍然是印出 'foo'

從圖 2-2-5 中的執行結果來看，可以發現對於 `reactElement.props.id` 的修改動作是完全沒有效果的：

圖 2-2-5

我們將會在後續講解 React 畫面更新機制的章節中，對於這種產生新版畫面並且進行新舊比較的概念有更深入的解析與探討。

2-2-4 React element 與 DOM element 的屬性對應和差異

你可能會發現有些 React element 的屬性名稱和格式，與對應的實際 DOM element 有些許的不同。這裡列出一些最常見且常用的差異之處：

▶ 所有的 DOM property 和 attribute（包括 event handler）都會改以 camel case 命名：

- 例如：`onclick` ⇒ `onClick`、`tabindex` ⇒ `tabIndex`…等等。
- `aria-*` 和 `data-*` attribute 則是例外，需要保持全部小寫。舉例來說，`aria-label` 保持原樣即可。

▶ 有一些涉及到 JavaScript 內建保留字的屬性會稍微改名以避免意外情況，例如：

- `class` ⇒ `className`。
- `<label>` 會有的 `for` 屬性 ⇒ `htmlFor`。

▶ 指定 inline styles 的 `style` 屬性的內容格式不同：

■ 在 React element 中，`style` 是以物件的格式指定的，而非像撰寫 HTML 時那樣以字串指定，且其中的 CSS property 名稱都會改以 camel case 來表示。

■ 舉例來說：

原本在 HTML 中的 `style="font-size: 14px; color: red;"`，在 React element 中則是以 `{ fontSize: '14px', color: 'red' }` 的形式表示。

? 詞彙解釋

在程式設計中，「**camel case**」是一種命名變數、函式或其他物件的常見風格。這種風格以其特殊的大小寫混合模式而得名，類似於駱駝的駝峰。在 camel case 中，每個單字的首字母都會是大寫，除了第一個單字。例如，`firstName`、`myCar` 或 `calculateTotal` 都是遵循 camel case 的例子。

這種命名方式在許多程式語言中普遍被採用，尤其是在 JavaScript、Java、C# 和 Objective-C 等。它有助於提升程式碼的可讀性，讓開發者更容易理解變數或函式的用途。

📖 延伸閱讀

對應 DOM element 的 React element 類型 - React 官方文件

https://react.dev/reference/react-dom/components

章節重點觀念整理

本章節介紹了關於 React element 的基本概念以及建立的方法：

▶ React element 是 React 基於 Virtual DOM 概念所實現的虛擬畫面結構元素，因此它是一種普通的 JavaScript 物件資料，用於描述一個預期的實際 DOM element 結構，同時也是作為在 React 中**畫面結構描述的最小單位**。

▶ React element 可以透過呼叫 `createElement` 方法被建立，並且在經過 React 的處理轉換之後，就能自動產生對應的實際 DOM element。

▶ **React element 一旦被建立後就是不可被事後修改的**。這是因為 **React element** 是在描述某個歷史時間點版本的畫面結構，當需要產生新的畫面時應該建立全新的 React element，而非修改舊有的 React element，這樣才有可靠的資料作為新舊 Virtual DOM 畫面結構比較機制的依據。

▶ React element 與 DOM element 之間雖然有對應關係，但是它們某些的屬性命名有所差異。

章節重要觀念自我檢測

▶ React element 是什麼？與 Virtual DOM 的關係為何？與實際 DOM 的關係為何？

▶ 為什麼 React element 一旦被建立後就是不可被事後修改的？

> 💡 **筆者思維分享**
>
> 在上個章節引入了 Virtual DOM 的概念之後，這個章節緊跟著堆疊的認知就是 Virtual DOM 概念的虛擬畫面結構在 React 中的實現 —— React element。有趣的是，在筆者我擔任前端面試官經驗當中，無論是較為 junior 的 React 開發者，還是已經寫了 2～3 年有一定經驗的 React 開發者，其中都有不少人其實對於「React element 是什麼」以及其與 DOM 的關係顯得一知半解。當我請面試者解釋 component function 回傳的值是什麼時，常常會聽到「一段 JSX」、「DOM element」以及「HTML」等不精確或是根本錯誤的回答，甚至許多人寫了 React 好一段時間了都還不知道 React element 的存在。
>
> 究其根本原因，其實還是對於 React 畫面管理機制的理解不夠循序漸進所導致的。而 React element 身為在 React 中描述並組成畫面的最小單位，其重要性以及學習的優先順序自然不言而喻。在確實的掌握 React element 的概念之後，後續像是 JSX 或是 component render 等概念自然才會有足夠的前提認知來順利的進行延伸，否則很容易會導致理解上的斷層。

Render React element

在上一個章節中，我們介紹了 Virtual DOM 概念的虛擬畫面結構在 React 中的實現 —— React element。一個 React element 用於描述一個預期的實際 DOM element 結構，同時也是作為畫面結構描述的最小單位。

在這個章節中，我們將深入探討一下**要如何讓 React 把 React element 轉換成實際的 DOM element 並繪製在瀏覽器畫面中**。這雖然是一個程式碼寫起來很簡單的環節，然而確實的瞭解其流程的每一步到底是如何連貫運作的，對於內化「React 是如何基於 Virtual DOM 的概念來實現畫面管理機制」的思維是不可忽視的基本功之一。

觀念回顧與複習

▶ React element 是 React 基於 Virtual DOM 概念所實現的虛擬畫面結構元素，因此它是一種普通的 JavaScript 物件資料，用於描述一個預期的實際 DOM element 結構，同時也是作為在 React 中**畫面結構描述的最小單位**。

▶ React element 在經過 React 的處理轉換之後，就能產生對應的實際 DOM element。

▶ **React element 一旦被建立後就是不可被事後修改的**，這樣才有可靠的歷史資料作為新舊 Virtual DOM 畫面結構比較機制的依據。

章節學習目標

▶ 了解如何透過 `react-dom` 來建立 root 並將 React element 繪製成實際 DOM。

▶ 了解 React 只會去操作那些真正需要被更新的 DOM element。

▶ 了解 reconciler、renderer 的角色與工作，以及 React 也能在瀏覽器以外的環境渲染畫面。

2-3-1 React DOM 與 root

在瀏覽器環境中，我們會使用 React 官方所提供的 `react-dom` 來將 React element 轉換並繪製成實際的 DOM element，以產生瀏覽器畫面。

這個流程的概念具體來說，就是「指定瀏覽器畫面中的特定區塊，讓 **React** 對其擁有完全的管轄權來持續的進行 **Virtual DOM ⇒ DOM** 的單向轉換與同步化」。

我們需要先指定一個目標區塊作為容器，並以這個容器建立一個 **React** 畫面管理的入口 —— **root**。當每次有畫面產生或更新的需求時，我們會產生新的 React element，然後交由 `react-dom` 負責在指定的目標容器中進行實際 DOM 的產生或操作，以完成瀏覽器畫面的產生或更新。

以下讓我們來將這個流程的具體實現步驟一一解析：

步驟一：準備一個輸出實際 DOM 結果的目標容器

為此你需要先在 React 專案入口的 HTML 原始碼中的 `<body>` 裡面放置一個空的容器元素，以用於稍後在 JavaScript 中指定為 React 產生實際 DOM element 結果的目標處。通常我們會放一個空的 `<div>` 元素作為容器，並加上一個值隨意的 `id`，以便我們等等在 JavaScript 中取得這個 DOM element：

```html
index.html
1  <body>
2    <div id="root-container">
3      <!-- 之後 React 轉換輸出的實際 DOM element 結果就會注入到這裡 -->
4    </div>
5  </body>
```

步驟二：建立 root 並指定目標容器

接著我們就可以在應用程式的 JavaScript 入口，也就是 `index.js` 中取得這個容器元素，並以呼叫 `ReactDOM.createRoot` 方法來事先用這個容器元素產生一個「root」，也就是 React 產生並管理 DOM element 輸出結果的「畫面渲染管轄入口」：

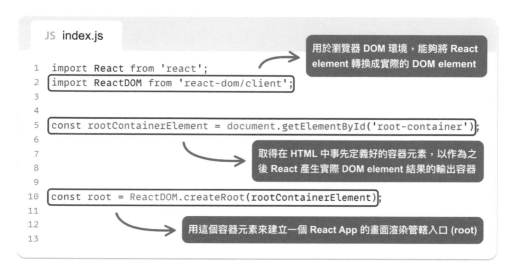

```js
1   import React from 'react';
2   import ReactDOM from 'react-dom/client';
3
4
5   const rootContainerElement = document.getElementById('root-container');
6
7
8
9
10  const root = ReactDOM.createRoot(rootContainerElement);
11
12
13
```

用於瀏覽器 DOM 環境，能夠將 React element 轉換成實際的 DOM element

取得在 HTML 中事先定義好的容器元素，以作為之後 React 產生實際 DOM element 結果的輸出容器

用這個容器元素來建立一個 React App 的畫面渲染管轄入口 (root)

步驟三：準備一個用來描述畫面的 React element

然後準備一個用來描述預期畫面的 React element，內容當然是隨自己需求而定。這邊以一個非常簡單的按鈕來做示範：

```js
JS  index.js

14  // 承上段範例程式碼...
15
16  // 先準備好一個 React element
17  const buttonReactElement = React.createElement(
18    'button',            // 元素類型
19    { id: 'button1' },   // 屬性
20    'I am a button'      // 子元素
21  );
```

步驟四：以建立好的 root 來將 React element 繪製成實際的 DOM element

接著我們就能透過執行 `root.render()` 來將 React element 進行轉換渲染成實際的 DOM element：

```js
// JS  index.js

22   // 承上段範例程式碼...
23
24   // 在這個 root 上將 React element 進行轉換渲染成實際的 DOM element
25   root.render(buttonReactElement);
```

如此一來就能在瀏覽器中產生畫面結果，如圖 2-3-1 所示。你會看到 React element 所對應產生的實際 DOM element（那個 `<button>`）被放置在 root 當初指定的容器元素（也就是那個 id 為 `root-container` 的 `<div>`）裡面：

由 React element 轉換產生的 button 被自動注入到 root 的容器元素中

圖 2-3-1

🔗 **Demo 原始碼連結**

建立 root 並 render react element

https://codesandbox.io/s/1i8e57

最後讓我們把以上流程整理成如圖 2-3-2 的示意圖,來再次加深理解與內化:

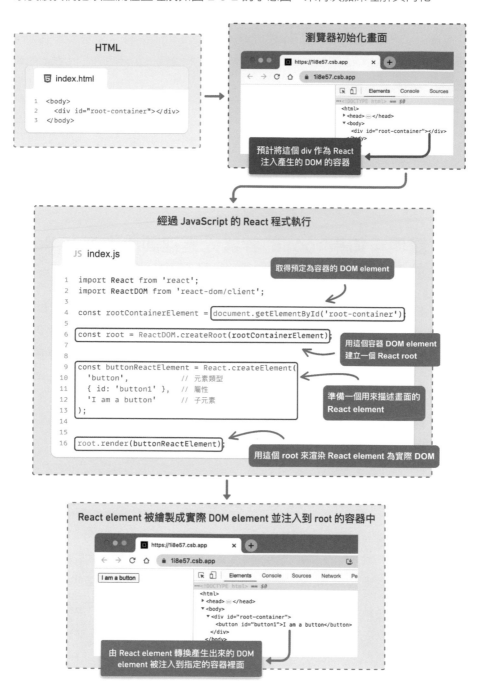

圖 2-3-2 Render react element 來產生實際瀏覽器畫面的完整流程圖

在將 React element 渲染到 root 對應的目標容器裡之後，這個容器元素以內的所有內容就通通交由 React 進行代理管轄與操作了。因此在大多數情況下我們都不建議你去手動操作或修改 React 管轄範圍內的 DOM element，因為這有可能會導致 React 內部所認知的 Virtual DOM 畫面結構與對應的實際 DOM 畫面結構有所不同，進而引發一些內部機制的異常或意外的問題。

> 📖 **延伸閱讀**
>
> createRoot() API 官方文件
>
> https://react.dev/reference/react-dom/client/createRoot
>
>

補充說明：如果 root 的容器元素裡面原本有非 React 產生的 DOM 內容的話會發生什麼事情？

答案是容器元素內原本非 React 產生的所有 DOM 內容在 `root.render()` 執行後，都會被 React 以 React element 轉換產生出來的 DOM element 結果直接覆蓋掉。由於 root 容器內已經被 React 視為完全管轄的範圍，因此 React 在轉換 React element 來產生實際的 DOM element 時，都會直接無視 root 容器內原本已存在的 DOM element，只會確保將 root 容器內的 DOM 內容同步化成與 React element 的結構對應一致。如同前面章節曾經提到過的概念，這是一個 Virtual DOM（也就是 React element）⇒ DOM 單向的同步化流程。

補充說明：root 只能有一個嗎？

React 支援一個前端應用程式中有多個 **root** 的存在。不過在大多情況下，如果你的前端應用程式是一個完全的 SPA（Single-Page Application）的話，通常會建議只用一個 React root 來管理並控制整個前端應用程式，使其擁有完整的畫面管轄範圍。

不過當你的前端應用程式並不是完全以 React 打造，而是與其他前端解決方案混合的話，我們就可以在各個想要小範圍使用 React 的地方建立多個 root 並分別管理，來做到比較輕量的整合。

補充說明：為什麼不直接以 `document.body` 來當作 root 的容器元素？

看完前面的範例，你可能會有一個疑問：

「為什麼我們不直接使用 `document.body` 來當作 root 容器元素，而是要自己在 `body` 裡面另外建一個 `div` 呢？`document.body` 也是一個合法的 DOM element，應該可以用來當 root 容器元素不是嗎？」

這其實是因為當你嘗試這麼做時，React 會在 console 中跳出一段如圖 2-3-3 的警告：

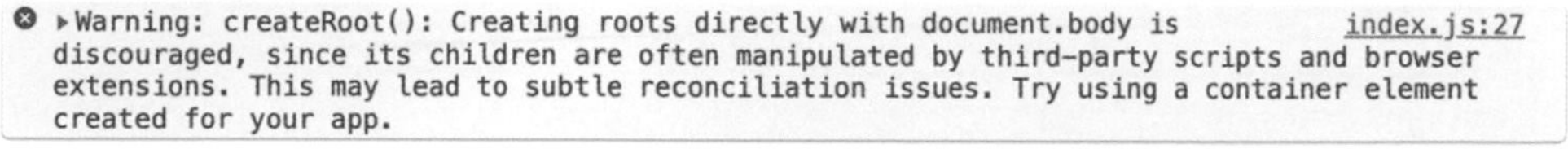

```
❌ ▶Warning: createRoot(): Creating roots directly with document.body is    index.js:27
   discouraged, since its children are often manipulated by third-party scripts and browser
   extensions. This may lead to subtle reconciliation issues. Try using a container element
   created for your app.
```

圖 2-3-3

大意上就是說，React 不建議直接以 `document.body` 來作為 `createRoot()` 的容器元素。這是因為其他各種第三方套件經常會針對 `document.body` 進行子元素的操作或修改，因此以其作為 React 的 root 容器元素的話，有可能會使 React 對於其內容 DOM element 的控制與管理不穩定（被其他套件覆蓋或意外的修改等等），因此建議還是手動在 `document.body` 的裡面另外建立一個元素來專門作為 React 的容器元素會更妥當。

補充說明：React DOM API 的版本差異

在某些非近期所撰寫的 React 程式碼或文章中，你可能會看到與上述範例中不太一樣的 `react-dom` 使用方式。這是因為 `createRoot` 是 React 18 以上才提供的新方法，在 ≤ React 17 的較舊版本中，呼叫 `react-dom` 進行 render 的方法則有所不同：

```js
JS  index.js

1   // 這段程式碼所用的 React 版本 <= 17
2
3   import ReactDOM from 'react-dom';
4
5   const buttonReactElement = React.createElement(
6     'button',
7     { id: 'button1' },
8     'I am a button'
9   );
10
11  const containerDomElement = document
12    .getElementById('root-container');
13
14  ReactDOM.render(buttonReactElement, containerDomElement);
```

> 注意是從 'react-dom' 進行 import，而不是 React 18 時的 'react-dom/client'

> 這裡沒有先 createRoot()，而是直接從 ReactDOM 呼叫了 render 方法

2-3-2 React 只會去操作那些真正需要被更新的 DOM element

如上一個章節所提到的，React element 從概念上來說就像是在表達「某一個歷史時刻當時的畫面結構」，因此 **React element 一旦被建立之後就永遠不能再被修改**。當需要產生新的畫面時應該建立全新的 React element，而非修改舊有的 React element，這樣才有可靠的歷史紀錄作為新舊 Virtual DOM 畫面結構比較機制的資料依據。

當我們為了新的畫面描述而產生新的 React element，並交由 `react-dom` 處理之後，**React 會自動進行新舊 React element 的樹狀結構比較並尋找差異之處，並只操作這些差異之處所對應的實際 DOM element**，藉此來以最少的 DOM 操作完成畫面的更新。觀察以下範例：

```js index.js
1   import React from 'react';
2   import ReactDOM from 'react-dom/client';
3
4   const rootContainerElement = document.getElementById('root-container');
5   const root = ReactDOM.createRoot(rootContainerElement);
6
7   setInterval(
8     () => {
9       const reactElement = React.createElement(
10        'div',
11        null,
12        React.createElement('h1', null, 'Hello world'),
13        React.createElement(
14          'h2',
15          null,
16          'Time is ',
17          new Date().toLocaleTimeString()
18        )
19      );
20
21      root.render(reactElement);
22    },
23    1000
24  );
```

> 這裡會印出當前時間的字串。而在整個 React element 的結構中，只有此處是當每秒重新計算時得到的值都不同，而其他地方的結構則都是固定不變的

🔗 **Demo 原始碼連結**

setInterval() 每秒重新 render React element

https://codesandbox.io/s/pt7um0

在以上範例中，當每經過一秒就會重新執行一次 `setInterval` 的 callback，來產生一個全新完整的 **React element** 並重新呼叫一次 `root.render()`。每次 callback 執行時產生的新 React element 的內容中都會包含當前時間的字串，而 React element 其他部分則每次重新產生時結構都是完全相同的。觀察圖 2-3-4 中的執行結果：

圖 2-3-4

　　從瀏覽器的開發者工具中可以觀察到，當每經過一秒後畫面就會更新一次（我知道這是一本靜態的紙本書籍，請發揮一下想像力），而**每次畫面更新時其實只有真正需要變化的部分 DOM element 才會被操作到**，也就是 `<h2>` 裡顯示時間的文字片段。至於其他每次重新產生 React element 也不會有任何差異的部分（像是 `<h1>Hello world</h1>`），則不會發生任何的 DOM 操作。

> ✿ **小提示**
>
> 　在瀏覽器開發者工具的元素檢視器中，**正在被操作的 DOM element 會閃爍紫色的背景色**，如上圖中 `<h2>` 裡的時間文字片段那樣。

　　這其實就是我們前面有提到的，Virtual DOM 概念為什麼能透過最小化 DOM 操作來減少不必要的效能浪費：雖然每次畫面更新時都會重新產生一份完整的 React element，但是 React 會自動將新舊版的 React element 進行比較尋找差異之處，並只操作更新那些差異之處對應的實際 DOM element。

　　比較新舊 React element 的差異以及最小化 DOM 的操作，都是由 React 自動完成的工作， React 會自動幫你高效的處理而無需開發者介入。因此，以 React 開發時的效能優化關鍵，其實會是在「**避免不必要時的 React element 產生動作**」或是「**在部分畫面沒有更新需求時重用舊有的 React element**」，而非著重在親自進行 DOM 操作上，開發者只需要專注於管理 React element 就好。

不過，通常我們在實際開發時並不會像上面的範例那樣多次呼叫 `root.render()`，而是只會呼叫一次，並且搭配能夠自帶狀態的可重用元件 ——「component」，由 component 以其內建的機制來觸發畫面的更新。在後續的章節中，我們將會進一步深入探討 React 是如何以 component 的內建機制來管理畫面更新的流程。

2-3-3 瀏覽器環境以外的 React 畫面繪製

Virtual DOM 的概念除了優化 DOM 操作的效能之外，另一個最主要的好處就是能把畫面管理的流程分離成兩個獨立的階段來處理 ——「定義以及管理畫面結構描述」與「將畫面結構的描述繪製成實際畫面成品」。

Reconciler 與 renderer

React 的實作設計將負責「定義以及管理畫面結構描述」的部分稱之為「**reconciler**」，而負責「將畫面結構的描述繪製成實際畫面成品」的部分則稱之為「**renderer**」：

▶ Reconciler：

- 負責定義以及管理畫面結構描述。

- 在瀏覽器環境中的實際處理：

    ◉ 定義並產生新的 React element 來描述預期的 DOM 結構。

    ◉ 在畫面有更新需求時將新舊 React element 比較差異之處，並交給 renderer 進行處理。

▶ Renderer：

- 負責將畫面結構的描述繪製成實際畫面成品。

- 在瀏覽器環境中的實際處理：

    ◉ 用於瀏覽器環境的 renderer 就是 `react-dom`。

- 將 React element 透過 `react-dom` 產生的 root，在瀏覽器環境中繪製成實際的 DOM。

- 在畫面有更新需求時，將 reconciler 已經比較出來的新舊 React element 差異之處，同步化到實際的 DOM 更新與操作。

> ⚛ **小提示**
>
> 在 React 16 重寫底層為新架構「**Fiber**」之後，除了 reconciler 與 renderer 之外，其實還有個「scheduler」，負責將 reconciler 的工作碎片化並進行調度管理，以達到效能的深度優化。不過這部分已經涉及到 React 內部進階的架構與原理，開發者比較不會直接接觸到，因此這裡就先不贅述。建議讀者等到對於 React 核心觀念有相當程度的掌握之後，再去進一步了解 Fiber 的底層架構設計。

這樣的階段拆分能帶來什麼效益？

得益於 React 將「定義以及管理畫面結構描述（reconciler）」和「將畫面結構的描述繪製成實際畫面成品（renderer）」分拆成兩個階段處理，因此 **renderer 其實是可以被任意替換的**。只要有支援其他目標環境的 **renderer** 配合，**React 其實也可以用於管理並產生瀏覽器 DOM 以外的 UI 或畫面**，像是用於產生原生 Android / iOS App 畫面的 React Native、用於產生 PDF 文件的 React-pdf…等等。

同時，由於 reconciler 的部分是各環境中都能通用的（只要有辦法在該環境中跑 JavaScript），因此開發者就能夠繼續以相當熟悉的 API 來與 React 互動並管理畫面，而不用另外學習各種環境的開發技術或習慣，達到 React 官方所宣稱的「**Learn once, write anywhere**」效果。

除了 React 官方自己維護的 `react-dom` 以及 `react-native` 之外，還有各式各樣由 React 社群的開源貢獻者們所維護的 renderer 正在蓬勃的發展中。當然，在這些非瀏覽器環境的 renderer 中所支援的畫面元素類型自然就不是我們熟知的 DOM element 類型了，而是對應環境中的一些原生元素，像是 React Native 中的 `Text`、`View` 等等 Android / iOS App 原生元件的類型，透過專用的 renderer，它們最後就能在 Android / iOS App 環境中產生原生的畫面 UI。

章節重點觀念整理

本章節介紹了如何透過瀏覽器環境中的 renderer `react-dom`，來將 React element 轉換並繪製成實際的 DOM element，以及其背後的相關概念：

▶ 可以透過 `react-dom` 以指定的容器建立實際 DOM 產生的入口 —— root，來將 React element 繪製成實際 DOM element 並輸出到 root 的容器中。

▶ 畫面有更新需求時，透過新舊 React element 的比較機制，React 只會去操作那些真正需要被更新的 DOM element，以達到效能優化的目的。

▶ React 基於 Virtual DOM 的概念，將「定義以及管理畫面結構描述（reconciler）」和「將畫面結構的描述繪製成實際畫面成品（renderer）」分拆成兩個階段處理，因此 React 可以**藉由替換 renderer** 來管理並產生瀏覽器以外的其他環境的 **UI 畫面**，達到「Learn once, write anywhere」的效果。

章節重要觀念自我檢測

▶ `react-dom` 是什麼？Root 是什麼？

▶ 解釋將 React element 繪製成實際 DOM 的操作流程以及每個步驟對應的意義。

▶ React 是怎麼做到只操作那些真正需要被更新的 DOM element？

▶ React 將「定義以及管理畫面結構描述（reconciler）」和「將畫面結構的描述繪製成實際畫面成品（renderer）」分拆成兩個階段處理，這樣的設計能帶來什麼好處？

參考資料

▶ https://legacy.reactjs.org/docs/rendering-elements.html

筆者思維分享

建立 root 並 render react element 的流程是一段大多教學資源都會只當作上手開發環境，以程式碼簡單帶過的環節。而既然本書在前面的章節已經好好的鋪墊了 Virtual DOM 與 React element 的觀念，因此這裡就比較能夠讓這段程式碼操作進一步配合背後概念的理解並內化，讓讀者深度的理解每一行程式碼所做的事情具體上是為了什麼，以及是如何產生對應的結果的，並延伸更多如 reconciler 與 renderer 等概念與知識點。

2-4

JSX 根本就不是在 JavaScript 中寫 HTML

在前面的章節中，我們已經詳細的解析了 **React element** 就是 **Virtual DOM** 概念的虛擬畫面結構在 **React** 中的實現，用於描述一個預期的實際 **DOM element** 結構，同時也是作為畫面結構描述的最小單位。React element 可以透過呼叫 `createElement` 方法來建立，並且在經過 `react-dom` 的處理轉換之後，就能產生對應的實際 DOM element。然而，你會發現其實絕大多數 **React** 專案的程式碼中幾乎都看不太到 `createElement` 方法的蹤影，取而代之的是一種叫做「**JSX**」的語法。

JSX 的語法長得非常像 HTML 的標籤語法，甚至有不少 React 的學習資源或課程會宣稱「JSX 是把 HTML 寫在 JavaScript 中」。不過就本質上來說，這種說法其實錯得還蠻離譜的，而這也是**許多 React 新手非常容易陷入的巨大誤解**，進而讓許多人以為 JSX 是一種 React 的「黑魔法」，變成技術認知上的黑洞 —— 你看得到它的外表，但是卻完全不知道其內在的本質是什麼東西。

這個章節就讓我們真正的從零解析 JSX 語法的本質到底是什麼，以及我們該如何理解並運用它。

觀念回顧與複習

▶ React 以 Virtual DOM 的概念來實踐畫面管理的機制。

▶ React element 是 Virtual DOM 概念的虛擬畫面結構在 React 中的實現，用於描述一個預期的實際 DOM element 結構，同時也是作為**畫面結構描述的最小單位**。

▶ React element 可以透過呼叫 `createElement` 方法來建立，並且在經過 `react-dom` 的處理轉換之後，就能自動產生對應的實際 DOM element。

▶ React element 與 DOM element 之間雖然有對應關係，但是它們的某些屬性命名有所差異。

章節學習目標

▶ 了解 JSX 語法的本質是什麼。

▶ 了解 Babel 以及 JSX 語法轉譯的基本概念。

▶ 了解 DOM、Virtual DOM、React element、JSX 這些概念之間的關係是什麼。

2-4-1 什麼是 JSX 語法

讓我們先回到 React element。

雖然我們可以透過呼叫 `createElement` 方法來產生 React element 以定義預期的畫面結構了，但是相較於以往我們習慣的 HTML 標籤語法的開發體驗與便利性，還是有段明顯的差距。

為此 React 提供了一種稱之為「JSX」的語法糖，能讓我們在建立 React element 時有著**相當類似於撰寫 HTML 語法**的體驗。當我們開發時可以在原始碼中撰寫 JSX 語法，然後再以專門的工具自動化的將 JSX 語法轉譯成實際的 `React.createElement` 呼叫語法。

> **? 詞彙解釋**
>
> 「語法糖（syntactic sugar）」是指程式語言中為了某些本來已經存在的功能或語法，所額外添加的便捷替代語法，它可以讓程式碼更易於閱讀和編寫，但在語言的底層實現上並不是真正獨立存在的新特性或功能。當我們使用這些語法糖時，實際上運作的仍是背後原本的功能。
>
> 舉例來說，JavaScript 中的 `class` 語法就是一種用來替代 constructor function 的語法糖，讓我們能以較為接近物件導向的撰寫風格來定義一個類別。然而實際上以 `class` 語法所定義出來的產物仍是一個基於原型鏈的 constructor function，因為 JavaScript 本身其實並沒有真正的類別概念與特性。
>
> 而本章節所提及的 JSX 也是一種語法糖，用來替代 `React.createElement` 的呼叫。值得注意的是，**JSX 語法並非由 JavaScript 本身所提供的**，而是經由外部工具對原始碼的轉譯所實現的。

我們先以範例來觀察一下普通的 `React.createElement` 方法呼叫與 JSX 語法的對應。首先是直接以普通的 `React.createElement` 方法呼叫的寫法來定義並建立 React element：

```
1  const reactElement = React.createElement(
2    'div',
3    { id: 'wrapper', className: 'foo' },
4    React.createElement(
5      'ul',
6      { id: 'list-01' },
7      React.createElement('li', { className: 'list-item' }, 'item 1'),
8      React.createElement('li', { className: 'list-item' }, 'item 2'),
9      React.createElement('li', { className: 'list-item' }, 'item 3')
10   ),
11   React.createElement(
12     'button',
13     { id: 'button1' },
14     'I am a button'
15   )
16 );
```

接著我們以 JSX 語法來建立一個與上面的結構一模一樣的 React element：

```
1  const reactElement = (
2    <div id="wrapper" className="foo">
3      <ul id="list-01">
4        <li className="list-item">item 1</li>
5        <li className="list-item">item 2</li>
6        <li className="list-item">item 3</li>
7      </ul>
8      <button id="button1">I am a button</button>
9    </div>
10 );
```

> 這段 JSX 語法會回傳一個與上面的程式碼片段相同結構的 React element

在這兩段範例程式碼中，以 JSX 語法所定義的後者其實也是一個 React element，且這兩個 React element 的結構內容是完全一致的，使用了 JSX 語法的後者在經過開發工具的自動轉譯之後就會分毫不差的變成前者。因此，**撰寫 JSX 語法其實就是在寫 `React.createElement` 方法的呼叫** 。

所以只要你願意的話，其實也可以像前面章節的範例一樣完全不使用 JSX 語法，以全部親自寫 `React.createElement()` 的方式來開發 React 應用程式。然而以 JSX 語法

來建立身為樹狀結構的 React element 顯然更方便、簡潔，也更接近我們以往所熟悉的 HTML 寫法，大大的提升了程式碼的可讀性以及開發體驗。

因此，在絕大多數的 React 專案開發中，我們都會推薦使用 JSX 語法來定義並建立 React element。當然，你需要注意一些前面章節有提到過的 React element 屬性命名與 HTML 語法的差異，例如 `class` ⇒ `className`。

> 👤 **常見誤解澄清**
>
> 你可能會看過很多學習資源都會有「JSX 語法中的 `class` 屬性要改成寫 `className`」這種說法。這句話以結果來說並沒有問題，然而需要注意的是造成這種規定的原因：**我們之所以需要將 `class` 改寫成 `className` 是因為 React element 對於屬性命名的規定，而不是 JSX 語法本身的要求。**由於 JSX 語法會被轉換成 `React.createElement()` 的語法，所以 React element 對於屬性命名轉換的要求也就被連帶映射到 JSX 語法的撰寫中。
>
> 因此，「`class` 改成寫 `className`」等這種屬性命名轉換的規定其實與使不使用 JSX 語法是完全無關的，即使你不使用 JSX 語法而是直接寫 `React.createElement()` 時，仍然會需要遵守屬性命名轉換的規定。

所以，關於「JSX 的本質是什麼」的結論是：

JSX 語法的本質完完全全就是 `React.createElement` 方法的呼叫。

JSX 只是一種 `React.createElement` 方法呼叫的替代語法，而不是在 JavaScript 裡寫 HTML！它長得很像 HTML 語法只是因為它**被刻意設計成模仿 HTML 語法的撰寫與開發體驗**，但是與 HTML 在本質上完全是不同的東西。

因此當你看到一段 JSX 語法時，它其實是在表達一個「值」。這個值既不是一段 HTML 字串也不是一個實際的 DOM element，而是呼叫 `React.createElement` 方法的回傳值，也就是「**一個 React element**」。

然而問題來了，我們開發時撰寫的 JSX 語法是如何在瀏覽器的 JavaScript 引擎中能夠正常運作的呢？在沒有進行任何轉譯的情況下，JSX 語法在普通的 JavaScript 執行環境中顯然是完全不合法的，只會造成執行的錯誤，如圖 2-4-1 中所示：

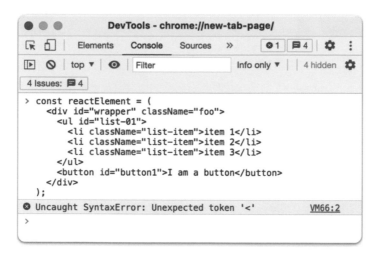

圖 2-4-1

　　因此我們得在實際於瀏覽器環境中執行之前，先以專門的工具將這段程式碼進行靜態的轉譯，把其中的 JSX 語法都替換成真正可執行的 `React.createElement` 呼叫語法之後，才能夠正常的在 JavaScript 環境中執行。

　　接下來就讓我們切入到 JavaScript 社群中最主流的轉譯工具：Babel。

2-4-2 以 Babel 來進行 JSX 語法的轉譯

　　Babel 是 **JavaScript** 社群中最主流且熱門的 **source code transpiler**，它可以幫助我們自動化的將 **JavaScript** 原始碼修改並轉譯成另一種模樣的 **JavaScript** 原始碼。透過安裝各種社群提供的 Babel plugin 或自己撰寫 plugin，我們可以完全自定義其中的轉譯範圍、效果與邏輯。

> **？ 詞彙解釋**
>
> 　　「**Transpiler（轉譯器）**」是電腦科學中的一種專業術語，意指將程式原始碼轉換成另一種模樣的程式原始碼的轉譯工具，它是由「translator（翻譯器）」和「compiler（編譯器）」這兩個詞彙組合而成的專有名詞。

傳統的「compiler」一詞通常指的是一種編譯工具，能夠將人類編寫的高階語言程式原始碼，轉換成電腦能解讀、執行的低階機器語言的程式，也就是執行檔。例如將 C 或 C++ 原始碼轉換成機器語言，來讓機器能夠直接順利執行。

相較之下，**transpiler** 則是一種將高階語言的程式原始碼轉換成另一種模樣的高階語言程式原始碼的轉譯工具，無論是同語言或是跨語言的轉換。所以你可以想像成是「以工具自動化的修改並替換你寫的程式原始碼中的部分片段」。因此，transpiler 通常又被稱為「**source-to-source compiler**」。

舉例來說，像是將 TypeScript 程式碼轉譯成普通的 JavaScript 程式碼，或是將 Python2 的程式碼轉譯成 Python3 的程式碼，都是這種轉譯概念的應用工具。而章節此處介紹到的 Babel 則也是 JavaScript 社群中最主流且熱門的原始碼轉譯器。透過使用 transpiler，開發人員可以在不同平台上重用程式碼、自定義語法糖、進行程式碼的靜態優化，並在引入新技術或語言的新特性時，更輕鬆的實現向下相容。

Babel 在 JavaScript 領域的用途相當廣泛，它能夠讓你輸入一段你寫好的 JavaScript 原始碼，並根據需求自動修改或替換其中的部分程式碼內容，然後輸出成另一段新的 JavaScript 原始碼。常見的應用像是：

▶ 將較新的 ECMAScript 語法，轉譯成邏輯相同的舊版語法，來讓一些老舊的瀏覽器也能支援，達到向下相容的效果：

■ 例如：arrow function 的語法轉譯成傳統的匿名函式定義語法。

```js
// JS input.js
1  [1, 2, 3].map(n => n + 1);
```

經過 **Babel** 的轉譯，產生另一支 **.js** 程式碼檔案

```js
// JS output.js
1  [1, 2, 3].map(function(n) {
2    return n + 1;
3  });
```

▶ 例如我們這次所需的 JSX 語法 ⇒ `React.createElement()` 語法轉換工具，被稱之為「**JSX transformer**」。

▶ 進行一些自定義語法的轉譯。

JSX transformer

　　一般的瀏覽器環境並不能直接支援 JSX 語法的解讀，因此我們需要在程式原始碼被真正執行之前，就先以 transpiler 將包含 JSX 語法的程式原始碼進行轉譯，令其中所有的 JSX 語法都被替代成 `React.createElement` 方法的呼叫，然後最後才以轉譯後版本的原始碼來在瀏覽器中實際執行。

　　我們通常會把這種負責轉譯 JSX 語法的工具稱作「**JSX transformer**」，而 JavaScript 社群中各種主流 transpiler 幾乎都有實現自己的 JSX transformer。其中，Babel 就是有支援 JSX 轉譯的 transpiler 中相當主流且熱門的選擇之一（同時也是 React 官方推薦並合作的解決方案）。Babel 能夠透過不同的 plugin 來支援非常多種不同的語法轉譯效果，而其中透過設置 `@babel/plugin-transform-react-jsx` 這個 Babel plugin 作為 JSX transformer，我們就能讓 Babel 擁有將 JSX 語法轉譯為 `React.createElement()` 的能力。

> ⚛ **小提示**
>
> 當我們以 Babel 來搭建 React 開發環境時，通常會在 Babel 設定檔中直接引入整個 `@babel/preset-react` 組合包，這是因為轉譯 JSX 語法所需的 `@babel/plugin-transform-react-jsx` 已經被包含在 `@babel/preset-react` 這個組合包之中，同時還包含了其他 React 相關的 plugin。若你使用像 Create React App 或 Next.js 這類已經整合好的開發環境，它們通常已經內建包含了 React 開發所需的 Babel 及其 plugin 設定。
>
> 而 TypeScript compiler 則是另一種支援 JSX transformer 的主流 transpiler 工具。雖然 TypeScript compiler 最主要的功能是將 TypeScript 程式碼轉譯為普通的 JavaScript 程式碼，但同時它也支援 JSX 語法的轉譯。因此當我們以 TypeScript 來開發 React 專案時，通常就會直接以 TypeScript compiler 內建的功能來轉譯程式中的 JSX 語法。

　　當我們將一個包含 JSX 語法的原始碼檔案，交給設定好 JSX transformer 的 Babel 進行轉譯處理後，就能夠產出另一支 JSX 語法通通都被替換成 `React.createElement()` 的 `.js` 原始碼檔案：

JS input.js

```
1   const reactElement = (
2     <div id="wrapper" className="foo">
3       <ul id="list-01">
4         <li className="list-item">item 1</li>
5         <li className="list-item">item 2</li>
6         <li className="list-item">item 3</li>
7       </ul>
8       <button id="button1">I am a button</button>
9     </div>
10  );
```

> 這組小括號只是為了讓 JSX 語法換行以方便做縮排對齊，並不影響任何邏輯，且不是必須的。它們在轉譯後就會自動被移除。而以小括號來將一段表達式包裏是 JavaScript 內建的一種語法，並不是 JSX 特有的語法

↓ 經過 **Babel** 的轉譯，產生另一支 .js 程式碼檔案

JS output.js

```
1   const reactElement = React.createElement(
2     'div',
3     { id: 'wrapper', className: 'foo' },
4     React.createElement(
5       'ul',
6       { id: 'list-01' },
7       React.createElement('li', { className: 'list-item' }, 'item 1'),
8       React.createElement('li', { className: 'list-item' }, 'item 2'),
9       React.createElement('li', { className: 'list-item' }, 'item 3'),
10    ),
11    React.createElement(
12      'button',
13      { id: 'button1' },
14      'I am a button'
15    )
16  );
```

程式碼在 build time 時的靜態分析與處理

需要特別注意的是，以上所提及的轉譯行為，都並不是發生在瀏覽器環境中的執行階段（runtime），而是早在開發環境中的建置階段（build time）就已經發生並完成這個流程了。

以實際開發中的流程來説，其實是每次當我們在開發環境中修改原始碼並進行存檔時，就應該讓 Babel 重新進行一次轉譯流程（通常我們會令這些開發環境工具自動監聽專案資料夾內的程式碼檔案變化，一旦偵測到有變就自動重跑一次轉譯的工作），來產出對應的程式碼。這種流程被稱為程式碼的靜態分析與處理，所謂的「靜態」指的是在「尚未實際執行程式碼時」先以純文字的形式對程式碼的語意、結構和行為進行分析，並進行相關的轉譯、檢查、優化等動作。

因此，我們在 React 專案的 HTML 中所引入的 JavaScript 檔案其實並不應該是我們原本自己撰寫的原始碼，而應該是讀取經過 Babel 轉譯後的 JavaScript 原始碼。如此一來實際在瀏覽器 runtime 中執行的程式碼就不再包含 JSX 語法，而是普通且合法的 `React.createElement()` 呼叫語法，能夠直接被瀏覽器環境所執行。

學習到此處，我們就可以進一步拼湊出 build time 時的 Babel 轉譯，以及 runtime 讀取並執行轉譯後的程式碼，最後產生 React 畫面的完整流程與關係圖，如圖 2-4-2 所示：

圖 2-4-2

這個章節主要是著重在於解析 JSX 語法的本質，以及它是如何透過 Babel 這種 transpiler 所實現到我們的開發流程中的，而非著重於更細節的 Babel 安裝與設定方法，所以在此我們就不特別花篇幅介紹 Babel 的使用教學。

2-4-3 新版 JSX transformer 與 jsx-runtime

在某些 React 17 之前（≤ 16）版本的 React 專案中，你可能會發現如果在有使用到 JSX 語法的 JavaScript 檔案中沒有寫 `import React from 'react'` 的話，會在瀏覽器 runtime 執行遇到一個 `React is not defined` 的錯誤：

```
⊗ ▶Uncaught ReferenceError: React is not defined                    RootApp.jsx:48
     at RootApp (RootApp.jsx:48:3)
     at renderWithHooks (react-dom.development.js:14803:1)
     at updateFunctionComponent (react-dom.development.js:17034:1)
     at mountLazyComponent (react-dom.development.js:17348:1)
     at beginWork (react-dom.development.js:18602:1)
     at HTMLUnknownElement.callCallback (react-dom.development.js:188:1)
     at Object.invokeGuardedCallbackDev (react-dom.development.js:237:1)
     at invokeGuardedCallback (react-dom.development.js:292:1)
     at beginWork$1 (react-dom.development.js:23203:1)
     at performUnitOfWork (react-dom.development.js:22154:1)
```

圖 2-4-3

這是因為在 React 17 之前，搭配的 Babel JSX transformer 是會將 JSX 語法白紙黑字的轉換成 `React.createElement()` 這種語法然後輸出，如同本章節中所介紹的。因此 JSX transformer 其實是預期這段程式碼在實際 runtime 執行時的作用域中，已經有 `React` 這個變數的存在，並且裡面有 `createElement` 這個方法可以呼叫的。

所以當你沒有在這個檔案先寫好 `import React from 'react'` 的話，就會導致 runtime 實際執行到這行時因為找不到 `React` 這個變數而噴錯：

```js
JS input.js

1  import ReactDOM from 'react-dom/client';
2
3  const root = ReactDOM.createRoot(
4    document.getElementById('root')
5  );
6
7  const buttonReactElement = (
8    <button id="button1">
9      I am a button
10   </button>
11 );
12
13 root.render(buttonReactElement);
```

轉譯 →

```js
JS output.js

1  import ReactDOM from 'react-dom/client';
2
3  const root = ReactDOM.createRoot(
4    document.getElementById('root')
5  );
6
7  const buttonReactElement = React.createElement(
8    'button',
9    { id: 'button1' },
10   'I am a button'
11 );
12
13 root.render(buttonR
```

> 這行在 runtime 執行時會因為
> 找不到「React」這個變數而噴錯

所以即使在開發者寫的原始碼中並沒有直接用到 React 這個變數,但是 JSX 語法在轉譯後就會變成 React.createElement() 的呼叫,因此我們必須得在執行的環境中引入並提供 React 變數,來讓實際 runtime 執行時能夠順利執行 React.createElement()。

不過從 React 17 開始,React 官方與 Babel 合作並支援了新的 JSX transformer,可以讓我們不再需要針對使用 JSX 撰寫這種配合用的 import React 程式碼了。透過 Babel 新的 JSX transformer 以及 React 17 開始支援的 jsx-runtime,可以為我們帶來一些新的特性與好處:

▶ **不再需要為了使用 JSX 語法而 import React**,這也是最主要的改善目的。

▶ 略微改善 bundle 的大小。

▶ 其他效能與提示的優化。

▶ 新舊 JSX transformer 在 JSX 語法上完全相容,即使升級也不需要修改既有專案中的任何 JSX 語法。

📖 **延伸閱讀**

官方 blog 對於新版 JSX transformer 的介紹以及升級指南

https://legacy.reactjs.org/blog/2020/09/22/introducing-the-new-jsx-transform.html

自動 import

如前文所述，過去傳統的 JSX transformer 會把 JSX 語法轉譯成 `React.createElement` 方法的呼叫，因此我們必須得在執行的環境中引入並提供整個 `React` 變數，即使這段程式碼並沒有使用到 React 套件中的任何其他方法。

而新的 JSX transformer 將不再會把 JSX 語法轉換成 `React.createElement` 方法的呼叫，而是改成配合 React 17 開始提供的 `jsx-runtime` 的 `_jsx` 方法：

```
JS input.js

1  import ReactDOM from 'react-dom/client';
2
3  const root = ReactDOM.createRoot(
4    document.getElementById('root')
5  );
6
7  const buttonReactElement = (
8    <button id="button1">
9      I am a button
10   </button>
11  );
12
13  root.render(buttonReactElement);
```

轉譯 →

```
JS output.js                    自動加上 _jsx 方法的 import 程式碼

1  import ReactDOM from 'react-dom/client';
2  import { jsx as _jsx } from 'react/jsx-runtime';
3
4  const root = ReactDOM.createRoot(
5    document.getElementById('root')
6  );
7
8  const buttonReactElement = _jsx('button', {
9    id: 'button1',
10   children: 'I am a button'      以 _jsx() 替代傳統的
11  });                             React.createElement()
12
13  root.render(buttonReactElement);
```

可以觀察到，新的 JSX transformer 會在轉譯的結果中自動加上 `import { jsx as _jsx } from 'react/jsx-runtime';` 這行程式碼，並且將 JSX 語法替換成 `_jsx` 方法的呼叫，而非以往傳統的 `React.createElement` 方法。當然，新的 `_jsx` 方法是能夠取代 `React.createElement` 的執行效果的，所以此時即使你不手動寫 import `React`，也能夠直接使用 JSX 語法，相當於達到了自動 import 的效果。

> ❋ **小提示**
>
> 只要你使用 Babel 中新版的 JSX transformer 並配合 React 17 以上的 `jsx-runtime`，就可以在專案中省略因使用 JSX 語法而 import `React from 'react'` 的動作。值得注意的是，**如果你需要使用其他 React 套件中的方法（如 hooks）時，仍需要自行從 react 中進行 import 的動作**。

_jsx() 與 React.createElement() 有什麼不同

　　然而這個 jsx-runtime 所提供的新方法 _jsx 與原本的 React.createElement 方法有什麼不同呢？實際上 _jsx 方法做的事情與 React.createElement 方法大致上是相同的，都是用來建立 React element 的方法。這兩個方法都是透過參數定義想要的 React element 結構，並回傳一個 React element，差別只在於 _jsx 方法會包含一些額外的優化。

　　這也是為什麼在本章節的前半段仍然是以 React.createElement 方法來解釋 JSX 的本質，因為新的 JSX transformer 對於「轉譯 JSX 語法來替換成呼叫建立 React element 的方法」這種概念仍是完全沒有改變的，只是實作上改成了更方便、效果更好的 _jsx 方法而已。

　　_jsx 方法能夠帶來的額外優化是透過靜態解析 JSX 語法的語意來避免一些多餘的資料處理流程，但都是很細節的小幅優化，你甚至很難感受到其區別，因此這裡就不花太多篇幅細講。

　　最後讓我們用一張示意圖來比較一下傳統的 JSX transformer 以及新的 JSX transformer 在轉譯處理流程上的區別，如圖 2-4-4 所示：

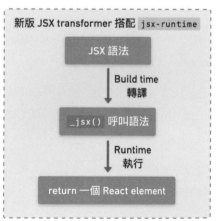

圖 2-4-4 傳統 JSX transformer 與新版 JSX transformer 流程比較圖

總結來説，新的 JSX transformer 與 `jsx-runtime` 只是提供一個更便利、優化效果更好的 JSX 實現而已，並沒有添加或改動任何 JSX 本身的語法，因此升級上非常的無痛。需要注意的是，由新版 JSX transformer 自動 import 的 `_jsx` 方法只能由 transpiler 透過 JSX 語法的轉譯而呼叫，如果你想在程式原始碼中以不使用 **JSX** 語法的方式來建立 **React element**，則只能使用 `React.createElement` 方法，而不應該直接在原始碼中手動撰寫 `_jsx` 方法的呼叫。

❋ 小提示

由於 `jsx-runtime` 的 `_jsx` 方法和一般的 `React.createElement` 方法相比，在主要用途以及從 JSX 轉譯的概念上都是完全互通的，因此為了避免冗贅和混淆，我們在接下來的章節中仍將維持統一以「**JSX 語法會轉譯成 React.createElement() 語法**」這個說法來描述、示意以及展示範例程式碼。

章節重點觀念整理

本章節解析了 JSX 語法的概念與背後的本質，以及 transpiler、JSX transformer 的基本概念：

▶ JSX 是一種語法糖，用於以更好的語法體驗來協助開發者定義並建立 React element。

▶ JSX 的語法長得很像 HTML 只是因為它被刻意設計成在模仿 HTML 的撰寫以及閱讀體驗，但其本質既不是 HTML 也不是 DOM element，而是 React element 建立方法的呼叫。

▶ 可以透過如 Babel 等 transpiler 將 JSX 語法轉譯成實際可執行的 `React.createElement()` 呼叫語法。

章節重要觀念自我檢測

▶ JSX 語法的用途是什麼？其背後的本質為何？

▶ JSX 語法為什麼長得很像 HTML 語法？

▶ 什麼是 transpiler？什麼是 JSX transformer？

▶ 開發時撰寫的 JSX 語法是透過哪些流程處理，最後才能順利的在瀏覽器中執行並定義畫面的？

參考資料

▶ https://legacy.reactjs.org/blog/2020/09/22/introducing-the-new-jsx-transform.html

▶ https://github.com/reactjs/rfcs/blob/createelement-rfc/text/0000-create-element-changes.md#detailed-design

階段性觀念累積回顧

　　到目前為止的章節中，我們已經介紹並解析了「DOM」、「Virtual DOM」、「React element」、「JSX」這幾種概念，它們之間有著非常密切的連動關係以及觀念上的累積。以下就讓我們來進行一下階段性的回顧與統整，再次加強並內化這些觀念與觀念之間的關係理解：

▶ DOM：

- **DOM element 是瀏覽器畫面的實際構成單位以及載體**，與瀏覽器的渲染引擎連動，因此建立或修改 DOM element 的動作，就等同於繪製或更新了實際畫面。

▶ Virtual DOM：

- Virtual DOM 是一種程式設計概念。它透過創建一個虛擬的畫面結構來模擬實際的 DOM，這種虛擬結構會持續同步化到與實際的 DOM，從而為 UI 管理提供了便利和效能優勢。

- 通常以 Virtual DOM 概念所實踐的「虛擬畫面結構資料」是一種模擬並描述實際 DOM 結構的資料，其本身也是一種樹狀資料結構。接著程式再依據 Virtual DOM 的結構來操作實際的 DOM，使 DOM 與 Virtual DOM 的結構保持一致。

- Virtual DOM 與 DOM 之間的同步化關係是由 Virtual DOM ⇒ DOM 單向的：

  - Virtual DOM 就像是畫面繪製的試做品，而 DOM 則是最終正式的成品：我們先根據呈現需求來建立試做品，然後再以試做品作為樣本依據，來產生或修改相應的實際成品。

▶ React element：

- **React element 是 React 基於 Virtual DOM 概念所實現的虛擬畫面結構元素**，因此它是一種普通的 JavaScript 物件資料，用於描述一個預期的實際 DOM element 結構，同時也是作為在 React 中畫面結構描述的**最小單位**。

- React element 可以透過 `React.createElement` 方法被建立，並且在經過 React 的處理轉換之後，就能自動產生對應的實際 DOM element 到畫面中。

▶ JSX：

- JSX 是一種語法糖，用於讓開發者以更方便、簡潔、易讀的語法體驗來定義並建立 React element。

- JSX 的語法長得很像 HTML 只是因為它被刻意設計成在模仿 HTML 的撰寫以及閱讀體驗，但其本質既不是 HTML 也不是 DOM element，而是 **React element 建立方法的呼叫**。

- 程式碼中的 JSX 語法必須經過外部工具在 build time 時轉譯成 `React.createElement` 方法的呼叫語法後，才能夠正常的在 runtime 時被瀏覽器所執行。

經過以上的觀念回顧整理，你會發現這幾個概念之間是環環相扣的：

DOM 是瀏覽器畫面產生的實際成果，而 Virtual DOM 是以虛擬畫面結構資料來描述實際 DOM 畫面結構的概念。React element 是 React 基於 Virtual DOM 概念所實現的虛擬畫面結構元素，一個 React element 在經過轉換後就成產生一個實際的 DOM element。最後，JSX 語法是建立 React element 的便捷語法糖，在經過外部工具的轉換後就會變成 `React.createElement` 方法的呼叫語法。

最後我們以一張流程關係圖來總結這段觀念累積，如圖 2-4-5 所示：

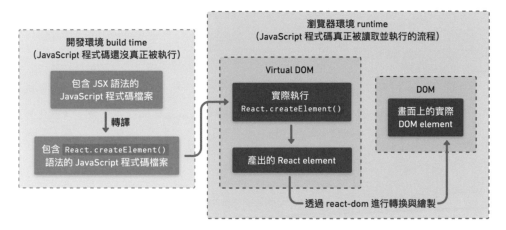

圖 2-4-5　DOM、Virtual DOM、React element、JSX 綜合關係圖

💡 **筆者思維分享**

若要論 React 學習中最常被誤解的觀念排行，JSX 絕對能夠當之無愧的名列首位。JSX 語法長得非常像 HTML 語法雖然讓我們在定義畫面結構時方便許多，但其本質完全不是 HTML 卻又讓許多學習者落入認知的陷阱中。在筆者擔任技術面試官的經驗中，就有遇到許多開發者已經寫了兩三年 React 都還不知道 JSX 語法的本質其實是在建立 React element，或甚至根本不知道 React element 這種東西的存在。

然而如果想要真正掌握 React 的畫面管理機制的話，了解 React element 以及背後的 Virtual DOM 概念是不可或缺的。這也是為什麼在這幾個章節當中需要一再複習前文有提及的觀念並慢慢往上堆疊，因為只有當你了解這些最核心的概念之間的關係後，後續在學習 React 進一步的運作機制或設計時，你才會擁有足夠的前置知識點以及脈絡來穩紮穩打的融會貫通，避免產生認知上的斷層。

你會發現絕大多數關於 JSX 的學習資源（甚至包含最新的 React 官方文件也是）都只會告訴你 JSX 有什麼語法、有什麼限制與規則、與 HTML 語法有什麼不同…等等表面特性，而不會提及 JSX 在本質上到底是執行什麼流程、產生什麼結果，以及這種語法糖是如何實現的。為了能夠確保讀者有正確的認知，本章節才會先著重於解析 JSX 的本質以及運作的概念和流程。而還沒介紹到的那些 JSX 語法特性與規則，則是在下一個章節中會有更細節的介紹。

而另外有趣的是，你會發現新版本的 React 官方文件反而開始找不太到「React element」這個名詞的蹤影，也不太會特地解釋 JSX 語法的本質是 React element 的建立。以筆者個人的觀察，會認為這應該是因為如同我上面有說到的：理解

Virtual DOM 與 React element 的核心概念是相當需要層層累積，甚至可以說是較為困難的，而這也成為了學習 React 一個普遍的門檻。

React 最早是設計給 Facebook 內部的工程師使用的，這些菁英級別的工程師對於這些概念的理解當然是信手捻來、駕輕就熟。然而在 React 誕生了十年後的今天，它已經發展為全世界大量的前端開發者或從業者都在普遍使用的一門主流技術，此時其核心的思想和吃重觀念的設計反而成為其推廣給更多人的阻礙。因此，為了降低 React 入門者最初期的學習門檻，但同時仍然希望初學者能有基本的認知「JSX 語法不是 HTML」，進而創造出了一種新說法「JSX element」—— 當然，它的本質其實仍是在指 React element。作為得面對全世界無數開發者的官方文件，要照顧到的受眾程度範圍自然也相當大，因此他們需要在入門易讀、不會勸退開發者，以及不偏離核心概念太遠之間取得一定的平衡點。

確實，對於基礎的 React 學習與使用來說，你不一定需要區分或掌握這些細節概念也能寫出會動的 React 程式碼，不過對於真正想掌握這門技術的，甚至作為專業技能的開發者來說，筆者我認為仍然有相當的必要性。再者，這本書所定調的受眾其實並不是所有寫 React 的人，而是針對「想真正掌握這門技術，甚至當作專業技能」的開發者，包含 junior、senior 工程師，或甚至是還在為了踏入這個行業而努力的人。而這也是為什麼這本書的著重點放在思想、脈絡與觀念的原因 —— 這些東西是真正的專業技術門檻，也是鑑別出實力強大或平庸工程師的關鍵區別之一。

最後希望大家在學習過這個章節之後，都能夠開始擁有「看到 JSX 語法就能下意識的看穿它是在建立 React element」的習慣以及認知。

2-5
JSX 的語法規則脈絡與畫面渲染的實用技巧

目前為止的章節中，非常詳細的解析了 React element 的概念、JSX 語法的本質以及 transpiler 轉譯的流程。為了更好的開發體驗，React 提供了 JSX 語法糖，讓開發者能以非常類似於 HTML 的語法風格來建立 React element。我們可以在原始碼中撰寫 JSX 語法，然後以專門的工具將其自動轉譯成實際的 `React.createElement` 方法呼叫。

然而雖然 JSX 的語法與 HTML 非常相似，但畢竟本質上是完全不同的東西，所以為了支援更多 JavaScript 程式碼中的邏輯以及各種資料型別的表達，JSX 在語法的設計上勢必會需要更嚴謹的格式以及自創的語法規則來支援這些特性，以滿足 JSX transformer 在語法轉譯上的判斷需求。這些 JSX 的語法規則可能大多數 React 的開發者都有接觸過，但是卻不一定了解其背後的設計思維與緣由。既然本書的宗旨是強調觀念以及脈絡的理解，當然也要對此進行詳細的探討。

觀念回顧與複習

▶ React element 是 React 基於 Virtual DOM 概念所實現的虛擬畫面結構元素，因此它是一種普通的 JavaScript 物件資料，用於描述一個預期的實際 DOM element 結構，同時也是作為在 React 中畫面結構描述的最小單位。

▶ React element 可以透過呼叫 `createElement` 方法被建立，並且在經過 React 的處理轉換之後，就能自動產生對應的實際 DOM element。

▶ JSX 是一種語法糖，用於以更好的語法體驗來協助開發者定義並建立 React element。

▶ JSX 的語法長得很像 HTML 只是因為它被刻意設計成在模仿 HTML 的撰寫以及閱讀體驗，但其本質既不是 HTML 也不是 DOM element，而是 React element 建立方法的呼叫。

▶ 程式碼中的 JSX 語法必須經過外部工具在 build time 時轉譯成 `React.createElement`
方法的呼叫語法後，才能夠正常的在 runtime 時被瀏覽器所執行。

章節學習目標

▶ 了解 JSX 的基本語法與規則，以及其背後的設計脈絡。

▶ 了解在 JSX 語法中處理畫面渲染邏輯的實用技巧。

2-5-1 嚴格標籤閉合

在 HTML 語法中，有些元素類型的標籤是不需要閉合的，這種標籤元素被稱為「空元素」，例如 `<br>`、`<img>`、`<input>` 等就是屬於這類標籤元素。這些標籤不會包含任何內容或子元素，因此不需要撰寫對應的閉合標籤：

然而，對於那些本來就需要閉合的標籤，如 `<p>`、`<div>`、`<span>` 等，即使開發者遺漏了閉合標籤，瀏覽器的 HTML 解析器也不會出錯，這是因為 HTML 具有所謂的「容錯性」。在這種情況下，瀏覽器會嘗試根據頁面的其他內容來自動推斷出最可能的結構，以建立畫面的 DOM element。

> **？ 詞彙解釋**
>
> 「**開標籤**」指的是標籤組合中標記開始位置的標籤，「**閉標籤**」指的是標籤組合中標記結束位置的標籤。例如在 `<div>hello</div>` 中，`<div>` 就是開標籤，`</div>` 就是閉標籤，`hello` 則是 children（子元素）。而「**自我閉合**」形式的標籤則是指當一組標籤內沒有任何子元素時，可以如 `<div />` 這種語法來簡寫表示。

　　然而與 HTML 語法不同的是，JSX 語法是嚴格標籤閉合的。即使在 HTML 中是只寫開標籤的元素，在 JSX 中也一定要將該標籤進行閉合，例如：

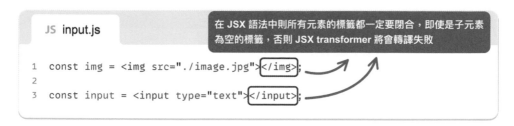

```js
// JS input.js
// 在 JSX 語法中則所有元素的標籤都一定要閉合，即使是子元素
// 為空的標籤，否則 JSX transformer 將會轉譯失敗
1  const img = <img src="./image.jpg"></img>;
2
3  const input = <input type="text"></input>;
```

　　在 JSX 語法中，這些沒有子元素的標籤也能以自我閉合的簡寫語法來表達。這種寫法與上面獨立寫閉合標籤但子元素為空的寫法是完全等價的，但更為簡潔易讀，是推薦的寫法：

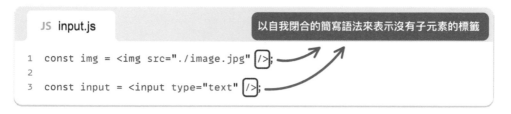

```js
// JS input.js
// 以自我閉合的簡寫語法來表示沒有子元素的標籤
1  const img = <img src="./image.jpg" />;
2
3  const input = <input type="text" />;
```

　　經過 JSX transformer 轉譯後，原始碼中這些元素的 `React.createElement` 呼叫語法就會自動的忽略不填用於指定子元素的第三個參數：

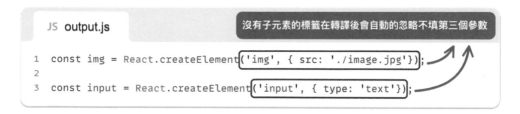

```js
// JS output.js
// 沒有子元素的標籤在轉譯後會自動的忽略不填第三個參數
1  const img = React.createElement('img', { src: './image.jpg'});
2
3  const input = React.createElement('input', { type: 'text'});
```

　　當標籤沒有正確的閉合時，JSX transformer 就會沒有辦法正確解析 `React.createElement` 方法的呼叫位置與層級，進而產生轉譯失敗的錯誤，如圖 2-5-1 中的 Babel online playground 截圖所示：

2-5-2 JSX 語法中的資料表達

雖然 JSX 讓我們可以使用類似於 HTML 的語法來建立 React element，但兩者在本質上畢竟是完全不同的東西：

▶ HTML 語法是純字串格式的一段靜態文字組成的標籤語言，並不具備運算邏輯或資料型別的概念，所以無法表達除了標籤結構和固定字串這兩種以外的任何資料型別意義，更無法表達「變數」或「運算」等動態的表達式概念。

▶ JSX 語法在轉譯後實際上是一段可執行的 JavaScript 程式碼而不是純靜態的 HTML 文字，所以能夠表達 JavaScript 中所有資料型別的值，也能夠直接使用變數等各種表達式。

因此，若要在 JSX 中表達靜態字串以外的任何資料型別或是邏輯時，勢必無法以傳統的 HTML 語法來實現。尤其當我們想要呈現各種型別的字面值或表達式時，就需要依據情境選擇適當的語法來表達。

？ 詞彙解釋

▶ **字面值（literal）：**

在程式語言中，字面值是一種表示固定值的表示法。它們是你在程式碼中直接寫出來的值，例如：數字 `123`、字串 `'Hello, world!'` 或布林值 `true` 和 `false` 都是字面值，因為它們是在程式碼中直接出現的固定值，不需要進行任何計算或操作。在 JavaScript 中，你還可以有物件字面值（例如 `{ a: 1, b: 2 }`）和陣列字面值（例如 `[1, 2, 3]`）。

▶ **表達式（expression）：**

相對於字面值，表達式則是一種計算產生值的表示法。當 JavaScript 引擎看到一個表達式時，它會嘗試運算這個表達式，並產生一個值。表達式可以包含變數、運算子、函式呼叫，甚至其他表達式。例如，`2 + 2` 是一個表達式，當 JavaScript 引擎實際執行到它時，會計算出結果為 `4`。同樣的，如果你有一個變數 `a`，則 `a * 3` 也是一個表達式，它的值將是 `a` 的值乘以 `3`。

▶ **字面值和表達式的關係：**

字面值和表達式在程式設計中都是用來表示和產生值的，但它們的重要差異在於，字面值是固定的，而表達式可以根據運算子、函式和變數的值來變化。換句話說，字面值就是值本身，而表達式是產生值的「配方」或「計算過程」。

然而字面值其實也可以被視為表達式的一種特殊形式，當我們在程式碼中使用字面值時，它們實際上是代表一個固定值的表達式。儘管字面值本身是固定的，不需要計算或操作，但在適當的情境中，它們可以作為表達式的一部分進行計算、操作和賦值。這意謂著字面值可以在表達式的結構中使用，與其他表達式結合，並根據需要來產生結果值。

在 JSX 語法中表達一段固定的字串字面值

當我們想在 JSX 語法中表達一段內容固定的字串字面值時，由於是固定不變的靜態字串內容，所以這個需求仍在 HTML 語法的表達能力範疇之內，因此 JSX 也支援使用與 HTML 相同的語法風格來表達這些字串字面值的內容：

JS input.js

```
1  const div = (
2    <div id="foo" className="bar">
3      這是一段字串
4    </div>
5  );
```

> 以 `className="bar"` 這種用雙引號把值包起來的語法，來表達一個屬性的值是一個內容固定的字串字面值

> 子元素中若有固定的字串字面值內容則可以直接寫在開標籤與閉標籤之間

可以整理為兩種使用情況：

▶ 在指定屬性值時表達字串字面值：

■ 直接用雙引號將值給包起來，例如 `className="bar"`。

▶ 在指定子元素時表達字串字面值：

■ 直接將內容寫在開標籤與閉標籤之間，不需要以任何額外語法包裹。

將上面的範例程式碼經過轉譯後，可以觀察到 JSX 原始碼中的 `bar` 與 這是一段字串 會被視為字串的內容，在轉譯輸出的原始碼結果中成為一段字串的字面值：

```js
// JS output.js
1  const div = React.createElement(
2    'div',
3    {
4      id: 'foo',
5      className: 'bar'
6    },
7    '這是一段字串'
8  );
```

> JSX 原始碼中的「bar」與「這是一段字串」被視為字串的內容，在轉譯輸出原始碼結果中變成一段字串的字面值

在 JSX 語法中表達一段表達式

而當我們想表達任何「固定的字串字面值」以外的表達式時，就會需要用到 JSX 指定的語法 `{}` 來將表達式給包住：

```js
// JS input.js
1  const number = 100;
2  function handleButtonClick() {
3    alert("clicked!");
4  };
5
6  const buttonElement = (
7    <button onClick={handleButtonClick}>
8      數字變數：{number}，表達式：{number * 99}
9    </button>
10 );
```

轉譯 →

```js
// JS output.js
1  const number = 100;
2  function handleButtonClick() {
3    alert("clicked!");
4  };
5
6  const buttonElement = React.createElement(
7    'button',
8    { onClick: handleButtonClick },
9    '數字變數：',
10   number,
11   '，表示式：',
12   number * 99
13 );
```

可以整理為兩種使用情況：

▶ 在指定屬性值時表達一段表達式：

　　■ 用大括號 `{}` 將把表達式給包起來，例如 `onClick={handleButtonClick}`。

▶ 在指定子元素時表達一段表達式：

　　■ 同樣是用大括號 `{}` 將把表達式給包起來就好，例如 `<div>{children}</div>`。

　　從上面的程式碼範例中可以看到，無論是指定屬性值還是子元素時，以大括號 `{}` 包起來的表達式程式碼在轉譯後會原封不動的放置到對應的位置。並且，你會發現 JSX 在被轉譯時會自動的拆解開標籤與閉標籤之間的子元素。當我們在開標籤與閉標籤之間撰寫一段連續的字串字面值時，這段字串會被視為同一個子元素，這意謂著，無論這段字串有多長，或者包含多少個單詞，甚至是否有換行、縮排，它都會被當作單一個子元素來處理。這一點在我們的例子中可以看到，`數字變數：` 和 `，表示式：` 都被當作單獨的子元素。

　　然而，當子元素包含有表達式時，情況就會變得有些不同。**每個表達式都會被視為一個獨立的子元素，並且會讓前面的字串被切分開來成為獨立的子元素**。在上面的範例中，表達式 `number` 和 `number * 99` 都被視為獨立的子元素，並且切分開了前面的字串。所以，轉譯結果中第一層的 `button` 元素裡總共才會有四個子元素，分別是 `數字變數：`、`number`、`，表示式：`、`number * 99`。

> ⚛ **小提示**
>
> 每個表達式都被視為獨立的子元素這種處理方式最大的好處是，由於這些表達式的值有可能會隨著應用程式的互動行為而被更新，因此當該資料對應的畫面連動更新，進行新舊 React element 的結構比較並只操作差異之處的 DOM element 時，這種獨立子元素的設計就能夠進一步縮小操作的範圍。
>
> 舉例來說，如果 `<div>Counter: {count} times</div>` 裡的 `Counter: {count} times` 被視為同一個子元素的話，當 `count` 值發生變化而需要更新對應的實際 DOM element 時，就必須將整段 `Counter: {count} times` 內容都重新產生一次並全部替換掉，即使 `{count}` 前後的文字根本就沒有任何變化。
>
> 但是如果將這個範例中的子元素拆成三段，分別是「字串字面值 `'Counter: '`」、「表達式 `count`」、「字串字面值 `' times'`」的話，當 `count` 值發生變化而需要更新對應的實際 DOM element 時，只需要操作 `count` 對應的那部分 DOM element 內容，而不需要動到前後兩段固定的文字內容。如此一來就能夠進一步縮小 DOM 操作的範圍來降低效能成本。

在 JSX 語法中表達另一段 JSX 語法作為子元素

一段 JSX 語法實際上就是一段 `React.createElement` 方法的呼叫。因此，「在 JSX 語法中表達另一段 JSX 語法作為子元素」的意思其實就是「在一段 `React.createElement` 方法的呼叫中，包含另一段 `React.createElement` 方法的呼叫來作為子元素」。

照理來說，`React.createElement` 方法的呼叫屬於表達式的一種，所以在 JSX 語法中應該要以 `{}` 包起來表達才對：

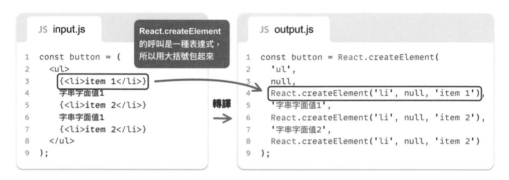

然而在 JSX 語法中，其實可以更簡單的表達子元素標籤。由於 HTML 語法除了固定內容的字串以外，另一種能表達的概念就是開標籤的位置以及閉標籤的位置，因此 JSX 語法也有支援直接在父元素的開標籤與閉標籤之間寫上子元素的標籤，而不需要以大括號包住，以貼近過去寫 HTML 語法的開發體驗。

這些直接寫在開標籤與閉標籤之間的子元素標籤會被 JSX transformer 自動辨識為是在呼叫 `React.createElement` 方法來建立子元素的表達式，並且與一般用 `{}` 包住的表達式一樣會作為同層子元素的切分點：

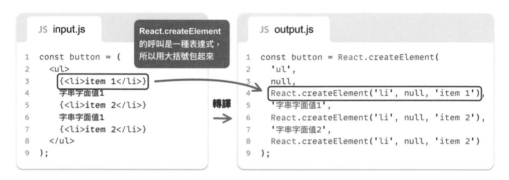

> **⚛ 小提示**
>
> 一段 JSX 語法（在瀏覽器實際執行後也就等同於呼叫 `React.createElement` 方法的回傳值：一個 React element）除了能被當作子元素之外，其實也能夠當成是一種屬性值來傳遞。然而這通常不會發生在對應 DOM element 的 React element 身上，而是會發生在傳遞資料給自定義的 component 時。關於 component 的資料傳遞，會在後續章節介紹 component 時有更進一步的解析。

React element 的子元素的支援型別

在此我們先回頭補充一段有關於 React element 的知識點：React element 的子元素是如何被處理成實際的 DOM element。當我們定義一個對應 DOM element類型的 React element（比如說 `div`、`span` 等）時，其子元素會根據型別的不同而有不一樣的處理方式來被轉換到實際的 DOM element 中。

舉例來說，若我們將數字型別的字面值或表達式作為 React element 的子元素，在其產生成實際 DOM element 的過程中，會先把該數字轉換成字串型別的值，然後才會輸出到 DOM element 裡，最後呈現在瀏覽器畫面上：

JS input.js

```js
1  const num = 100;
2  const element = (
3    <span>Number is {num * 5}</span>
4  );
```

↓ **轉譯**

JS output.js

```js
1  const num = 100;
2  const element = React.createElement(
3    'span',
4    null,
5    'Number is ',
6    num * 5
7  );
8
```

這個子元素的來源值「num * 5」是數字型別，會轉換成字串型別來呈現在 DOM element 中

產生實際 DOM element

以下就讓我們整理並條列一下，各種資料型別作為 React element 的子元素並轉換到 DOM 時的處理行為：

- ▶ React element：
  - ■ 直接轉換為對應結構的實際 DOM element。
- ▶ 字串值：
  - ■ 直接印出。
- ▶ 數字值：
  - ■ 轉成字串型別後直接印出。
- ▶ 布林值、`null`、`undefined`：
  - ■ 什麼都不印，直接被忽略而不會出現在實際的 DOM element 之中。
  - ■ 這種行為讓我們能很方便的直接在表達式中進行條件式渲染的判斷。在本章節的「條件式判斷渲染」中將會有更詳細的解析。
- ▶ 陣列：
  - ■ 攤開成多個子元素後依序全部印出（如果陣列中的每個項目的值也都是可印出的型別）。
  - ■ 這種行為對於產生動態陣列資料對應的列表畫面十分有用。在本章節的「動態列表渲染」中將會有更詳細的解析。
- ▶ 物件、函式：
  - ■ 無法作為子元素轉換到實際 DOM element 中印出，會發生處理失敗的錯誤。

2-5-3 畫面渲染邏輯

JSX 的本質是透過 `React.createElement` 方法的呼叫來建立 React element 物件，以此來定義應用程式的畫面結構。然而在畫面渲染的過程當中，不免會遇到需要因應不同資料或狀態而變化的渲染邏輯。其中，「動態列表渲染」和「條件式判斷渲染」是最常見的情境，以下讓我們分別探討。

動態列表渲染

首先，我們來看「動態列表渲染」。在 React 中，我們常常會需要根據陣列資料來動態產生列表的畫面。React 對於陣列型別的子元素，會進行攤開處理，並依序渲染每一個元素。這種處理行為對於產生動態資料列表的對應畫面十分有用。讓我們看看以下的範例：

JS input.js

```
1  const items = ['foo', 'bar'];
2  const element = (
3    <ul>
4      <li>固定的item</li>
5      {items.map(item => <li>我是 {item}</li>)}
6      <li>另一個固定的item</li>
7    </ul>
8  );
```

> 以原始資料的陣列產生對應的 React element 陣列

↓ **轉譯**

JS output.js

```
1  const items = ['foo', 'bar'];
2  const element = React.createElement(
3    'ul',
4    null,
5    React.createElement('li', null, '固定的item'),
6    items.map((item) => React.createElement('li', null, '我是 ', item)),
7    React.createElement('li', null, '另一個固定的item')
8  );
```

在這個範例中，我們將原始資料 `items` 陣列透過內建的 `map` 方法來產生對應的畫面列表。`items.map(item => <li>我是 {item}</li>)` 這段表達式在經過 JSX transformer 轉譯後的本質其實就是 `items.map(item => React.createElement('li', null, '我是 ', item))`，因此這段表達式其實等同於會產生一個陣列，陣列當中有兩個項目，每個項目都是一個 `<li>` React element。

而 React 在處理陣列型別的子元素時會將其攤開處理，陣列裡的項目會依序被提出放到原本陣列的位置上，與原陣列前後的其他子元素們同層並排。因此這個範例最後在完成攤開後會共有四個 `<li>`，被轉換到實際的 DOM element 之中。

key 警告

　　在印出一個包含 React element 的陣列作為子元素時，你可能會發現 React 會在 console 中跳出一段如圖 2-5-2 的警告：

```
⊗ ▶Warning: Each child in a list should have a unique "key" prop.        proxyConsole.js:64

  Check the top-level render call using <ul>. See https://reactjs.org/link/warning-keys for
  more information.
       at li
```

　　是因為當 React 在處理動態的列表時，會需要對於陣列中的 React element 做 Virtual DOM 的效能優化處理。React 會要求你在陣列中的每個 React element 都填上一個唯一、不重複的 `key` 屬性，例如資料的 uuid 等。

> 📖 **延伸閱讀**
>
> React 官方文件 - Rendering Lists
>
> https://react.dev/learn/rendering-lists

▍條件式判斷渲染

　　另外一種常見的畫面渲染邏輯則是「條件式判斷渲染」，也就是根據資料或狀態作為條件式，來判定是否要繪製特定的畫面區塊。由於 React element 本身就是在 JavaScript 中一種普通物件資料，因此不用為了條件判斷或迴圈等需求另外學習特殊的模板指令來操作畫面渲染的邏輯，直接使用 JavaScript 內建的語法功能即可。

因此，我們可以直接以 JavaScript 內建的邏輯判斷來條件式的建立 React element：

```
1  const items = ['a', 'b', 'c'];
2  let childElement;
3  if (items.length >= 1) {
4    childElement = <img src="./image.jpg" />;
5  } else {
6    childElement = <input type="text" name="email" />;
7  }
8
9  const appElement = (
10   <div>
11     {items.map(item => <span>{item}</span>)}
12     {childElement}
13   </div>
14  );
```

而在參透「JSX 的本質是 `React.createElement` 方法的呼叫」之後，當你看到以上這段程式碼時，腦袋就會自動理解並轉換成以下的程式碼：

```
1  const items = ['a', 'b', 'c'];
2  let childElement;
3
4  if (items.length >= 1) {
5    childElement = React.createElement('img', {
6      src: './image.jpg'
7    });
8  } else {
9    childElement = React.createElement('input', {
10     type: 'text',
11     name: 'email'
12   });
13 }
14
15 const appElement = React.createElement(
16   'div',
17   null,
18   items.map(item => React.createElement('span', null, item)),
19   childElement
20 );
```

其實就只是普通的 JavaScript 邏輯來操作普通的 JavaScript 物件資料，並沒有什麼黑魔法對吧？

⚛ 透過 && 運算子來進行條件式渲染

在實務上，我們也很常使用 **&&** 運算子來幫助我們進行 JSX 結構中的條件式渲染。在一段 React element 的內容中，我們能夠嵌入的是一段「表達式」，而 **&&** 運算子能夠幫助我們輕易的表達「符合條件時就渲染特定畫面，不符合時則什麼都不印」的效果。

JavaScript 中的 **&&** 運算子本身的效果為：當運算子左邊的值為 truthy 時，回傳運算子右邊的值；而當運算子左邊的值為 falsy 時，則回傳運算子左邊的值。例如 `(3 > 1) && 'foo'` 會回傳運算子右邊的值 `'foo'`，而 `(1 === 2) && 'bar'` 則會回傳運算子左邊的值 `false`。

> **? 詞彙解釋**
>
> 在 JavaScript 中，「truthy」和「falsy」是用來描述一個值在布林型別自動轉換中的行為。
>
> ▶ **Truthy：**
>
> 指的是在布林型別自動轉換的情境中會被視為 `true` 的值。這不僅僅包括顯而易見的布林值 `true`，還包括大多數非空字串、非零的數字（包括無限大），以及物件（包括空物件）和陣列（包含空陣列）。簡單來說，除了那些屬於「falsy」的值以外，JavaScript 中其他所有的值都屬於「truthy」。
>
> ▶ **Falsy：**
>
> 指的是在布林型別自動轉換的情境中會被視為 `false` 的值。JavaScript 定義了一小部分的值為「falsy」，包括：`false`、`0`（數字零）、`''`（空字串）、`null`、`undefined` 和 `NaN`（非數字）。當這些值出現在需要布林型別轉換的情況（如 `if` 語法的條件式、`&&` 運算子）時，它們會被視為 `false`。

讓我們來試著把這個行為運用到 JSX 語法中，舉例來說：

```
1  const element = (
2    <div>
3      {isLoggedIn && <h1>Welcome!</h1>}
4    </div>
5  );
```

當 isLoggedIn 為 true 時，這個表達式的值會是 `<h1>Welcome!</h1>`；而當 isLoggedIn 為 false 時，這個表達式的值會是 false，等同於不會在畫面上印出任何東西

還記得本章節稍早曾提到過的「以布林值、`null`、`undefined` 作為 React element 的子元素」嗎？當我們嘗試將這幾種值作為對應 DOM 類型的 React element 的子元素印出時，它們將直接被忽略而不會出現在實際的 DOM element 之中。

因此在以上範例中，當 `isLoggedIn` 為 `true` 時，這個表達式的值會是 `&&` 運算子右邊的值，也就是一個 React element（`<h1>Welcome!</h1>`）；而當 `isLoggedIn` 為 `false` 時，這個表達式的值則會是 `&&` 運算子左邊的值，也就是 `false`，等同於不會在實際畫面上印出任何東西，來變相的達到條件式渲染的效果。

需要特別注意的是，當你將一個數字型別的值進行這種條件式判斷的話，則要小心該數字的值為 `0` 的情況：

```
1   const foo = 0;
2
3   const element1 = (
4     <div>
5       {foo && <h1>foo is a number</h1>}
6     </div>
7   );
8
9   const element2 = (
10    <div>
11      {(typeof foo === 'number') &&
12        <h1>foo is a number</h1>
13      )}
14    </div>
15  );
```

> 這個表達式最後會印出 0，因為 0 是一個 falsy 的值，因此 && 運算子會回傳左邊的值，也就是 foo 變數

> 這個表達式最後會印出 <h1>foo is a number</h1> 這個 React element，因為 typeof foo === 'number' 是 true，因此 && 運算子會回傳右邊的值，也就是一個 React element

從以上的範例中可以觀察到，由於 `foo` 是數字 `0` 這一種在 JavaScript 中被視為 falsy 的值，因此當我們把它擺到 `&&` 運算子的左邊時，會導致整個表達式的計算結果為 `&&` 運算子左邊的值，也就是 `0`。然而當我們期望的顯示邏輯是「當變數中存在數字值時則條件符合，否則就不符合」的話，這種寫法顯然無法支援數字為 `0` 的情況，它會被判定為條件不符合。

解決這種問題的方法很簡單，就是將你的判斷邏輯明確的寫出來，而不是依賴於隱含的布林型別自動轉換。在將運算子的左邊改為 `typeof foo === 'number'` 之後，即使在 `foo` 的值為 `0` 的情況，這段左邊的條件式的結果仍為 `true`，因此整個 `&&` 運算子的計算結果就會是右邊的值，也就是符合條件時希望印出的 React element 畫面內容。

⚛ 透過三元運算子來進行條件式渲染

當然，我們也可以透過 JavaScript 中的三元運算子來便捷的達到「當條件符合時印出 A，不符合時則印出 B」的條件式渲染。JavaScript 中的三元運算子本身的效果為：在一個條件式的值後面會跟著一個問號（？），如果條件式為 truthy，回傳在冒號（：）左邊的值，如果條件式為 falsy，則回傳在冒號右邊的值。舉例來說：

```
1  const element = (
2    <div>
3      {(isLoggedIn
4        ? <h1>Member</h1>
5        : <h2>Guest</h2>
6      )}
7    </div>
8  );
```

當 isLoggedIn 為 true 時，這個表達式的值會是 <h1>Member</h1>；而當 isLoggedIn 為 false 時，這個表達式的值會是 <h2>Guest</h2>

在以上的範例中，當 `isLoggedIn` 為 `true` 時，三元運算子的表達式結果會是 `<h1>Member</h1>` 這個 React element；而當 `isLoggedIn` 為 `false` 時，表達式的結果則會是 `<h2>Guest</h2>` 這個 React element。

2-5-4 為什麼一段 JSX 語法的第一層只能有一個節點

當你的 JSX 想表達的結構中的第一層有多個 React element 節點時，你可能會遇到一個問題：

```
const element = (
  <button>foo</button>
  <div>bar</div>
);
```

❌ 這段 JSX 語法是不合法的

你會發現以上的 JSX 語法在 transpiler 進行轉譯時會失敗，是一段不合法的 JSX 語法。這是因為一段 JSX 其實就是在呼叫一次 `React.createElement` 方法，它只會回傳「一個 React element」作為結果，而實際上我們無法一次只用一個值來表達兩個 React element，所以 transpiler 的 JSX transformer 當然也無法解析這種寫法成為有效的一次 `React.createElement` 呼叫語法。

因此，只要你以樹狀資料結構的觀點去思考，就會發現問題其實出在「樹狀資料結構只能有一個根節點」上，所以這個問題真正的解決方法是「把原本想要放置在同層級的多個 React element，以一個共同的父元素給包起來」：

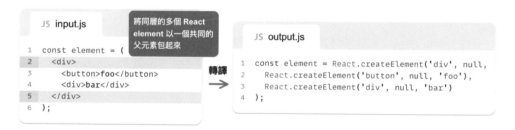

如此一來，這段 JSX 所表達的 React element 就會是只有一個，只是這個 React element 裡面還有身為子節點的其他 React element。

不過上面的寫法雖然能解決這個問題，但是我們必須得在第一層多包一層沒有特別意義的元素，如 `<div>`。雖然這種做法可以解決絕大多數情況，但缺點是瀏覽器實際的 DOM 結果中會有一層無意義的多餘 DOM element，如圖 2-5-3 中所示：

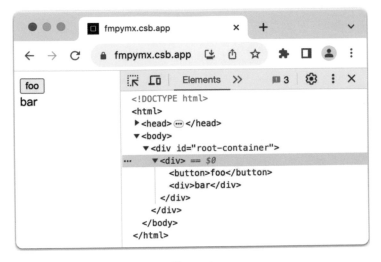

圖 2-5-3

當然，如果這段畫面結構中你本來就想要一個像是 `<div>` 之類的父元素來作為子元素的容器的話，那沒有任何問題；但是如果你其實並不想要這層 `<div>`，純粹只是希望在此處直接表達多個 React element 的話，這樣寫不僅讓畫面結構中產生多餘的層級而降低可讀性，更有可能因為這層無意義的 DOM element 導致一些 CSS 樣式或專案中針對 DOM 結構所寫的某些邏輯壞掉。

Fragment

有鑑於此，React 提供了針對這種情況的推薦解決方案，就是以內建的特殊元素類型 `Fragment` 來建立一個父元素，並將你想要放置在同層級的多個 React element 作為子元素給包起來：

```
import { Fragment } from 'react';

const element = (
  <Fragment>
    <button>foo</button>
    <div>bar</div>
  </Fragment>
);
```

`Fragment` 既不是一種對應實際 DOM element 的元素類型，也不是一種 component，而是一種 React 內建的特殊 React element 類型，它被設計來專門應付以上情境的需求。當你以 `Fragment` 來建立一個 React element 時，在瀏覽器的實際 DOM 結構中就不會產生那層多餘的無意義元素，如圖 2-5-4 中所示：

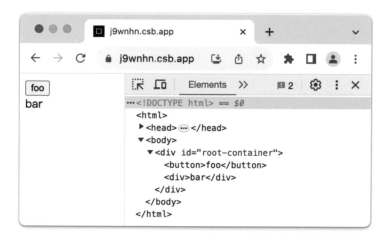

圖 2-5-4

因此，你可以把一個身為 fragment 的 React element 當作是「不會產生對應的實際 DOM element，且能作為容器用途的 React element」。另外，我們也能夠簡潔的直接以空標籤名稱來代表 fragment 元素類型：

```
const element = (
  <>
    <button>foo</button>
    <div>bar</div>
  </>
);
```

當你以 `<>` 空標籤來表達一個 fragment 類型的 React element 元素時，就可以省略 `import { Fragment } from 'react'` 的匯入動作。

延伸閱讀

Fragment API 官方文件

https://react.dev/reference/react/Fragment

章節重點觀念整理

▶ JSX 語法是嚴格標籤閉合的。

▶ JSX 語法當中必須以 `{}` 語法來標示一段表達式。

▶ React element 的子元素的支援型別：

- React element：

  ◉ 直接轉換為對應結構的實際 DOM element。

- 字串值：

  ◉ 直接印出。

- 數字值：

  ◉ 轉成字串型別後直接印出。

- 布林值、`null`、`undefined`：

  ◉ 什麼都不印，直接被忽略而不會出現在實際的 DOM element 之中。

- 陣列：

  ◉ 攤開成多個子元素後依序全部印出（如果陣列中的每個項目的值也都是可印出的型別）。

- 物件、函式：

  ◉ 無法作為子元素轉換到實際 DOM element 中印出，會發生處理的錯誤。

▶ 在以陣列進行動態列表的渲染時，你會需要將會陣列中的每個 React element 都填上一個唯一、不重複的 `key` 屬性。

▶ 為什麼一段 JSX 語法的第一層只能有一個節點：

- 一段 JSX 其實就是在呼叫一次 `React.createElement` 方法，它只會回傳「一個 React element」。這個問題的本質在於一段樹狀資料結構只能有一個根節點。

- 可以透過「把原本想要放置在同層級的多個 React element，以一個共同的父元素給包起來」來解決。

- 你可以使用 fragment 來避免為了將同層級的多個 React element 包起來而產生不必要的 DOM element。

章節重要觀念自我檢測

▶ JSX 語法與 HTML 語法有哪些不同之處？

▶ 為什麼一段 JSX 語法的第一層只能有一個節點？

單向資料流與一律重繪渲染策略

在繼續深談 React 管理並更新畫面的策略與機制之前，我們需要先探究一下關於「單向資料流」的概念，以及在尚未使用前端框架時的 DOM 渲染策略。這將有助於我們理解「在沒有使用前端框架來管理畫面時會遇到的問題」，以及為什麼 React 可以幫助我們更好的解決這些需求，進而認知到 React 畫面管理機制的設計源頭與背景思想。

觀念回顧與複習

▶ DOM（Document Object Model）是一種樹狀資料結構，用於表示瀏覽器中的畫面元素。操作 **DOM** 會連動瀏覽器的渲染引擎重繪畫面因而效能成本昂貴。

▶ React element 是 Virtual DOM 概念的虛擬畫面結構在 React 中的實現，用於描述一個預期的實際 DOM element 結構，同時也是作為畫面結構描述的最小單位。

▶ React element 可以透過呼叫 `createElement` 方法來建立，並且在經過處理轉換之後，就能自動產生對應的實際 DOM element。

章節學習目標

▶ 了解單向資料流的概念是什麼。

▶ 了解常見的實現單向資料流的 DOM 渲染策略，以及這些不同策略的優缺點比較。

▶ 了解 React 是如何透過結合 Virtual DOM 的概念以及一律重繪的渲染策略，來實現易於維護且可靠的單向資料流。

2-6-1 單向資料流

在眾多現代前端框架或解決方案中，「**單向資料流（one-way dataflow）**」這個概念已經是相當主流且核心的設計模式。無論是 React、Vue 或是 Angular，這種設計模式被廣泛的使用於實現可預測性良好且易於理解的資料流和畫面管理機制。

資料驅動畫面

首先，我們來了解一下什麼是「單向資料流」。通常任何的畫面結果只要不是完全靜態寫死的，則背後一定有其作為來源的原始資料，例如購物網站的商品列表、社群網站的動態內容、論壇中的文章列表…等等。而使用者最後看到的光鮮亮麗且內容豐富的畫面 UI 是怎麼產生的呢？其實就是如圖 2-6-1 所示意的：將這些原始資料套入預先定義好的模板以及渲染邏輯，進而產生使用者所看到的畫面結果。

圖 2-6-1 單向資料流概念示意圖

在單向資料流的概念中，資料的傳遞應該是單向且不可逆的，也就是說被傳遞者只能被動的接收，而不可以對傳遞的源頭進行資料的修改。

這聽起來似乎很抽象，然而這個概念在前端領域中最重要的延伸情境，就是界定原始資料與畫面結果之間的因果關係：**畫面結果是原始資料透過模板與渲染邏輯所產生的延伸結果，而這個過程是單向且不可逆的。當資料發生更新時，畫面才會產生對應的更新**，以資料去驅動畫面。

而所謂「單向」的意思，就是只有資料更新時才能導致畫面的更新，**畫面內容不能在相關的資料發生更新以外的情況隨意被修改**，並且畫面（在前端中就是 DOM element）本身也不允許因為互動事件等任何原因自動的逆向去直接修改資料的源頭。

資料與畫面的分離管理：單一資料來源

「資料與畫面的分離管理」這種策略是實踐單向資料流時重要的前提，它指的是在前端應用程式的開發中，**將資料管理與畫面渲染進行分開處理並獨立定義**。實施這種分離可以提升應用程式架構的靈活度，同時也能增強程式碼的可維護性。

讓我們以一個 todo list 應用程式為例來具體說明。假設我們有 todo 項目的資訊，包括標題、內容、完成狀態等，使用者選擇新增、編輯或刪除 todo 項目後，這些資訊會被顯示在應用程式的主頁面和詳情頁面上。如果我們不獨立定義並處理這些資料的話，那麼每當 todo 項目的資訊有所變動時，我們必須直接找到所有與該 todo 項目相關的 DOM element，然後一一進行手動更新。

在這種情況下，如果同一種意義的資料在畫面中多個地方存在，而隨著畫面更新時如果有些 DOM element 被不小心刪除或修改，就可能導致「todo 項目資訊」狀態的正確來源變得混淆 —— 因為畫面中有多個地方都包含並呈現該 todo 項目的資訊，但是當它們因意外而不一致時，你無法判斷哪個包含的才是正確的資料。甚至，當某種資料因為 DOM element 的變化而從畫面上完全消失時（例如一個 todo 項目被從列表中刪除，但畫面中又沒有其他地方仍包含該 todo 項目的資料），該資料就可能會隨之完全丟失，因為我們並沒有在其他地方獨立保存這個資料，這使得資料的完整性和一致性難以保證。

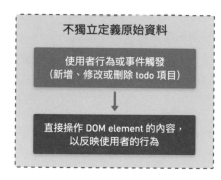
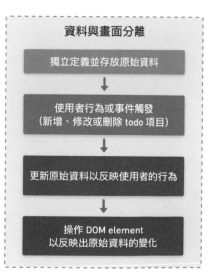

圖 **2-6-2** 資料與畫面分離與否的流程比較圖

而如果我們實現了資料與畫面的分離，也就是將資料的定義和管理獨立出來，就能夠簡化資料處理的過程，提高資料的穩定性和可靠性：每次 todo 項目的資訊發生變化，我們會先更新獨立保存的原始資料，然後再將這些資料的變動反映到畫面上的相關 DOM element。如此一來不僅可以確保資料來源的一致性，還能避免因 DOM element 的變動或移除而丟失原始資料。

　　也因此單向資料流這個概念常伴隨著另一個相當知名的概念：「**Single source of truth（單一資料來源）**」。這表示只有源頭的那一份獨立的原始資料才是畫面結果或行為的唯一來源，同一個概念的資料不應該在應用程式中的多個地方存在。這保證了應用程式行為的可預期性，也使我們的程式碼更加結構化，更易於理解和維護。開發者可以更有效的追蹤資料的變動，並準確的反映到所有相關的畫面上。因此，「資料與畫面分離，且維持單一的資料來源」是實現單向資料流的關鍵策略，同時也能提升應用程式的彈性與可維護性。

▍限縮變因的價值

　　在單向資料流這種設計模式中，原始資料的變動會驅動畫面的更新，且畫面並不會直接反過來修改原始資料。這種明確的流向設計，使得資料的流動變得可預測和易於理解，也就是所謂的「單向」的意義。

　　由於畫面不會直接改變資料，因此**資料變動基本上只會來自於開發者手動的觸發資料更新**，而**畫面結果也只會由原始資料與模板邏輯這兩種變因所構成**。同時，由於資料、畫面的分離以及單一資料來源等設計，我們可以有效的限縮資料更新的變因以及畫面結果產出的變因，來更好的控制和追蹤資料流的變化，進而更準確的預測並管理應用程式的行為與畫面產生的結果。

　　這種由限縮變因所帶來的控制能力的價值可以體現在多個方面：

▶ 提高可維護性：

■ 由於資料變動的源頭被嚴格控制，當開發者發現畫面結果不如預期時，我們可以更快速的找到問題所在，降低了維護和除錯的難度。

▶ 提升程式碼的可讀性：

- 單向資料流提供了清晰的資料流向，使得開發人員可以輕鬆理解程式碼的運作邏輯，有助於團隊間的協作。

- 當有大量的畫面或行為同時依賴了特定的某種資料，我們也只需要管理並維護其唯一的資料來源，即可保證資料與畫面之間會有效的發生連動。

▶ 減少資料意外出錯的風險：

- 由於畫面不會直接改變原始資料，避免了資料可能被不正確的畫面操作所改變的風險，降低了出錯的可能性。

▶ 更好的效能優化：

- 在單向資料流的設計中，我們可以準確的知道哪些畫面元件依賴於哪些原始資料，這使得我們能夠有效的進行效能優化，如避免不必要的重新渲染等。

2-6-2 實現單向資料流的 DOM 渲染策略

在單向資料流的概念中，畫面是資料延伸的結果。為了將這個概念在前端開發的畫面管理中實際應用，我們會把資料以及畫面進行分離處理：當原始資料改變完成之後，再執行對應的畫面更新。接下來讓我們先把 React 放到一邊去，以不依賴任何前端框架的純 JavaScript 情境，來解析以下兩種能夠實現單向資料流的常見畫面更新渲染策略：

策略一：當資料更新後，人工判斷並手動修改所有應受到連動更新的 DOM element

舉例來說，我們今天有一個 counter 列表，資料是一個存放了所有 counter value 的數字陣列，並且畫面會印出所有 counter 目前的值，以及所有 counter 加總之後的值。當按下 increment button 時，**資料陣列中 index 0 與 2 的 counter 值都會各 +1**，並更新畫面：

```
1  const counterValues = [0, 0, 0];              獨立定義原始資料
2
3  function getNumbersSum(numbers) {
4    return numbers.reduce((x, y) => x + y);        只有初始化 render 時才會
5  }                                                遍歷整個 counterValues
6                                                   來印出每個 counter item
7  function initialRender() {
8    document.body.innerHTML = `
9      <div id="counters-wrapper">
10       <ul id="counter-list">
11         ${counterValues.map((counterValue, index) => `
12           <li>counter ${index}: <span>${counterValue}</span></li>
13         `).join('')}
14       </ul>
15
16       <div id="counter-sum">
17         counters sum: <span>${getNumbersSum(counterValues)}</span>
18       </div>
19     </div>
20
21     <button id="increment-btn">increment counter 0 & 2</button>
22   `;
23
24   // increment button 事件綁定
25   const incrementButton = document.getElementById('increment-btn');
26   incrementButton.addEventListener('click', () => {
27     // 範例行為：increment counter 0 & counter 2
28     incrementCounterAndUpdateDOM(0);
29     incrementCounterAndUpdateDOM(2);
30   });
31 }
32
33 initialRender();
34
```

```
1  function incrementCounterAndUpdateDOM(index) {
2    counterValues[index] += 1;              先更新原始資料
3
4    // 資料更新後，需要具體知道這次資料的更新會影響到的 DOM 範圍，並且手動一一去更新：
5    document
6      .querySelectorAll('#counter-list > li > span')    修改某個 counter 的 value
7      .item(index)                                      資料後，該 counter 對應的
8      .textContent = counterValues[index];              <li> 裡面的 <span> 的文字
9                                                        內容會需要更新
10
11   document
12     .querySelector('#counter-sum > span')             修改某個 counter value 資
13     .textContent = getNumbersSum(counterValues);      料後，也會需要重新計算並更
14 }                                                     新 counter sum 的文字內容
```

 **Demo 原始碼連結**

渲染策略一：當資料更新後，人工判斷並手動修改所有應受到連動更新的 DOM element

https://codesandbox.io/s/96fzf5

　　在以上的範例中，當我們觸發按鈕事件時，會先更新資料 `counterValues[index] += 1`，接著人為判斷這次資料更新會影響到的畫面範圍，並且只操作這些範圍的 DOM element 來完成畫面的更新。我們可以透過瀏覽器的開發者工具觀察 DOM 操作發生的範圍，如圖 2-6-3 中所示：

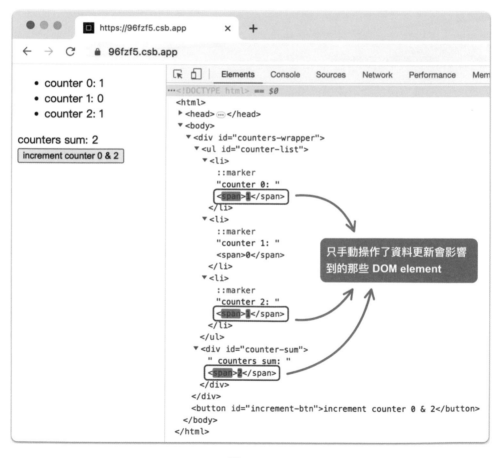

圖 2-6-3

在這個過程中，有被更新的資料中的哪些部分會導致哪些 DOM element 需要連動被操作更新，這需要完全依賴開發者的自行判斷。同樣的，如何操作 DOM 的具體細節，也需要開發者手動處理。

這種畫面渲染策略的好處是只要開發者 DOM 操作得夠簡潔精準，就可以**盡量減少因為多餘 DOM 操作而造成的效能浪費**。例如從圖 2-6-3 中的瀏覽器開發者工具可以觀察到：當我們點擊按鈕時，只有 counter 0 與 counter 2 的 `span` 文字，以及 counter sum 的 `span` 文字才有被修改，而其他的 DOM element 都完全沒有被動到。

然而，當該資料的更新同時需要連動更新畫面的範圍相當大或很複雜時，純靠人為的維護就非常容易有所遺漏或出錯。並且當畫面結果有問題時，我們也很難在開發上快速定位是哪個環節出了差錯，因為即使資料本身沒問題，也可能因為對應的 DOM 操作出錯，而導致最後畫面結果仍是錯的，此時單向資料所遵循的「畫面是資料的延伸結果」就已經不再保證可靠了。

因此，這種渲染策略下的單向資料流，可以說是完全依賴於開發者的人為判斷以及**對 DOM 的精確手動操作來維持的**，這在大型且複雜的前端應用程式中就顯得非常脆弱且不可靠。

策略二：當資料更新後，一律將整個畫面的 DOM element 全部清除，再以最新的原始資料來全部重繪

承策略一的相同例子，但這次我們改成當資料更新後一律重繪畫面的渲染策略：

```
1  const counterValues = [0, 0, 0];          →  獨立定義原始資料
2
3  function getNumbersSum(numbers) {
4    return numbers.reduce((x, y) => x + y);
5  }
6                                              →  先直接呼叫一次 renderScrren()
7  renderScreen();                                來繪製初始資料狀態的畫面
```

```
1   function handleIncrementButtonClick() {
2     // 範例行為：increment counter 0 & counter 2
3     counterValues[0] += 1;
4     counterValues[2] += 1;
5
6     renderScreen();
7   }
8
9
10  function renderScreen() {
11    document.body.innerHTML = '';
12
13    document.body.innerHTML = `
14      <div id="counters-wrapper">
15        <ul id="counter-list">
16          ${counterValues.map((counterValue, index) => `
17            <li>counter ${index}: <span>${counterValue}</span></li>
18          `).join('')}
19        </ul>
20
21        <div id="counter-sum">
22          counters sum: <span>${getNumbersSum(counterValues)}</span>
23        </div>
24      </div>
25      <button id="increment-btn">
26        increment counter 0 & 2
27      </button>
28    `;
29
30    // 重新綁定事件到新繪製的 increment button
31    document
32      .getElementById('increment-btn')
33      .addEventListener('click', handleIncrementButtonClick);
34  }
```

先更新原始資料

在更新資料後，不需要判斷這次資料更新具體會影響到的 DOM element 有哪些，而是一律直接呼叫 renderScreen 函式來將整個畫面全部都重繪

每次要繪製新的畫面之前，都先把整個瀏覽器畫面全部清空

依據目前的最新版原始資料，重新繪製一次整個畫面的全部 DOM element

🔗 **Demo 原始碼連結**

渲染策略二：當資料更新後，一律將整個畫面 DOM element 全部清除，再以最新的原始資料來全部重繪

https://codesandbox.io/s/ke7msp

可以看到在以上的範例中，當我們更新資料 `counterValues[index] += 1` 之後，完全不需要具體知道這次資料更新後應受到連動更新的 DOM element 有哪些，而是一律直接執行 `renderScreen()` 來將整個畫面的 DOM 全部清空之後，再根據最新的原始資料將畫面完整重繪一次。我們可以透過瀏覽器的開發者工具觀察 DOM 操作發生的範圍，如圖 2-6-4 中所示：

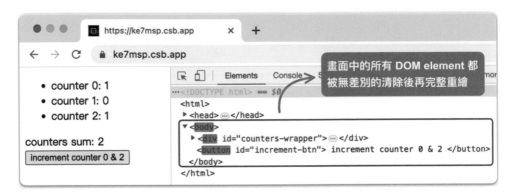

在這個過程中，無論今天資料更新的操作是新增項目、修改項目還是刪除項目都不重要，我們只需要在**更新好原始資料後，無差別的將畫面全部清空，然後根據最新的原始資料全部重新繪製新畫面**。這種「一律重繪」的渲染策略讓開發者既不需要區分資料是發生哪種更新，也不用關心這種資料更新後會影響哪些部分的 DOM element，更不需要自己動手去尋找並操作特定的 DOM element。

因此在這種渲染策略下我們只需要**將資料以及渲染模板定義好，然後當每次資料發生任何更新後都一律清空畫面再重繪**，便可以輕鬆的維持穩定可靠的單向資料流。

然而，這種一律重繪的渲染策略也有著難以忽略的明顯缺點，就是**效能浪費**。

在上面的範例結果圖中可以看到，每次當我們點擊 increment button 來觸發資料 counter value 更新時，整個畫面 `<body>` 內的所有 DOM element（包含那些與 counter value 更新完全無關的 DOM element）都會全部被移除後再全部重繪。由於在這個範例中，DOM element 相對簡單且數量較少，因此可能不太能感受到，然而在商用、實務上的前端應用程式的複雜度以及資料量可能是龐大許多的，在大量的資料以及使用者頻繁的操作之下，效能問題就非常容易顯現出來，進而嚴重拖累使用者的體驗。

總結整理一下以上兩種渲染策略的優缺點

▶ 策略一：因應資料更新的範圍，手動去更新對應的部分 DOM：

- 優點：只要開發者 DOM 操作的夠簡潔精準的話，可以盡可能的減少因多餘 DOM 操作造成的效能浪費。

- 缺點：完全依賴人為周全的判斷以及精確的操作 DOM 來維持單向資料流，在複雜的前端應用程式中非常困難。

▶ 策略二：資料更新後，一律清空畫面再重繪畫面：

- 優點：開發者只需要關注模板定義以及資料更新的處理，不需要手動去維護資料連動的畫面操作，要維持單向資料流非常直覺簡單。

- 缺點：隨著應用程式的龐大與複雜，一律重繪的方式會因為大量不必要的 DOM 操作而遇到明顯的效能問題，影響使用者體驗。

前端框架的處理策略

在瞭解了這兩種常見的畫面渲染策略後，你會發現無論選擇其中的哪一種，都有著明顯且難以解決的缺點。然而處理「資料更新後的畫面連動更新」，又是前端應用程式中極其重要且難以避免的大問題。其實這就是為什麼我們會需要使用前端框架的其中一個重要原因：**大多數前端框架都能透過一些特殊的架構設計來幫助我們解決這個問題，在保留這些渲染策略的優點的同時解決其缺點。**

例如 Vue.js 就採用了上述的策略一：Vue.js 會追蹤資料與模板之間的綁定關係，並在監聽到資料有發生變化時，自動找到與資料變化相關的 DOM 節點進行更新。這種設計免去了開發者需要手動維護資料連動的畫面操作，更不需要自己動手去尋找並操作特定的 DOM element。開發者需要專注的只有定義好資料與模板綁定，然後使用 Vue.js 所規定的方法來操作資料即可（因為這樣才監聽得到資料具體發生了哪些變化）。

而本書的主角 —— React，則是採用了策略二：一律重繪的渲染策略，並且透過架構設計來解決其效能問題的缺點。接下來就讓我們回到 React，了解它是如何以一律重繪的渲染策略來實現畫面管理的機制。

2-6-3 React 中的一律重繪渲染策略

如果你還有印象的話，我們在前面的章節 2-1 中為了帶出 React element 而曾簡單的介紹過 Virtual DOM 的概念。以 Virtual DOM 概念所實踐的「虛擬畫面結構資料」是一種模擬並描述實際 DOM 結構的資料，其本身也是一種樹狀資料結構。接著程式再依據 Virtual DOM 的結構來操作實際的 DOM，使 DOM 與 Virtual DOM 的結構保持一致，所以同步化的方向為**由 Virtual DOM ⇒ DOM 單向**。

而 Virtual DOM 這種概念在效能優化上的效益，是當畫面需要更新時，可以透過**產生新的 Virtual DOM 畫面結構，然後比較新舊 Virtual DOM 畫面結構上的差異，並根據差異之處來執行最小範圍的實際 DOM 操作，以減少效能成本的浪費**。

而在本章節中，我們解析了常見的單向資料流 DOM 渲染策略。其中「資料更新後，一律清空畫面再重繪畫面」的策略，雖然開發者只需關注模板定義及資料更新的處理，不需手動維護資料連動的 DOM 細節操作，而使得單向資料流的維持變得直覺簡單，但是一律重繪畫面的方式會因為大量且不必要的 DOM element 增刪而造成效能問題，則也是無法忽略的缺點。

在結合以上兩點的觀念之後，看到這裡相信你已經多少明白了：

「**既然一律重繪實際的 DOM 很浪費效能的話，那我們改成一律重繪虛擬的 DOM 不就好了嗎？**」

以 Virtual DOM 概念所建立的虛擬畫面結構資料在 JavaScript 中只是一些自定義的普通變數資料而已，並不像實際的 DOM 那樣有直接與瀏覽器的渲染引擎綁定，因此當我們的畫面結構有大量的變動需求時，即使重繪整個畫面的 Virtual DOM 結構也肯定是比直接重繪大量實際 DOM element 要節省效能多了。

React 正是採用了這樣的思維，選擇一律重繪的渲染策略來維持單向資料流，並以 Virtual DOM 的概念來解決其伴隨的 DOM 操作效能問題：**既然一律重繪實際的 DOM 會導致大量的效能浪費，那麼就改為一律重繪虛擬的畫面結構資料，也就是 React element**。

在 React 的管轄之下，實際的 DOM 畫面結構會一直與作為 Virtual DOM 畫面結構的 React element 保持對應一致。因此當有畫面變更的需求時，React 只要以新版的原始

資料整個重繪一份新版的 React element，並與原有的舊 React element 進行詳細的結構差異比較，然後只去更新這些差異處對應的實際 DOM element 就好了！如此一來就能避免一律重繪策略帶來的大量無意義 DOM element 增刪所造成的效能問題。

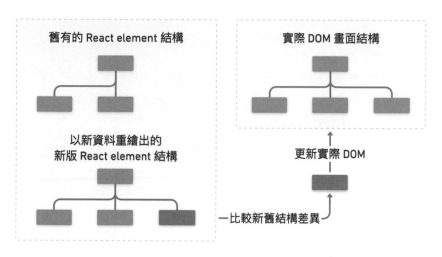

圖 2-6-5 React 中的 Virtual DOM 畫面更新策略示意圖

因此當我們在 React 中提及「**render**」這個動作時，通常都是在指「產生 React element 的流程」，而不是在指操作實際的 DOM element。而「重繪 React element」的流程在 React 中通常也被稱為「**re-render**」，也就是「以新的原始資料重新產生新版 React element」的過程。

接下來就以本章節前面出現過的同一個 counter 範例來進行解析，以幫助我們更好的理解這個概念。

> ⚛ **小提示**
>
> 此處我們還不會深入細節到 React 畫面機制的完整實際流程，而是將焦點放在 Virtual DOM 與一律重繪概念的結合，並先只以 React element 的形式來粗略呈現重繪的流程，以幫助我們先從實際運作機制背後的「策略與概念」理解起。
>
> 這種方法能讓我們逐步建立認知，先了解基本的思想、策略和概念，然後再逐步整合實際運作流程，以減少認知間的斷層，達到承先啟後的效果。當然，我們也會在後面的章節中對 React 的畫面管理機制的實際流程進行更深入的解析。

初始畫面的渲染

當首次的畫面渲染時，原始資料 `counterValues` 的值會是預設值 `[0, 0, 0]`，並以此資料來產生對應的 React element：

```
1   // 當原始資料 counterValues 為 [0, 0, 0]
2
3   const reactElement1 = (
4     <>
5       <div id="counters-wrapper">
6         <ul id="counter-list">
7          <li>counter 0: <span>0</span></li>
8          <li>counter 1: <span>0</span></li>
9          <li>counter 2: <span>0</span></li>
10        </ul>
11        <div id="counter-sum">
12           counters sum: <span>0</span>
13        </div>
14      </div>
15      <button id="increment-btn">
16         increment counter 0 & 2
17      </button>
18    </>
19  );
```

counterValues[0] 的值

counterValues[1] 的值

counterValues[2] 的值

counterValues[0]
+ counterValues[1]
+ counterValues[2]

由於這是初始畫面的渲染流程，所以這也是第一個版本的 React element，此時實際的 DOM 中也還沒有任何現有畫面 DOM element，因此 React 會完整產生 React element 結構所對應的全部 DOM element：

圖 2-6-6

▌更新畫面的渲染

　　而真正能讓 Virtual DOM 概念與一律重繪渲染策略的組合發揮價值的情境，則是在畫面更新的時候。我們延續以上的範例，當首次渲染後使用者點擊了按鈕一次，則原始資料 `counterValues` 將會被更新成 `[1, 0, 1]`。此時 React 並不會修改已經產生的舊 React element，而是會以新版的原始資料另外再次產生一個包含完整畫面的新 **React element**：

```
1   // 當原始資料 counterValues 為 [1, 0, 1]
2
3   const reactElement2 = (
4     <>
5       <div id="counters-wrapper">
6         <ul id="counter-list">
7           <li>counter 0: <span>1</span></li>        counterValues[0] 的值
8           <li>counter 1: <span>0</span></li>        counterValues[1] 的值
9           <li>counter 2: <span>1</span></li>
10        </ul>                                        counterValues[2] 的值
11        <div id="counter-sum">
12          counters sum: <span>2</span>               counterValues[0]
13        </div>                                        + counterValues[1]
14      </div>                                         + counterValues[2]
15      <button id="increment-btn">
16        increment counter 0 & 2
17      </button>
18    </>
19  );
```

值得注意的是，由於採用了重繪了整個畫面的 React element 的渲染策略，所以 React 其實並不需要知道資料中具體是哪些部分發生了更新，以及這些資料更新會導致畫面中具體有哪些地方需要被連動更新。React 只需要以新版的原始資料再重新跑一次事先設計好的畫面模板，重新產生一次新版的畫面所對應的 React element 就好，這樣的渲染策略使得 React 可以很輕易的維持單向資料流的因果關係以及可靠性。

而在產生新版的 React element 之後，React 就會使其與前一次畫面渲染產生的舊版 React element 進行結構的比較，以尋找兩者的差異之處：

```
1   // 當原始資料 counterValues 為 [0, 0, 0]
2
3   const reactElement1 = (
4     <>
5       <div id="counters-wrapper">        這個 <span> 裡的文字有所差異
6         <ul id="counter-list">
7           <li>counter 0: <span>0</span></li>
8           <li>counter 1: <span>0</span></li>
9           <li>counter 2: <span>0</span></li>
10        </ul>
11        <div id="counter-sum">            這個 <span> 裡的文字有所差異
12          counters sum: <span>0</span>
13        </div>
14      </div>                              這個 <span> 裡的文字有所差異
15      <button id="increment-btn">
16        increment counter 0 & 2
17      </button>
18    </>
19  );
```

```
1   // 當原始資料 counterValues 為 [1, 0, 1]
2
3   const reactElement2 = (
4     <>
5       <div id="counters-wrapper">
6         <ul id="counter-list">
7           <li>counter 0: <span>1</span></li>
8           <li>counter 1: <span>0</span></li>
9           <li>counter 2: <span>1</span></li>
10        </ul>
11        <div id="counter-sum">
12          counters sum: <span>2</span>
13        </div>
14      </div>
15      <button id="increment-btn">
16        increment counter 0 & 2
17      </button>
18    </>
19  );
```

在經過比較之後，會發現新舊兩個 React element 只有在「顯示 count 0 值的 `<span>`」、「顯示 count 2 值的 `<span>`」、「顯示所有 counter 值總和的 `<span>`」這三個子元素中有新舊版之間的差異，而其餘的結構則都是完全一致、沒有發現任何差異的。這意謂著如果想要完成這一次的資料更新所對應的畫面變化，其實只需要操作更新這三處所對應的實際 DOM element 就好，其餘的 DOM element 都不需要進行任何的操作，如圖 2-6-7 中所示：

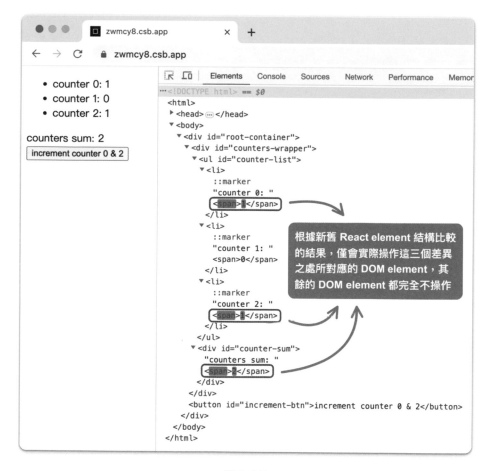

圖 2-6-7

總結來説，React 透過 Virtual DOM 概念與一律重繪渲染策略的結合，實現了可預測性高、易於維護且可靠的單向資料流，並同時避免了不必要的大量 DOM 操作所帶來的效能問題。

章節重點觀念整理

本章節介紹了前端領域中相當重要且主流的「單向資料流」概念，以及實現單向資料流的常見 DOM 渲染策略，並進一步解析 React 是如何透過 Virtual DOM 的設計來結合一律重繪渲染策略：

▶ 單向資料流：

- 畫面結果是原始資料透過模板與渲染邏輯所產生的延伸結果，而這個過程是單向且不可逆的。當資料發生更新時，畫面才會產生對應的更新，以資料去驅動畫面。

- 「資料與畫面分離」是實現單向資料流的關鍵策略，同時也能提升應用程式的彈性與可維護性。

▶ 實現單向資料流的兩種常見渲染策略：

- 策略一：因應資料更新的範圍，手動去更新對應的部分 DOM element：

  ◎ 優點：若開發者能夠簡潔又精確的操作 DOM，便能減少多餘的 DOM 操作而提升效能。

  ◎ 缺點：在複雜的前端應用程式中，完全依賴人為的判斷及操作 DOM 維持單向資料流非常困難。

- 策略二：資料更新後，一律清空畫面再重繪畫面：

  ◎ 優點：開發者只需關注模板定義及資料更新的處理，不需手動維護資料連動的 DOM 操作，維持單向資料流直覺簡單。

  ◎ 缺點：隨著應用程式龐大複雜，一律重繪的方式會因為不必要的 DOM 操作量過大，造成效能問題，影響使用者體驗。

▶ React 透過 Virtual DOM 概念與一律重繪渲染策略的結合，實現了可預測性高、易於維護且可靠的單向資料流，並同時避免了不必要的大量 DOM 操作所帶來的效能問題：

- React 中一律重繪的是以 Virtual DOM 概念實踐的虛擬畫面結構資料，也就是 React element。

- 每次重繪時都會以原始資料來產生一份全新的 React element，並透過比較新舊 React element 的結構差異，僅操作更新那些真正有異動需要的實際 DOM element，以完成單向資料流的維護。

章節重要觀念自我檢測

▶ 單向資料流是什麼？

▶ 實現單向資料流的常見渲染策略有哪些？其分別的優缺點是什麼？

▶ React 為了維護單向資料流所採用的渲染策略為何？是怎麼解決該渲染策略的缺點的？

💡 **筆者思維分享**

單向資料流是當今前端領域相當重要且主流的設計模式，幾乎絕大多數的前端解決方案或框架都採納了這種概念來設計畫面的管理機制，當然本書的主角 React 也不例外，甚至你可以理解為「React 的各種觀念與核心機制幾乎都是為了實現並維護單向資料流」也不為過。了解這種核心的概念對於堆疊 React 的核心機制理解是相當必要的鋪墊，而這種概念也能在學習其他框架時繼續通用。

而一律重繪渲染策略則是 React 維護單向資料流的重要核心概念，幾乎整個 React 的畫面管理與資料流機制都是圍繞著這個策略而打造，因此理解這個策略的核心思想對於掌握 React 是相當關鍵的一步。

到這個章節為止，我們已經對於 React 核心的畫面更新策略有基本的認知了，因此接下來的幾個章節就是要開始涉及到那些負責實踐上述策略的實際機制與功能了，像是 component 與 state。這些章節都會以一貫的節奏層層堆疊觀念與認知，以盡量確保讀者能循序漸進的理解。

2-7 畫面組裝的藍圖：component 初探

到目前為止的章節，我們已經對於 React 核心的畫面更新策略有基本的認知了，因此接下來的幾個章節就是要開始涉及到那些負責實踐上述策略的實際機制與功能。我們會從 React 中一個相當重要的核心功能開始切入 —— component。

觀念回顧與複習

▶ DOM（Document Object Model）是一種樹狀資料結構，用於表示瀏覽器中的畫面元素。操作 DOM 會連動瀏覽器的渲染引擎重繪畫面因而效能成本昂貴。

▶ React element 是 Virtual DOM 概念的虛擬畫面結構在 React 中的實現，用於描述一個預期的實際 DOM element 結構，同時也是作為畫面結構描述的最小單位。它在經過 React 的處理轉換之後，就能產生對應的實際 DOM element。

▶ 單向資料流：

■ 畫面結果是原始資料透過模板與渲染邏輯所產生的延伸結果，而這個過程是單向且不可逆的。當資料發生更新時，畫面才會產生對應的更新，以資料去驅動畫面。

▶ React 透過 Virtual DOM 概念與一律重繪渲染策略的結合，實現了可預測性高、易於維護且可靠的單向資料流，並同時避免了不必要的大量 DOM 操作所帶來的效能問題：

■ React 中一律重繪的是 React element。

■ 每次重繪時都會以原始資料來產生一份全新的 React element，並透過比較新舊 React element 的結構差異，僅操作更新那些真正有異動需要的實際 DOM element，以完成單向資料流的維護。

章節學習目標

▶ 了解 component 的基本概念。

▶ 了解 component 的定義與使用方法。

▶ 了解「component 的一次 render」的概念。

2-7-1 什麼是 component

Component（元件）是一種由開發者自定義的畫面元件藍圖，是可重用的程式碼片段，負責裝載特定意義範圍的畫面內容或邏輯。我們可以透過不同的 component 來組合出整個畫面，例如側邊欄、列表、footer…等等。Component 可以被重複使用，也可以被任意組合成更複雜的大 component，就像是積木零組件那樣。

我們可以根據商業邏輯或重用性的需求，來抽象化並設計一個自定義的 component。舉例來說，如果我們的應用程式中有一個「商品列表」的畫面規格，在列表的畫面區塊中當中包含了數個商品品項的子區塊，以及放在列表尾端的分頁控制項，如圖 2-7-1 中左邊所示：

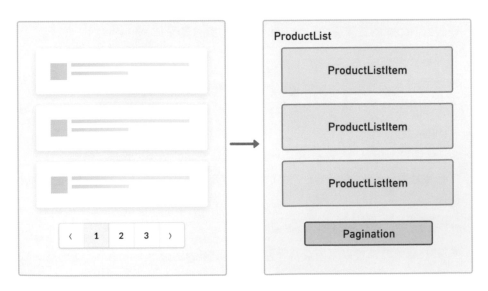

圖 **2-7-1** UI 畫面切分為 component 的示意圖

我們其實可以將該 UI 畫面進行區塊上的拆解以及模組化，如圖 2-7-1 中的右半邊所示：

▶ `ProductList`：

- 最外層的商品列表。這個 component 中包含了 `ProductListItem` 與 `Pagination` 兩種子 component。

▶ `ProductListItem`：

- 列表中的每一個商品項目的區塊顯然是可以被設計成可重用的藍圖，因為不同的商品之間雖然照片、名稱或價格等資料可能不同，但是畫面區塊的排版與樣式顯然是相同且可以被重用的。我們可以將這段畫面區塊抽象化成 `ProductListItem` component 來成為藍圖，並在 `ProductList` 中根據不同的商品資料產生對應的商品項目畫面區塊。

▶ `Pagination`：

- 列表底部的分頁控制項則可以被抽象化成 `Pagination` component，當應用程式中其他類型的列表也需要分頁功能時，我們就能重用這個 component。

透過像這樣抽象化成 component 以及重用 component，我們就能夠將一個複雜的畫面設計拆解成可重用的積木零件，像是拼圖一樣以不同的模組來組合出我們想要的畫面，並透過這些 component 來實現複雜的功能。這不僅僅能夠提高程式碼的可重用性，也能夠讓開發者在程式碼的管理與維護上更有效率。

？ 詞彙解釋

在程式設計的領域中，「**抽象化**」指的是一種思考與設計程式的方式，**根據需求將那些關心的特徵與行為歸納出來**，設計一套適用於特定情境和意義範圍的流程或邏輯，並將實作細節或複雜性封裝在內部以便重用。此舉的目的在於將問題和解決方案從具體的上下文抽離，使其更具有**通用性**和**重用性**來應付所需的使用情境。

例如在設計一個 React component 的過程中，「抽象化」常常體現在歸納出重複或類似的畫面區塊的模板、功能、邏輯來封裝在一個 component 藍圖之中。這個藍圖就是開發者賦予其特定商業邏輯意義的抽象產物，它可以在多個地方、多種情境中被重用，並可根據不同的需求輸入不同的參數產生對應的結果。

如圖 2-7-1 中的 `ProductListItem`，這個 component 是「商品列表中單個商品的 UI 區塊」這個意義範圍的抽象化結果。不同商品之間的 UI 區塊排版與樣式都是幾乎相同、可被重用的，但商品資料參數則可以有所不同，這使得這個 component 在輸入不同商品的原始資料的情境時都能夠被重用。而 `Pagination` component 則是「分頁控制項 UI」這個純 UI 顯示用途的抽象化設計，它設計適用的情境則更廣泛，可以在應用程式中的任何列表中都被重用，而非只能搭配商品列表使用。

這樣的抽象化設計，讓我們可以在重用這些 component 時不需要每次都重新撰寫並理解所有的細節實作，這大大降低了解決問題的複雜性，並提升了程式碼的可讀性和可維護性。同時，它也提供了一種模組化的方式，使得程式碼可以更容易的被重用和組合，提升了開發效率。

2-7-2 定義 component

React component 可以透過一個普通的 JavaScript 函式來定義。它接收由開發者自訂格式的「props（properties、屬性的意思）」資料作為參數，並回傳一個 React element 作為畫面區塊的結構：

```jsx
MyButton.jsx

1  export default function MyButton(props) {
2    return (
3      <button>I'm a button</button>
4    );
5  }
```

別忘了這裡的 JSX 語法在轉譯後是 React element 建立方法的呼叫，所以實際上這個 component function 回傳的值是一個 React element

然後我們就能夠透過呼叫這個 component，來便利的重用它所定義好的畫面片段。開發者可以依據抽象化或商業邏輯的意義來任意自訂 component 的名稱，然而需要注意的是，**一個 component function 命名的首字母必須為大寫**，例如應為「`MyButton`」而不可以是「`myButton`」。

你可以將一個定義好的 component function，當作是一個記載「特定畫面 UI 產生流程」的藍圖，也就是說，component function 記載的其實是「一段產生特定結構的 React element 的流程」。這也是為什麼 React component 是以函式形式來定義的其中一個原因 —— 因為函式是定義一段邏輯或流程最適合的載體。

> **⚛ 小提示**
>
> React 除了以普通的 JavaScript 函式來定義 component 之外，也能以 class 語法
> 來定義 component。Class component 在 React 過去的歷史中有很長一段時間
> 都是主流的開發方式，然而自從 React 16.8 推出 hooks 功能之後，以 **function
> component 搭配 hooks** 的方式逐漸取代了傳統的 **class component**，成為定義
> **React component** 的絕對主流選擇，並蓬勃發展至今。Class component 的相
> 關 API 雖然短時間內還不會被移除，但是基本上已經不再是推薦的 React 開發方
> 式，可能比較多是在 legacy 的專案程式碼中才會看到，建議新學習 React 的開發
> 者可以直接學主流的 function component 搭配 hooks 即可。

2-7-3 呼叫 component

我們可以透過普通的 JavaScript 函式來定義一個 React component，而定義好的
component 可以透過 React element 的形式被呼叫並繪製到畫面上。如同前面章節所
介紹的，React element 可以用來描述對應實際 DOM 的元素類型：

```
const reactElement = <div id="foo" />;

// 上面的這段 JSX 會被轉譯成：
const reactElement = React.createElement('div', { id: 'foo' })
```

不過，React element 的類型其實也可以是開發者自定義的 component：

```
const reactElement = <MyButton />;
```
在 JSX 語法中的標籤類型填上
component function 的名稱
```
// 上面的這段 JSX 會變轉譯成：
const reactElement = React.createElement(MyButton);
```

當呼叫 `React.createElement` 方法的第一個參數（元素類型）傳入一個 component
function 時，就能夠建立一個用來表示 component 的 React element。同樣的，我們
可以透過 `react-dom` 來建立 root ，並將這個 React element 繪製到瀏覽器的實際畫面
中：

```js
JS index.js

1   import ReactDOM from 'react-dom/client';
2
3   function MyButton(props) {
4     return (
5       <button>I'm a button</button>
6     );
7   }
8
9   const reactElement = (
10    <ul>
11      <li>
12        <MyButton />
13      </li>
14      <li>
15        <MyButton />
16      </li>
17      <li>
18        <MyButton />
19      </li>
20    </ul>
21  );
22
23  const root = ReactDOM.createRoot(
24    document.getElementById('root-container')
25  );
26
27  root.render(reactElement);
```

> 當畫面結構包含 <MyButton /> 這種 component 類型的 React element 時，React 就會去執行 MyButton 這個 component function，並將其回傳的畫面區塊拼裝到原本 <MyButton /> 放置的位置作為取代

當 `<MyButton />` 這種 React element 被繪製時，`MyButton` 這個 component function 就會被執行，且其回傳的畫面區塊（也就是結構為 `<button>I'm a button</button>` 的 React element）會被組裝在原本呼叫 component 的位置（也就是放置 `<MyButton />` 的位置）作為取代，最後再整個畫面一起轉換成實際的 DOM element：

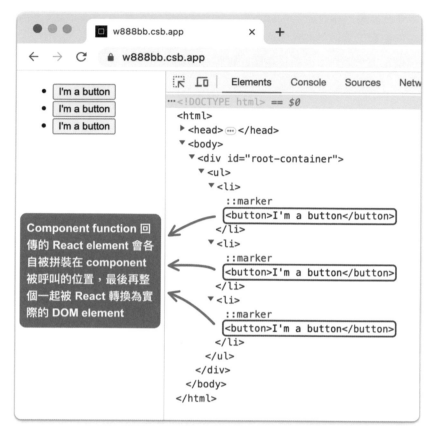

圖 2-7-2

　　透過以 component function 來建立 React element，我們就能呼叫並重用這個 component 來組成畫面。值得注意的是，上面這個範例中，由於我們在三個不同的位置都分別呼叫了 `MyButton` component，所以實際上這個 component function 在一次畫面產生的過程中就被執行了三次。

藍圖與實例

　　從上面的這個範例中，我們可以延伸到一個關於 component 的重要概念：**component function** 本身是描述特徵、流程與行為的「藍圖」，而呼叫 **component** 則是會產生實際的「實例」。同一份藍圖所產生的實例之間是獨立存在的，彼此之間並不會互相影響。

我們以手搖飲料的製作配方作為比喻來幫助理解這個概念。Component function 就好比是一份記載了調配一杯特定飲料的流程與配方，也就是所謂的「藍圖」。我們可以透過這個配方來製作出很多杯相同的飲料，而這些實際被製作出來的飲料就是「實例」。

例如，我們可以根據「珍珠奶茶製作配方」來調製出兩杯實際的珍珠奶茶，分別為「珍珠奶茶 A」和「珍珠奶茶 B」。雖然這兩杯珍珠奶茶都是根據同一份配方製作的，但它們在被調製出來之後的個體狀態就是完全獨立的：我們可以根據飲用者的口味，在「珍珠奶茶 A」中加多一些糖，這並不會影響到「珍珠奶茶 B」的味道；同樣的，當「珍珠奶茶 A」被喝掉一部分時，「珍珠奶茶 B」的份量也不會跟著減少。這是因為這兩個「實例」是完全獨立的。

這呼應了前面所說的，component 之所以是以函式來定義，是因為它所定義內容是「特定畫面的**產生流程與邏輯**」，而不是一塊已經產生好的固定畫面本身。這就好比「珍珠奶茶 component」應該是一套「珍珠奶茶的製作流程與配方」，而不是一杯「已經實際做好的珍珠奶茶」。當我們重用這個 component 時，意義上應該是以這套「珍珠奶茶的製作流程與配方」去重複產出很多杯實際的珍珠奶茶，並且還可以根據需求客製化不同的甜度與冰塊，而不是根據一杯已經做好的珍珠奶茶來複製出另一杯一模一樣的珍珠奶茶。

同理，前文範例中的 `MyButton` 這個 component function 就像是上述的「珍珠奶茶配方」，是描述如何產生一個特定模樣的按鈕的藍圖；而當我們在畫面中繪製 `<MyButton />` 這個 React element（別忘了，`<MyButton />` 的本質是 `React.createElement(MyButton)`）時，則代表我們告訴 React 在畫面中的該位置應該要產生並維護一個 `MyButton` component 的實例。在前面的範例中，我們以 `MyButton` 這個藍圖產生了三個獨立的實例。

> **？ 詞彙解釋**
>
> 「**實例（instance）**」在程式設計領域中是一種常見的概念。當我們有一個函式或者模板描述了某種特徵、處理流程或行為的時候，我們通常稱這個函式或者模板是一種「藍圖」。而**根據這個藍圖所產生出的實際個體，則被稱為該藍圖的「實例」**。每一個實例都有其獨立的狀態，並不會受到同一藍圖所產生的其他實例影響。
>
> 另外，這種概念也很常被應用於物件導向程式設計之中。像是物件導向中的「類別（class）」其實就是一種藍圖的概念，而以類別產生的「物件（object）」就是實例的概念。
>
> 在 React 當中，component 就是一種藍圖概念的實現，我們可以重複使用這個 component function 來產生特定的畫面 UI。不過值得一提的是，**component 類型的 React element**（例如 `<MyComponent />`）嚴格上來說並不是 **component** 的實例，而是「描述畫面中的該處需要維持一個 **component** 實例的標記」，React 在判讀到這個 React element 之後，才會在內部機制中自動建立並維持一個真正的 component 實例，這種實例被稱作「**fiber node**」。我們會在後續的章節中進一步探討有關 fiber node 的概念。

2-7-4 Import 與 export component

　　為了便於模組化的定義與重用 component，在實務上我們通常都會將 component function 定義在獨立的檔案中，而不是直接全部放在 `index.js` 中（當然，在本書的範例程式中有時候會為了方便閱讀所以都放在同一個檔案裡）。為此，我們會需要使用 ES module 語法來配合 component 檔案的定義。

　　當我們將 component 匯出時，有兩種主要的方式：default export 和 named export。在一個 JavaScript 檔案中，只能有一個 default export，但可以同時有多個 named export。

　　假設我們要將 `MyComponent` 設為 default export，則 `MyComponent.jsx` 程式碼可以改寫如下：

⚛ MyComponent.jsx

```
1  function MyComponent() {
2    // component 內容
3  }
4
5  export default MyComponent;
```

> 在 component function 前面加上 export default 來匯出

或是可以直接在 component function 定義的前面加上 `export default` 來簡寫：

⚛ MyComponent.jsx

```
1  export default function MyComponent() {
2    // component 內容
3  }
```

> 直接在 component function 的定義處前面加上 export default 來匯出

然後在其他檔案裡，我們可以直接使用以下語法來 import 一個被 export default 的 component function：

JS index.js

```
1  import ReactDOM from 'react-dom/client';
2  import MyComponent from './MyComponent';
3
4  const reactElement = (
5    <MyComponent />
6  );
7
8  const root = ReactDOM.createRoot(
9    document.getElementById('root-container')
10  );
11
12  root.render(reactElement);
```

從同一個檔案中 export 與 import 多個 component

當我們想要在一個檔案中 export 多個 component，或者想要從一個檔案中 import 多個 component 時，可以使用 named export 和 named import 的方式。舉例來說，若想要在 `MyComponents.jsx` 檔案中同時匯出 `ComponentA` 和 `ComponentB`：

```jsx
 MyComponents.jsx

1  export function ComponentA() {
2    // component 內容
3  }
4
5  export function ComponentB() {
6    // component 內容
7  }
```

> 在 component function 的定義處前面加上 export 語法來做 named export

然後在 `index.js` 中我們可以如下 import：

```js
JS index.js

1  import ReactDOM from 'react-dom/client';
2  import { ComponentA, ComponentB } from './MyComponents';
3
4  const reactElement = (
5    <div>
6      <ComponentA />
7      <ComponentB />
8    </div>
9  );
10
11 const root = ReactDOM.createRoot(
12   document.getElementById('root-container')
13 );
14
15 root.render(reactElement);
```

在慣例上，我們大多時候會讓一個檔案有一個主要的 component 來指定為 default export，並將該檔案命名為與這個 component 同名。例如 `export default function MyComponent()` 的檔案就會被命名為 `MyComponent.jsx`。

> **❈ 小提示**
>
> 在 React 的專案開發中，你可能會看到一些檔案的副檔名為 `.jsx`，這是一種約定俗成的慣例，用來標示該檔案的程式碼內容主要是包含了 JSX 語法的 React component。雖然以 `.jsx` 作為副檔名並非必須，你可以選擇使用 `.js` 副檔名來命名你的 React component 檔案，但使用 `.jsx` 副檔名可以幫助團隊協助時更容易一眼識別出哪些檔案是用於定義 React component。

2-7-5 Props

▌什麼是 props

目前我們已經知道，React 的 component 就像是一個用來產生特定畫面 UI 的藍圖。但是，如果這個藍圖只能用來產生完全固定的實際內容，那麼它的彈性與泛用性就會大大降低。想像一下，如果我們有一個「珍珠奶茶」的製作配方，而這個配方只能用來製作完全固定、一模一樣的珍珠奶茶，無法根據飲用者的口味來調整甜度或冰塊量的話，這顯然難以應付各種不同的需求情境。

因此，我們需要一種機制來在呼叫 component 的時候，可以將特定的參數從外部傳遞給 component 這個藍圖的內部，使其能夠根據傳入的參數來進行一些畫面產生流程的客製化，以應付更多的需求情境。

而這個機制就是「props」，也就是 component 的「properties（屬性）」的意思。它正好體現了我們在前文中提及的抽象化思維：就像當我們身為顧客在飲料店點珍珠奶茶時，「甜度」與「冰塊量」是我們需要關注的特徵，而不需要知道店家如何操作製作的步驟。這兩個特徵可以看做是「珍珠奶茶製作配方」這個藍圖的 props。透過傳入不同的 props 值作為參數，我們就能獲得不同口味的珍珠奶茶，這就是抽象化的概念在實際應用中的表現。

同樣的，我們在設計 component 時，props 能讓我們把需要關注的特性與行為抽取出來，並封裝實作細節到 component 內部。當我們要使用一個 component 時，只需了解其可以接收哪些 props，並根據不同的需求傳遞不同的 props 值，就能夠有效的

重用它，而不一定需要理解該 component 的內部如何實作和運作的所有細節。這樣一來，我們的 component 既符合了抽象化的概念，也提高了其可重用性和適應性。

因此，我們可以說 props 是 component 藍圖的「變因」或「參數」，是一種抽象化設計的重要手段，它幫助開發者能將 component 程式碼設計的更加靈活，更容易應對各種使用情境。

呼叫 component 時傳入 props

我們可以在呼叫 component 來建立 React element 時將各種自定義的 props 作為參數進行傳遞，這些 props 會自動的被打包成一個 JavaScript 物件，並在實際執行 component function 時作為函式的參數傳入。例如，有一個名為 `ProductListItem` 的 component，我們在呼叫它的時候會傳入三種 prop：`name`、`price`、`imgUrl`，這三種 prop 分別代表了商品的名稱、價格以及圖片的網址：

```js
// index.js
1  import ReactDOM from 'react-dom/client';
2  import ProductListItem from './ProductListItem';
3
4  const reactElement = (
5    <div>
6      <ProductListItem
7        title="Apple"
8        price={100}
9        imageUrl="https://example.com/apple.jpg"
10     />
11     <ProductListItem
12       title="Banana"
13       price={150}
14       imageUrl="https://example.com/banana.jpg"
15     />
16   </div>
17 );
18 const root = ReactDOM.createRoot(
19   document.getElementById('root-container')
20 );
21
22 root.render(reactElement);
```

> 在兩處都調用 ProdictListItem 這個 component，但傳入不同的 props 資料

119

可以觀察到，我們在同一個畫面中呼叫了 `ProductListItem` component 兩次來呈現多個商品的項目，並分別傳入不同的 props，這讓我們能夠以同一個 component 來產生並呈現不同的資訊，如不同的商品名稱、價格和圖片。

而關於 **component 的 props 可以傳遞什麼樣的資料型別，React 則沒有任何的限制**。由於 component 的 props 是由開發者完全自訂的抽象化資料介面，而傳入的東西會在 component 內部如何被使用也是完全由開發者自己決定的，因此 props 並沒有任何資料型別的限制。無論是基本的資料型別（如數字、字串、布林值等）、物件、陣列，或是函式都可以被當作 props 的值來傳遞。而值得一提的是，甚至一個 React element 也能作為 props 的值來傳遞 —— 畢竟 React element 其實就是個普通的 JavaScript 物件，而這為我們的 UI 抽象化設計提供了更多的可能性。

接收與使用 props

當我們傳遞了 props 給一個 component，這個 component 在內部可以接收這些 props，並根據它們來產生對應的畫面區塊。接下來讓我們承前文的範例，了解一下 `ProductListItem` 這個 component 是如何接收和使用我們傳入的 props 的：

⚛ ProductListItem.jsx

```
1  export default function ProductListItem(props) {
2    return (
3      <div>
4        <img src={props.imageUrl} />
5        <h2>{props.title}</h2>
6        <p>${props.price}</p>
7      </div>
8    );
9  }
```

> Component function 接收的第一個參數會是 props 物件，包含我們在調用 component 時傳入的各種屬性

在這個 component function 的宣告中，我們可以看到它的第一個參數是一個物件。這個物件即是我們傳入的 props。這個 props 物件會包含我們在呼叫 component 時傳入的各種屬性，因此在這個範例中 props 物件裡會有 `title`、`price` 和 `imageUrl` 三個屬性。我們可以透過如 `props.title` 這種方式取得傳入的資料，並使用在畫面內容的繪製上。透過這樣的方式，我們可以根據外部傳入的 props 來產生不同商品資料所對

應的畫面 UI，使得我們的 `ProductListItem` component 具有應對不同來源資料的彈性。

值得一提的是，我們在定義 component function 時，習慣上會推薦使用解構（destructuring）的方式直接在參數中提取所需的 props 內容。這種做法讓我們可以更簡潔的取得 props 中的特定屬性。舉例來說，在 `ProductListItem` component 中，我們可以使用解構的方式直接在參數定義時來提取 `title`、`price` 和 `imageUrl` 這三個屬性資料：

⚛ **ProductListItem.jsx**

```jsx
1  export default function ProductListItem({ title, price, imageUrl }) {
2    return (
3      <div>
4        <img src={imageUrl} />
5        <h2>{title}</h2>
6        <p>${price}</p>
7      </div>
8    );
9  }
```

將 props 物件於參數定義處直接解構取出所需的屬性資料，並賦值到區域變數中

這樣，我們就可以直接在 component function 中將所需的資料從 props 物件中取出並放置到區域變數中，而不需要在函式內部透過 `props` 變數來存取它們。這種寫法讓程式碼更簡潔、易讀，並提高了開發效率。

Props 是唯讀且不可被修改的

React 的 props 是唯讀的。這實際上是為了維護單向資料流的可靠性，將資料以 **props** 的形式傳遞給 **component** 內部之後，我們希望能夠保證資料的源頭始終是唯一、不變並且可追蹤的。

如果我們可以在 component 內部隨意修改外部傳入的 props 的話，資料來源的可靠性就變得無法控制，這可能會帶來預料之外的問題。例如，我們無法準確找到資料異動的源頭，或是資料在多次被修改後變得難以追蹤，甚至是因為源頭資料被修改到而連帶導致其他有用到該資料的地方壞掉等等。

因此，React 設計了這樣的限制，使得我們在設計應用程式的資料流動時能夠有一套可靠且一致的規則。以下是一個嘗試修改 props 的錯誤示範：

⚛ ProductListItem.jsx

```
1  export default function ProductListItem(props) {
2    props.price = props.price * 0.9;
3
4    return (
5      <div>
6        <h2>{props.title}</h2>
7        <p>{props.price}</p>
8        <img src={props.imageUrl} alt={props.title} />
9      </div>
10   );
11 }
```

✕ 這是一個錯誤示範，你應該避免像這樣修改 props 的內容

在以上的範例中，我們嘗試去重新賦值修改 props 物件裡面的屬性值，這是破壞單向資料流的一種錯誤做法，甚至在開發環境版本的 React 中你會發現這個修改根本不會發生效果（因為開發環境版本的 React 會把 props 物件先以 `Object.freeze(props)` 給凍結起來，以避免你進行這種不安全的行為）。

然而，雖然我們不能直接修改 props，我們仍然可以在 component 內部創建新的變數，並根據 props 的值去計算並存放該變數的值。例如：

⚛ ProductListItem.jsx

```
1  export default function ProductListItem(props) {
2    const discountPrice = props.price * 0.9;
3
4    return (
5      <div>
6        <h2>{props.title}</h2>
7        <p>原價：{props.price}</p>
8        <p>折扣價：{discountPrice}</p>
9        <img src={props.imageUrl} alt={props.title} />
10     </div>
11   );
12 }
```

假設我們想要計算出折扣後的價格，我們可以另外宣告一個新的變數來存放運算結果，而不修改到來源資料的 props.price

在這個範例中，我們建立了一個新的 `discountPrice` 變數來存放折扣後的價格，而並未修改原本的 `props.price`。這樣可以確保 props 的唯讀特性，同時又可以得到我們想要的計算結果。

而另外一種常見的情境則是前文有提到過的，直接在 component function 的參數定義處解構 props 物件，像下面這樣：

```jsx
// ⚛ ProductListItem.jsx
1  export default function ProductListItem({ title, price, imageUrl }) {
2    price = price * 0.9;
3
4    return (
5      <div>
6        <h2>{props.title}</h2>
7        <p>{props.price}</p>
8        <img src={props.imageUrl} alt={props.title} />
9      </div>
10   );
11 }
```

> ✖ 這是一個錯誤示範，會造成 runtime 的錯誤：以 const 宣告的變數不可再次被賦值

在這個範例中，我們直接在函式參數中解構 props 物件，這樣在函式內部我們可以直接使用 `title`、`price` 和 `imageUrl` 這些變數，而不需要再使用 `props.title`、`props.price` 和 `props.imageUrl` 這種方式來存取這些值。同時，因為從函式的參數解構出來的變數是以 `const` 定義的，所以我們無法重新賦值給這些變數，這也變相的達到了「props 不可修改」的限制效果。

修改 props 但無法被 React 偵測到的危害案例

讓我們來看一個因為修改 props 資料而實際造成危害，並且無法被 React 偵測到的案例：

⚛ App.jsx

```
1  import List from './List';
2
3  export default function App() {
4    const sourceItems = [1, 2, 3];
5    return (
6      <>
7        <List items={sourceItems} />
8        <List items={sourceItems} />
9        <List items={sourceItems} />
10     </>
11   );
12 }
```

> 在父 component 中宣告一個包含固定資料的 sourceItems 陣列

> 多處調用 List 作為子 component，並且都傳入一樣的 sourceItems 陣列資料作為 items prop

⚛ List.jsx

> 在每次 component render 就先將接收到的 items prop 內容給印出來，以便觀察

```
1  export default function List(props) {
2    console.log('--- start render List ---');
3    props.items.forEach(item => console.log(item));
4
5    const element = (
6      <ul>
7        {props.items.map(item => (
8          <li>{item}</li>
9        ))}
10     </ul>
11   );
12
13   props.items.push('偷加的資料');
14   return element;
15 }
```

> ✘ 在 component render 的過程中非法的修改了來自父 component 的 items prop 陣列資料

　　這個範例中，我們在父 component `App` 裡宣告了一個包含固定資料的 `sourceItems` 陣列，並且多處呼叫 `List` 作為子 component，並且都傳入一樣的 `sourceItems` 陣列資料作為 `items` prop。在正常可靠的單向資料流中，由於 `App` component render 時這三個 `<List>` 接收了一模一樣的 `items` 資料 `[1, 2, 3]` 作為 prop，而 `List` 中也沒依賴任何其他的資料來產生畫面，所以我們會預期畫面結果應該要印出三份一模一樣的列表才對。

　　然而這個範例的 `List` component 在 render 過程中，對 `props.items` 陣列以 `push` 方法進行了內容的竄改。由於 `items` prop 是一個作為參考形式的陣列，因此當我們在子 component 中直接操作修改這個陣列時，父 component `App` 中的 `sourceItems` 陣列身為同一個參考所以也會被修改到。這意謂著 `App` component 中的 `sourceItems` 陣列原始資料在單向資料流中被意外且不正當的修改，並且從擁有資料來源的 `App` component 的程式碼中，我們完全無法觀察並預期到這個行為的存在。

> ❋ **小提示**
>
> 由於這裡直接以陣列內建的方法 `props.items.push()` 對陣列進行項目的插入，而不是對 `props.items` 屬性重新賦值成新的陣列參考，因此 React 在開發環境中對於 `props` 物件的 `Object.freeze()` 的輔助阻擋不會有效果。

　　這個非法的操作導致每次 `List` component function 被執行時，`App` 中的 `sourceItems` 陣列原始資料就會被插入額外的資料，因此在第一個 `<List>` 被渲染時，`App` 中的 `sourceItems` 陣列資料就已經被污染了，所以在輪到第二個 `<List>` 進行渲染時，以父 component `App` 的 `sourceItems` 作為來源的 prop 資料 `items`，就會包含了與預期的原始資料不符的錯誤內容：

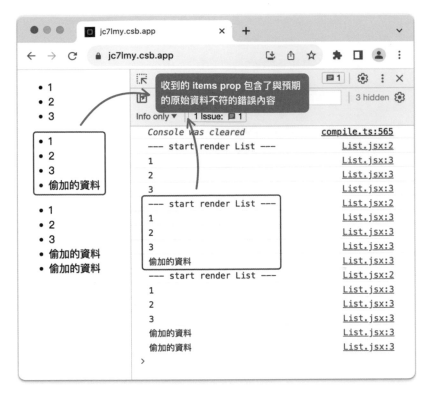

圖 2-7-3

從圖 2-7-3 中可以觀察到，第二個 `<List>` 時所接收到的 `items` 陣列資料多出了第一個 `<List>` 渲染時非法插入的 `'偷加的資料'`，變成 `[1, 2, 3, '偷加的資料']`，而第三個 `<List>` 渲染時收到的 `items` 陣列資料更是包含了前兩者累積所插入的兩筆意外資料，變成 `[1, 2, 3, '偷加的資料', '偷加的資料']`。並且隨著 render 越多次 `List` component function，這個非法修改原始資料來源的操作就會不斷疊加。

從這個案例中我們可以了解到，隨意在子 component 中修改父 component 所傳下來的 props 資料是非常危險的事情，有可能會導致單向資料流的可靠性被破壞殆盡，變得非常難以預測原始資料與畫面結果的因果關係。而當這種非法修改來源資料的行為遍布在前端應用程式中時，你將會非常難以追蹤導致畫面結果錯誤的根源。

而更重要的是，**這種對資料流可靠性有危害的操作，其實很多時候 React 是無法偵測到並阻擋、警告的，所以非常依賴身為開發者的你自己有意識的去避免踩雷**，這也是為什麼 React 的學習門檻較高，而我們必須要掌握這些觀念的重要原因。

Demo 原始碼連結

修改 props 但無法被 React 偵測到的危害案例

https://codesandbox.io/s/jc7lmy?file=/src/App.jsx

特殊的 prop：`children`

`children` 是一個特殊的 prop，其賦值方式和其他的 props 有些不同。在一段呼叫 component 的 JSX 語法中，`children` prop 的值通常會直接寫在開標籤和閉標籤之間，就像指定子元素那樣：

```
<MyComponent>這裡的內容就是 children prop 的值</MyComponent>
```

這與其他的 props 不同，其他的 props 通常是直接寫在開標籤內並賦值，例如 `title="my title"`。對於 `children`，我們可以理解成這是一種隱式的傳值方式，實際上等價於直接在開標籤內寫 `children={...}`：

```
<MyComponent children="這裡的內容就是 children prop 的值" />
```

然而，我們通常不會這樣寫，而是更常直接將值寫在開標籤與閉標籤之間，這讓我們可以更自然的理解 component 的層次結構，並且也讓我們在傳入複雜的 JSX 結構作為 `children` 時能夠有更好的可讀性。

而在 component 的實作中，我們可以透過 `props.children` 來取得 `children` prop 的值，並將其渲染出來。例如：

⚛ **MyComponent.jsx**

```
1  export default function MyComponent(props) {
2    return <div>{props.children}</div>;
3  }
```

> 可以透過 **props.children** 來取得 **children prop** 的值

在這個 component 中，我們將 `props.children` 的值直接渲染在一個 `<div>` 元素內。這使得 `MyComponent` 可以將它的 `children` 渲染在自己的內部，進而達到畫面組合的效果。

✺ 小提示

`children` prop 一種常見的用途是用於設計「畫面容器型」的 component，這種 component 提供了容器類 UI 的結構或樣式，但不直接寫死容器內的具體內容。容器內要放置的內容是在呼叫該 component 時由 props 提供。

讓我們看一個範例：假設我們有一個名為 `Card` 的 component，它提供了一個具有陰影和圓角的卡片樣式，我們希望可以在各種需要該卡片樣式的地方重用它。我們可以把它設計成畫面容器型的 component，其容器的內容是呼叫時由外部提供的：

```
1  function Card(props) {
2    return (
3      <div className="card">
4        {props.children}
5      </div>
6    );
7  }
8
9  function App() {
10   return (
11     <Card>
12       <h1>Hello, world!</h1>
13       <p>Welcome to my website.</p>
14     </Card>
15   );
16 }
```

在這個範例中，`<h1>Hello, world!</h1>` 和 `<p>Welcome to my website.</p>` 這兩個元素就是呼叫 Card component 時傳入的 `children` prop，而該內容會被 Card component 在內部轉而指定為容器的內容來印出。如此一來我們就能重用 Card 本身的容器樣式，同時兼顧在呼叫時以外部 props 來按需求指定內容的彈性。由此可見，`children` prop 為我們提供了一種靈活的方式來設計「畫面容器型」的 component。

另外值得注意的是，我們曾在章節 2-5 中介紹過關於「React element 的子元素的支援型別」的概念，有提到那些**對應實際 DOM element 類型的 React element 其子元素會限制只能是特定型別**，因為這些子元素內容會被轉換到實際的瀏覽器畫面的 DOM當中，因此像是函式或物件等型別就不允許作為子元素（也就是 `children` prop）。

然而 component 類型的 React element 則是可以讓 `children` prop 接受任何類型的值而不受限制，這是因為 component 的 `children` prop 具體會被使用在何處，是由開發者自行在 component 內部決定的。例如在以下範例中，傳遞一個函式作為 `children` prop 的值：

```
1  function MyButton(props) {
2    return (
3      <button onClick={props.children}>
4        click me
5      </button>
6    )
7  }
8
9  function App() {
10   return (
11     <MyButton>
12       {() => console.log('hello world')}
13     </MyButton>
14   );
15 }
```

> 呼叫時傳入一個函式作為 children，在 MyButton 執行時就可以從 prop.children 取得這個函式。這裡沒有將其用來當作 <button> 的內文印出，而是用於當作綁定 onClick 的事件處理，因此不會有型別限制的問題

這個範例中的 `children` prop 是一個函式，但是在 `MyButton` component 內部並沒有嘗試用來當作 `<button>` 的內文印出，而是用於當作綁定 `onClick` 的事件處理，因此不會有任何問題。

從以上這個例子我們可以觀察到，`children` prop 除了特有的傳值方式之外，其實本質上與其他的 props 並沒有什麼區別，React 本身並沒有預設這個 prop 的用途為何。而如同前面專欄所介紹的，children prop 比較常見的適合用法在於，其允許在開標籤與閉標籤之間填寫 prop 值的語法，能夠在某些設計「容器與內容」相關的 component 抽象化時更方便與直覺。

2-7-6 父 component 與子 component

React component 是一種產生畫面的藍圖，可以用來重用與組裝畫面。Component 中除了可以包含對應實際 DOM 的 React element 元素之外，其實也可以包含並呼叫其他的 component 作為子 component，就像組裝積木那樣。

承本章節提到過的商品列表項目範例，我們來延伸一個稍微複雜但符合實務情境的範例，以幫助我們了解組裝 component 的概念。首先，`ProductListItem` component 會根據 props 傳入的資料來顯示商品的資訊，其中如果 `discountRate` prop 值存在的話，則會額外以 `price * discountRate` 來計算出折扣後價格並顯示：

```jsx
ProductListItem.jsx

1  export default function ProductListItem({
2    title,
3    price,
4    discountRate,
5    imageUrl
6  }) {
7    return (
8      <div className="product-list-item">
9        <h2>{title}</h2>
10       <p>價格：{price}</p>
11       {Boolean(discountRate) && (
12         <p>折扣價：{price * discountRate}</p>
13       )}
14       <img src={imageUrl} />
15     </div>
16   );
17 }
```

> 如果 discountRate prop 值存在的話，則會額外以 price * discountRate 來計算出折扣後價格並顯示

　　現在我們可以透過多次呼叫 `ProductListItem` component 來讓顯示多筆商品時重用 UI 了。 然而我們希望能在應用程式中根據「熱門商品」以及「特價商品」兩種資料來同時顯示兩個獨立的列表 UI，為此我們需要將「商品列表」這個概念也進行抽象化並設計成一個可被重用的 component。

　　讓我們抽象化出另一個 `ProductList` component，它接收一個包含多個商品的陣列 `products` prop，並且以這個陣列印出多個 `ProductListItem` 並將每個商品的細節資料透過 props 傳入：

```jsx
⚛ ProductList.jsx

1   import ProductListItem from './ProductListItem';
2
3   export default function ProductList({ products }) {
4     return (
5       <div className="product-list">
6         {products.map(product =>
7           <ProductListItem
8             key={product.id}
9             title={product.title}
10            price={product.price}
11            discountRate={product.discountRate}
12            imageUrl={product.imageUrl}
13          />
14        )}
15      </div>
16    );
17  }
```

> 以 products prop 的產品資料陣列 map 出多筆對應的商品項目畫面 UI（ProductListItem）

最後我們就可以透過呼叫 `ProductList` 並傳入我們事先準備好的熱門商品及特價商品資料（當然實務上比較常見的是由呼叫後端 API 來取得資料），來達成商品列表的顯示。這個 `ProductList` component 就好像是一個可以根據資料動態產生列表的自動化藍圖，我們只需要將我們的商品資料餵給它，就可以重用它來產生對應的 UI：

```jsx
⚛ App.jsx

1   import ProductList from './ProductList';
2
3   // 假設我們有一些產品資料
4   const popularProducts = [
5     { id: 1, title: '商品A', price: 100, imageUrl: '..' },
6     { id: 2, title: '商品B', price: 50, imageUrl: '..' },
7   ];
8
9   const onSaleProducts = [
10    { id: 3, title: '商品C', price: 40, discountRate: 0.8, imageUrl: '..' },
11    { id: 4, title: '商品D', price: 60, discountRate: 0.7, imageUrl: '..' },
12  ];
13
```

> 只有 onSaleProducts 裡面的商品資料才會有 discountRate 屬性

```
14
15   export default function App() {
16     return (
17       <div className="app">
18         <h1>熱門商品</h1>
19         <ProductList products={popularProducts} />
20
21         <h1>特價商品</h1>
22         <ProductList products={onSaleProducts} />
23       </div>
24     );
25   }
```

> 呼叫了兩個 ProductList
> 並傳入不同組的 products
> prop，分別用來展示熱門
> 商品和特價商品

JS index.js

```
1   import ReactDOM from 'react-dom/client';
2   import App from './App';
3
4   const root = ReactDOM.createRoot(
5     document.getElementById('root-container')
6   );
7
8   root.render(<App />);
```

在整個範例中，我們定義了兩組產品資料：`popularProducts` 代表熱門商品，
`onSaleProducts` 代表特價商品，其中只有 `onSaleProducts` 裡面的商品資料是有
`discountRate` 屬性的。而在 `App` 這個 component 中，我們建立了兩個 `ProductList`，
分別用來展示熱門商品和特價商品。每個 `ProductList` 再根據其接收到的 `products`
props，渲染出對應數量的 `ProductListItem`。每個 `ProductListItem` 則是展示個別商
品的詳細資訊。

透過將 component 進行分層拆解，並在需求時組合呼叫，我們可以將畫面 UI 的複
雜性逐步分解，將每一部分的功能封裝在特定的 component 中。這種方式不僅讓我
們的應用程式結構更清晰，還使得我們的程式碼更具有可讀性和可維護性。更重要的
是，這也大大提高了我們的程式碼重用性，簡化了應用程式的開發流程。

> ❊ **小提示**
>
> 在開發 React 應用程式時，一個常見的慣例是**將整個應用程式的頂層包在一個名為 App 的 component 中**。這個 App component 充當所有其他 component 的父節點，並作為整個應用程式的根節點。它提供了一個中心點，讓開發者可以在這裡管理和組織整個應用程式的結構，包括定義主要的應用程式流程，以及儲存和操作一些整個應用程式都會需要共用到的頂層資料等。

2-7-7 Component 的 render 與 re-render

在前面的章節 2-6 中，我們已經探討了單向資料流的概念、React 的一律重繪策略以及其與 Virtual DOM 概念的結合。而我們接下來就要探討這些概念是如何應用在 React component 的 render 上。

Component 的一次 render

當我們將一個 component 以 `<ComponentName />`，也就是以 React element 的形式呼叫時，React 在繪製該畫面時就會執行該 component function 一次，執行其中的邏輯與流程，最後回傳一段描述該 component 畫面區塊的 React element。這個過程我們稱之為 component 的「一次 render」。

而如果一個 component 所回傳的 React element 內容中有包含呼叫其他的 component 作為子 component 時，那麼在父 component 執行一次 render 的過程中，也會觸發子 component 執行一次 render。此時，父子 component 的 render 過程形成了一種層次化的結構，父 component 先行 render，產生的 React element 會觸發去 render 子 component，並拼裝上子 component 所回傳的 React element，層層往下以此類推，直到不再遇到下一層的子 component 為止，最後組成一個只有對應 DOM element 類型的 React element 樹狀結構，並以此結果去產生或更新實際 DOM。所以整個 render 的流程可以看作是一種由上而下、由外而內的過程。

我們以一個包含多層 component 的範例來說明：

```js
JS index.js

1   import ReactDOM from 'react-dom/client';
2
3   function MyComponent1() {
4     console.log('render MyComponent 1');
5     return (
6       <div className="MyComponent1-wrapper">
7         <h1>I am MyComponent1</h1>
8         <MyComponent2 />
9         <MyComponent2 />
10      </div>
11    );
12  }
13
14  function MyComponent2() {
15    console.log('render MyComponent 2');
16    return (
17      <div className="MyComponent2-wrapper">
18        <h2>I am MyComponent2</h2>
19        <MyComponent3 />
20        <MyComponent3 />
21      </div>
22    );
23  }
24
25  function MyComponent3() {
26    console.log('render MyComponent 3');
27    return (
28      <div className="MyComponent3-wrapper">
29        <h3>I am MyComponent3</h3>
30      </div>
31    );
32  }
33
34  const root = ReactDOM.createRoot(document.getElementById('root'));
35  root.render(<MyComponent1 />);
```

在這個範例中，我們定義了三層的 component，每一層的 component 都會呼叫下一層的 component 兩次。讓我們從圖 2-7-4 當中觀察執行的結果：

圖 2-7-4

在我們 render `<MyComponent1 />` 的情境中，`MyComponent1` 這個 component function
首先被執行，然後它會在執行過程中呼叫兩次 `MyComponent2`；每次 `MyComponent2` 在執
行的過程中，又會分別呼叫兩次 `MyComponent3`。因此，你可以看到 `MyComponent3` 總共
會被執行四次，這與我們在開發者工具中透過 `console.log` 所觀察到的結果一致。

我們以一張示意圖來幫助理解這個範例中 component 們的呼叫順序與流程，如圖
2-7-5 中所示：

▶ 綠色實線箭頭表示在該 component render 的過程中遇到了一個子 component 需要
進行 render。

▶ 紅色虛線箭頭則表示子 component render 完畢並返回父 component 的 render 過程
中繼續處理。

▶ 每次 component render 的左上角數字則代表了 render 的執行順序，從 1 開始由小
至大。

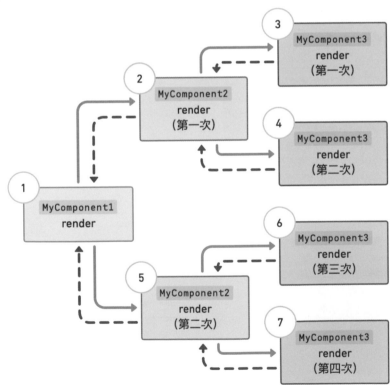

圖 2-7-5 Component render 呼叫流程示意圖

我們可以從圖 2-7-5 中觀察到這個流程是由上至下、由外至內的。React 會在每個 component 的 render 過程中，根據結構依次呼叫每個子 component，並等待每個子 component 完成其 render 過程之後，再繼續處理下一個子 component。所以在這個範例的流程中，每個層級更深的 component 會優先 render，這也解釋了為何 `MyComponent3` 會在 `MyComponent2` 的兩次呼叫之間被執行兩次。

從一律重繪策略到 component 的 re-render

當一個 component function 首次被呼叫並執行時，它會進行第一次的 render 來產生初始狀態的畫面。然而，**當一個 component 內部的狀態資料發生更新時，React 會再次執行 component function 來產生對應新版資料的新版畫面**，這個過程我們稱之為「**re-render**」，也就是再次渲染畫面的意思。

在 re-render 的過程中，React 並不會去修改前一次 render 時已經產生的舊有 React element，而是會以新版的原始資料重新產生一份新的完整 React element 結構。這樣做的原因，就是我們之前所介紹的一律重繪策略：React 並不需要關心這次資料具體是更新了哪些部分，它只需要以新的資料重新產生一份全新的 React element 結構，並透過新舊 React element 的結構比較來尋找差異之處，以作為實際 DOM 操作的目標，便能夠以最少的動作完成瀏覽器畫面的更新。

這也是為何我們在提到「re-render」這個詞時，其實主要是在指「重新產生 React element」的意思而非「操作實際 DOM」的原因。產生全新的 React element 是一個比起「直接重繪實際 DOM」要相對高效且容易管理的過程，它完全在純粹的 JavaScript 層面上完成，不會直接連動到瀏覽器的渲染引擎。

至於「當一個 component 內部的狀態資料發生更新」這種機制具體指的到底是什麼？這也就是下一個章節中我們要探討的主題 —— state，其作為 component 的內部狀態資料機制，是驅動 component 發起重繪動作（也就是 re-render）的重要關鍵。我們將在下一個章節中從零開始解析關於 state 的概念與使用方法。

2-7-8 為什麼 component 命名中的首字母必須為大寫

在前文介紹如何定義一個 component 時，我們曾提及「**一個 component function 命名的首字母必須為大寫**」。那麼為什麼會有這樣的規則呢？

如前面章節曾介紹過的，React element 的建立其實可以分成幾種類型：

▶ 對應實際 DOM element 類型的 React element：

- 呼叫 `React.createElement` 方法時的第一個參數會是一個字串，可以傳入 DOM element 的類型名稱，例如 `'button'`、`'div'`。

▶ 對應自定義 component 的 React element：

- 呼叫 `React.createElement` 方法時的第一個參數會是一個函式，可以傳入自定義 的 component function，例如 `MyComponent`。

▶ 特殊的容器用途類型 `Fragment`：

- 從 React 套件中 import 出的 `Fragment` 其實會是一個 symbol 型別的變數，算是 一種特殊的 React element 類型。

然而，當我們以 JSX 語法來建立 React element 時，transpiler 其實無法直接以標籤 的語法定義來區分出標籤類型名稱是想表達字串內容還是一個函式名稱（也就是一個 變數名稱）：

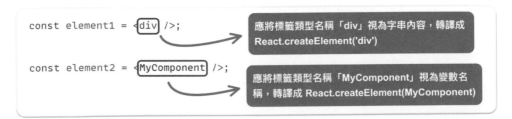

因此 transpiler 在做 JSX 轉譯時，就會以這個標籤類型名稱的首字母大小寫來判斷這 件事：

▶ 當標籤類型名稱的首字母為小寫時，例如 `<div>`：

- 判斷他是一個對應實際 DOM element 的類型名稱來做轉譯，將 JSX 語法中的標籤類型名稱視為**字串內容**來作為呼叫 `React.createElement` 方法時的第一個參數傳入，例如 `React.createElement('div')`。

▶ 當標籤類型名稱的首字母為**大寫**時，例如 `<MyComponent>`：

- 判斷他是一個 component function 的名稱來做轉譯，將 JSX 語法中的標籤類型名稱視為**變數名稱**作為呼叫 `React.createElement` 方法時的第一個參數傳入，例如 `React.createElement(MyComponent)`。

這就是為什麼當我們命名一個自定義的 component function 時，第一個字母必須是大寫。

除了滿足 JSX 轉換判斷的需求之外，命名首字母是否為大寫在 React 開發的慣例中也能方便開發者分辨其是否為自定義的 component。例如說 `<Button>` 通常就是指自定義的按鈕 component，而 `<button>` 則是指對應 DOM 原生的 `button` 元素。

章節重點觀念整理

▶ Component 是什麼：

- 是一種由開發者自定義的畫面元件藍圖，是可重用的程式碼片段，負責裝載特定意義範圍的畫面內容或邏輯。

- React component 可以透過一個普通的 JavaScript 函式來定義，並透過建立 React element 來呼叫。

▶ 抽象化：

- 抽象化是一種在程式設計中將需求中的重要特徵與行為歸納並封裝的過程，例如在 React component 設計中將重複或類似的功能及邏輯封裝在一個具有特定商業邏輯意義的 component 藍圖內，該 component 可以在多種情境中呼叫和重用，並根據不同的參數產生相對應的結果。

▶ 藍圖與實例：

- Component function 本身是描述特徵和行為的藍圖，而根據這個藍圖產生的實際個體，被稱為實例。每個實例都有其獨立的狀態，並不會受到相同藍圖的其他實例的影響。

▶ Props：

- Props 是一種 React 的內建機制，在呼叫 component 的時候可以將特定的參數從外部傳遞給 component 這個藍圖的內部，使其能夠根據傳入的參數來進行一些畫面產生流程的客製化，以應付更多的需求情境。

- Props 是唯讀的，以維護單向資料流的穩定性，確保資料來源的唯一性和可追蹤性，避免資料異動源頭難以追蹤以及修改後引發的連鎖問題。

▶ Component 的一次 render：

- 當我們在畫面中呼叫一個 component 時，會執行 component function 來產生區塊畫面的 React element 結果，這個過程被稱為「一次 render」。如果 component 的回傳內容包含其他子 component，則父 component 的 render 會觸發子 component 的 render，形成層次化結構，且整個過程由上而下、由外而內進行。

▶ 從一律重繪策略到 component 的 re-render：

- 當 component 內部狀態更新，React 會重新執行 component function 來產生構成新畫面的 React element，即「re-render」。

- React 不會去修改舊的 React element，而是根據新的資料重新產生一份新版的 React element，然後透過比較新舊元素結構來找出差異，並針對這些差異之處更新實際 DOM。

▶ 為什麼 component 命名中的首字母必須為大寫：

- 是為了滿足 JSX 語法在轉譯時的元素類型判斷需求。

- 也是 React 社群在開發上的命名慣例。

章節重要觀念自我檢測

▶ 什麼是 component？

▶ 什麼是抽象化？

▶ 什麼是 props？為什麼 props 是唯讀的？

▶ 什麼是 component 的 render 與 re-render？

▶ 為什麼 component 命名中的首字母必須為大寫？

參考資料

▶ https://react.dev/learn/importing-and-exporting-components

> 💡 **筆者思維分享**
>
> 這個章節是本書的來源鐵人賽系列文當中所沒有的全新章節。當時除了篇幅的考量以外，也是預設 component 應該算是相對學習門檻不高的部分，所以在取捨之下才沒有在鐵人賽的系列文中規劃這樣的章節。然而到了規劃本書時，筆者我在重新審慎思考後覺得以本書的目標來說，核心觀念之間的緊密銜接與累積是最為關鍵的，因此覺得應該要有這樣的一個章節，從 component 最核心的本質與意義切入，並解析那些表面語法底下潛藏著的核心觀念與機制。希望這樣更飽滿的安排能讓讀者在連續學習這些畫面管理核心機制時順利銜接，不需要太多本書以外的前提知識或學習資源。
>
> 而筆者我自己在 mentor 一些較為 junior 的工程師夥伴時，就很常會出一個題目讓他們練習思考：「component 這種東西設計的本質與意義是什麼？」
>
> 我得到了像是「重用性」、「彈性」等回答，然而這些都只是設計 component 所「期待的成效」，而不是「設計 component」這件事情本身的意義。並不是只要抽成 component 就一定會有良好的重用性，一個設計糟糕的 component 可能根本難以根據需求在不同的情境間共用或是二次組裝。你必須要有一個先規劃好的「設計方向與範圍」並且在實踐時盡力符合，才有辦法產生像是重用性等成效。
>
> 所以其實這個問題真正的涵義是「我們依照什麼樣的邏輯脈絡以及方向，去決策如何設計一個 component」，你必須要知道這個思維的核心方向是什麼，你才有依據去判斷一個 component 到底設計得好不好。而這個問題的核心關鍵就在「**依據需求以及邏輯意義進行抽象化**」這件事情上，component 的本質其實就是在根據需求將那些關心的特徵與行為歸納出來，設計一套適用於特定情境和意義範圍的流程或邏輯，並將實作細節封裝起來以便於重用。

在領悟這一點之後，你才能在設計 component 時對於自己的方向與目標有更清晰的認知：這個 component 預計服務的情境有哪些，表達的意義範圍的邊界到哪裡，因此我需要根據這個方向如何設計 props 與資料流，又或是設計分拆成多層的 component 以便更彈性的組裝…等等。

雖然 component 抽象化設計的實戰技巧並不是本書的著重點，然而這不僅僅是一種程式設計的手法，更是一種看待問題的思考模式：**當你思考問題時所關心的是事物的本質而非僅是表面結果，你才能真正看清楚其中的關鍵脈絡與目標方向，並接近更好的答案。**

2-8

React 畫面更新的發動機：state 初探

在目前為止的章節中，我們介紹了許多 React 相當重要的基本概念，如 Virtual DOM、React element、component、一律重繪渲染策略…等等，這些觀念在堆疊起來之後其實都是為了構成一個大方向的目標：以一律重繪的策略實現單向資料流，進而形成畫面管理的機制。而在構成單向資料流的要件中，還有一個部分是我們尚未深入探討的 —— 也就是作為資料流來源的「原始資料」。在這個章節當中，我們將初步探討「state」這種在 React 中作為可更新原始資料的概念以及機制。

觀念回顧與複習

▶ 單向資料流：

- 畫面結果是原始資料透過模板與渲染邏輯所產生的延伸結果，而這個過程是單向且不可逆的。當資料發生更新時，畫面才會產生對應的更新，以資料去驅動畫面。

▶ React 透過 Virtual DOM 概念與一律重繪渲染策略的結合，實現了可預測性高、易於維護且可靠的單向資料流，並同時避免了不必要的大量 DOM 操作所帶來的效能問題：

- React 中一律重繪的是以 Virtual DOM 概念實踐的虛擬畫面結構資料，也就是 React element。

- 每次重繪時都會以原始資料來產生一份全新的 React element，並透過比較新舊 React element 的結構差異，僅操作更新那些真正有異動需要的實際 DOM element，以完成單向資料流的維護。

▶ Component 是一種由開發者自定義的畫面元件藍圖，是可重用的程式碼片段，負責裝載特定意義範圍的畫面內容或邏輯。我們可以透過撰寫一個普通的 JavaScript 函式來定義 component，並透過建立 React element 來呼叫 component。

▶ 從一律重繪策略到 component 的 re-render：

■ 當 component 內部狀態更新，React 會重新執行 component function 來產生構成新畫面的 React element，即「re-render」。

■ React 不會去修改舊的 React element，而是根據新的資料重新產生一份新版的 React element，然後透過比較新舊元素結構來找出差異，並針對這些差異更新實際 DOM。

章節學習目標

▶ 了解 React 的 state 概念，以及 state 與一律重繪機制的關聯。

▶ 了解 `useState` 的基本用法與觀念。

2-8-1 什麼是 state

在前端應用程式當中，由使用者的互動而使得畫面發生改變的情境可說是隨處可見，無論是 todo list 可以新增或移除代辦事項、表單當中的文字輸入框和下拉式選單，又或是將商品加入購物車的功能。這些情境幾乎都有一個共同點，就是都**需要一種臨時的「可更新的資料」來記憶應用程式當下的狀態，並且在資料發生更新時也連動的去更新對應的畫面**。在前端的領域中我們通常會將這種資料稱之為應用程式的「state（狀態資料）」。

在章節 2-6 中，我們曾介紹了 React 所採用的一個相當重要的核心設計模式：單向資料流。單向資料流追求**將資料管理與畫面渲染分開進行處理**，並且維持一個單向的因果關係：**當原始資料發生更新時，畫面才會發生對應的更新，以資料去驅動畫面**。因此在單向資料流當中，**原始資料是畫面結果的起源，更新原始資料的行為則會連動畫面也進行更新**。

　　單向資料流的設計模式讓資料更新與畫面更新之間的連動變得可靠且易於預測，以滿足各種因使用者互動而需要更新畫面的情境。而 React 中的 state 機制就扮演了「**可更新的原始資料（也常被稱作為「狀態」）**」的角色，來作為單向資料流的起始點。

　　React 採用了一律重繪的策略來達到單向資料流：當每次原始資料有所更新時，就會重繪畫面的 React element，並且比較新舊 React element 的差異之處來進行實際 DOM 的操作更新。然而，雖然說是要採用一律重繪的渲染策略，但是前端應用程式可能是相當龐大複雜的，顯然我們也沒有必要在只更新一小部分的原始資料時就去重繪整個應用程式畫面的全部，應該是只需要重繪畫面中與有被更新的資料相關的區塊即可。

　　為此，React 會以 component 當作 state 機制運作的載體，以及一律重繪的界線：**state 必須依附在 component 身上才能記憶並維持狀態資料**，而發起該 **state** 資料的更新並啟動重繪時，也只會重繪該 **component** 以內（包含子孫代 **component**）的畫面區塊。

　　React 中的 state 機制必須依附於 component 身上運作，其生命週期也隨著 component 的生命週期一同存在或消亡。因此你也可以將 state 認知為「component 內的資料記憶體」，負責作為 component 內狀態資料的儲存載體。**在 function component 中，我們可以透過呼叫 `useState` 這個 hook 來定義與存取 state**。接著就讓我們進入到 `useState`，並透過一個最基礎的範例來開始入門。

2-8-2 useState 初探

　　React 的內部實踐了一套 state 與畫面重繪的核心機制，並對外提供一個簡單易用的 hook 方法 `useState` 來讓開發者進行呼叫，幫助我們方便的實現並維護應用程式的單向資料流。我們可以透過使用 `useState` 來定義、更新應用程式的狀態資料，並觸發 component 區塊畫面的 React element 重繪，最後達到更新瀏覽器畫面的目標。在此我們先來簡單介紹一下有關於 `useState` 的基本用法：

> **？ 詞彙解釋**
>
> 「**Hooks**」是由 React 提供的 API，是一種僅可以在 function component 內的頂層作用域中才能呼叫的特殊函式，用於將各種 React 的核心特性或功能注入到 component 當中。這種特殊的函式有一些特殊的行為或限制（我們會在後續逐步解析到），而 useState 只是其中的一種功能。隨著學習的深入，我們會接觸到其他更多的 hooks。

useState

useState 是一種 React 內建的 hook，是一種僅允許在 component function 內呼叫的特殊函式。你可以把它想像成是一種「在 component 內註冊並存取狀態資料」的工具，我們可以透過呼叫它來在 component function 內定義一個 state：

```jsx
App.jsx
1  import { useState } from 'react';
2
3  export default function App(props) {
4    const [state, setState] = useState(initialState);
5
6
7
8    // ...
9  }
```

> 這個參數用來指定 state 的初始值，可以是任意型別的值

> 將 useState 回傳的陣列直接做陣列解構，第一個項目是「該次 render 的當前 state 值」，第二個項目是「用來更新 state 值的 setState 方法」，是一個函式

useState 接收一個 **initialState** 參數作為該 state 的初始預設值，並**回傳一個陣列**，該陣列會包含兩個項目：

▶ 第一個是「**該次 render 的當前 state 值**」。

▶ 第二個是「**用來更新 state 值的 setState 方法**」，是一個普通的 JavaScript 函式。

setState 方法可以用來更新這個 state 的值，呼叫時會接受一個新的 state 值作為參數，以取代舊有的 state 值，並觸發該 component 的重繪機制（也就是 re-render）。

在 React 開發的慣例中，我們通常會以陣列解構的語法來將 `useState` 回傳的 state 值以及 `setState` 方法根據商業邏輯上的意義重命名為自訂的變數名稱，例如將代表計數器狀態資料的 state 值變數重命名為 `count`，並且將 `setState` 方法重命名為 `set` 開頭且資料名結尾，所以 `count` 對應的 `setState` 方法就會重命名為 `setCount`：

```
const [count, setCount] = useState(0);
```

> ❋ **小提示**
>
> 以上這種對於 `useState` 回傳值的命名方式只是一種推薦且普遍被 React 社群採用的慣例，而不是一種 React 運作機制中的規則要求，因此它並非是強制必須遵守的。當然，有鑒於程式碼的可讀性以及團隊協作上的好處，通常還是會非常推薦遵循這種慣例命名方式。

接下來就讓我們透過一個簡單的範例，來快速演示一下 `useState` 的基本使用方法。

2-8-3 useState 的範例演示

接下來透過一個簡單的計數器範例，來幫助我們理解關於 state 基本使用方法。你也可以 fork 以下的 CodeSandbox 跟著一起動手完成接下來的範例。

> 🔗 **Demo 原始碼連結**
>
> 計數器範例 - 練習用版本
>
> https://codesandbox.io/s/r9gq9n?file=/src/Counter.jsx

我們首先定義一個 `Counter` component，並描述一下基本的靜態畫面模板：

```jsx
                ⚛ Counter.jsx
1  export default function Counter() {
2    return (
3      <div>
4        <button>-</button>
5        <span>0</span>
6        <button>+</button>
7      </div>
8    );
9  }
```

這個範例的目標規格與行為非常單純：

▶ 中間用 `<span>` 包著的數字用於顯示計數器目前的狀態值，初始狀態為 `0`。

▶ 當按下 `-` 的按鈕時，計數器的值會減少 1，畫面中以 `<span>` 顯示的數字會連動更新。

▶ 當按下 `+` 的按鈕時，計數器的值會增加 1，畫面中以 `<span>` 顯示的數字會連動更新。

顯然的，這個範例中的「計數器的值」是一種「會更新的動態原始資料」的概念，並且需要連動畫面顯示的更新，所以我們必須以 state 來定義並存放它。為此，我們需要引入 React 內建的 `useState` hook：

```jsx
                ⚛ Counter.jsx
1  import { useState } from 'react';
2
3  export default function Counter() {
4    const [count, setCount] = useState(0);
5    return (
6      <div>
7        <button>-</button>
8        <span>{count}</span>
9        <button>+</button>
10     </div>
11   );
12 }
```

> 呼叫 useState 來在這個 component 中注入一個 state 以記憶計數器的狀態值，並指定初始值為 0

> 將畫面區塊模板中顯示計數器當前值的地方改為印出從 useState 取出的 state 值

　　我們指定呼叫 `useState` 時的參數為 `0`，也就是這個計數器 state 的初始值。並且，我們依命名慣例將回傳的內容以陣列解構的方式重新命名為 `count` 以及 `setCount`，以更好的符合描述這個 state 是一個用於儲存「計數器的值」的狀態資料。

　　實際執行之後你會看到如圖 2-8-1 的畫面。很顯然在初始畫面的 render 時 `count` 的值會是我們呼叫 `useState` 時指定的初始值（也就是 `0` ），因此實際畫面中的 `<span>` 內容也印出的是 `0`：

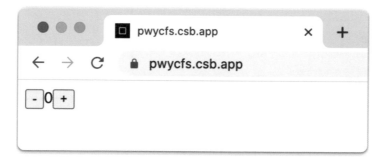

圖 2-8-1

onClick 事件綁定

　　目前為止我們已經呼叫並定義了所需的計數器 state，並順利的將它的當前值印出在畫面中。然而在這個範例中，我們會需要以點擊「+」或「-」按鈕的形式才能觸發計數器數值的更新，所以此處先來簡單的介紹一下關於使用者點擊的事件處理。

　　在 React 的開發中，能夠透過 React element 來間接管理並綁定實際 DOM 的事件處理。為了讓使用者點擊按鈕時觸發所需的事件處理流程，會需要使用到 `onClick` 的事件綁定，我們可以透過在對應實際 DOM element 類型的 React element 身上添加 `onClick` prop，並且傳入一個函式，就可以輕鬆的完成點擊事件的綁定。承以上的計數器範例，我們需要對「+」與「-」兩顆按鈕上各自綁定對應的 `onClick` 事件函式。在此先讓按鈕被點擊之後分別跳出對應的 `console.log` 來嘗試這個事件綁定效果：

```
⚛ Counter.jsx

1   import { useState } from 'react';
2
3   export default function Counter() {
4     const [count, setCount] = useState(0);
5
6     const handleDecrementButtonClick = () => {
7       console.log('counter decrement!');
8     };
9
10    const handleIncrementButtonClick = () => {
11      console.log('counter increment!');
12    };
13
14    return (
15      <div>
16        <button onClick={handleDecrementButtonClick}>-</button>
17        <span>{count}</span>
18        <button onClick={handleIncrementButtonClick}>+</button>
19      </div>
20    );
21  }
```

> 在 **component function** 裡定義事件的 **handler** 函式，並分別指定到對應按鈕的 **onClick prop** 中

實際執行並點擊這兩顆按鈕後，就可以在瀏覽器的開發者工具中觀察到它們分別綁定的事件成功的被觸發，如圖 2-8-2 中所示：

圖 2-8-2

> 😕 **常見誤解澄清**
>
> 如同在前面章節中有提到過的，React element 主要可以分成三種類型：
>
> ▶ 對應實際的 DOM element，例如 `<div>`、`<button>`。
>
> ▶ 對應自定義的 component function，例如 `<Foo>`。
>
> ▶ Fragment 類型，也就是 `<>` 或 `<Fragment>`。
>
> 在以上幾種類型中，只有「**對應實際 DOM element**」類型的 **React element 才會內建 onClick 這種事件綁定的 prop**。當你對這類型的 React element 指定特定的事件處理 props 時，React 就會負責自動將該事件處理綁定到瀏覽器中對應的事件觸發上。例如你在一個對應 `<button>` 的 React element 上指定 onClick prop 的值為某個函式時（例如 `<button onClick={handleClick}>`），React 就會自動將該函式綁定到實際瀏覽器中對應按鈕的點擊行為上。在這種情況下，「`onClick` prop」是一種 React 用於事件綁定的特定 API。
>
> 而當你對一個 component 類型的 React element 傳遞一個名為 `onClick` 的 prop 時，意義則完全不同。一個 component 的所有 props 都屬於自定義命名的資料傳遞介面（除了 `key` 或 `children` 這些命名保留字的 props），因此當你在呼叫一個 component 時傳遞了一個值給 onClick prop（例如 `<Foo onClick={handleClick}>`），只是代表這個 component 有一個命名也剛好叫作 onClick 的 prop，此時這個 prop 命名就與 React 的事件綁定機制完全無關，只是一種自定義命名。至於這個 onClick prop 的函式在傳遞進 component 內部之後會用在何處，則完全是由開發者自行決定的。在這種情況下，「`onClick` prop」純粹只是一個開發者自定義的 prop 名稱，並不是任何 React 機制的觸發手段。
>
> 至於 Fragment 類型的 React element 則根本不接受 `key` 以外的任何 props，所以傳遞其他的 props 沒有任何意義與效果。

▌使用 `setState` 方法

當然，在這個範例中我們目標的效果應該是在點擊按鈕之後，計數器的數值會隨之增減。因此在瞭解了基礎的 `onClick` 事件綁定之後，我們就可以嘗試在這兩顆按鈕的事件中來觸發 state 的更新，以達到畫面也對應更新的目標。

在呼叫 `useState` 所回傳的陣列中，第二個項目會是 `setState` 方法，我們可以透過呼叫 `setState` 方法來更新這個 state 的值。呼叫時它會接受一個新的 state 值作為參數，並觸發該 component 的重繪，也就是 re-render。如上一個章節曾過說的，這裡指的「re-render」並不是渲染實際 DOM element 的意思，而是重新執行一次

component function 來產生一份新版本的 React element。因此當我們呼叫 `setState` 方法時，該 component function 就會重新再執行一次，並且當再次執行到 `useState` 時，回傳的 state 值就會是此前事件中呼叫 `setState` 方法時傳入的參數值，也就是新的 state 值。

接下來，我們就可以在加與減按鈕的事件中分別處理對應的 `setCount` 方法呼叫：

```jsx
Counter.jsx

1  import { useState } from 'react';
2
3  export default function Counter() {
4    const [count, setCount] = useState(0);
5
6    const handleDecrementButtonClick = () => {
7      setCount(count - 1);
8    };
9
10   const handleIncrementButtonClick = () => {
11     setCount(count + 1);
12   };
13
14   return (
15     <div>
16       <button onClick={handleDecrementButtonClick}>-</button>
17       <span>{count}</span>
18       <button onClick={handleIncrementButtonClick}>+</button>
19     </div>
20   );
21 }
```

> 在 decrement 的事件處理中，呼叫 setCount 方法，並以參數指定新的 state 值為目前的 count 值再 -1

> 在 increment 的事件處理中，呼叫 setCount 方法，並以參數指定新的 state 值為目前的 count 值再 +1

當 `Counter` component 的首次 render 時，`count` 的值就會是呼叫 `useState` 時指定的預設值 `0`。所以此時當我們點擊 + 按鈕觸發 `handleIncrementButtonClick` 事件時，呼叫 `setCount` 所傳入的參數 `count + 1` 其實就會是 `0 + 1`，也就代表了指定這個 state 的值更新為 `1`。

當 `setCount` 被呼叫後，React 會將該 state 的值更新為你指定的新值，並自動觸發 `Counter` component 的 re-render。此時 `Counter` 這個 component function 將再次被執行，並且這次由 `useState` 所回傳的 `count` 值就會是 `1`，並以此資料來產生新版本的 React element。

　　我們可以從圖 2-8-3 中的結果觀察到，當 `count` 為 0 的狀態下點擊「+」按鈕來觸發
執行 `setCount(count + 1)` 後，`Counter` component 就會進行 re-render 來產生 `count`
為 `1` 的新版本 React element，並經由 React 自動比較後會發現新舊版 React element
只有 `<span>` 中的文字不同，因此命令瀏覽器只去操作更新該處的實際 DOM element：

圖 2-8-3

>  **常見誤解澄清**
>
> 需要特別注意的是，在呼叫 `setState` 方法後 **React** 並不會立即性的觸發 **re-render**，而是會等待正在執行的事件內的所有程式都結束後，才會開始進行 **re-render**。這也是為什麼你可能很常會聽到「`setState` 方法是非同步的」這種説法的由來。我們會在後續章節「3-2 深入理解 batch update 與 updater function」中對於這點有更深入的探討。

你可以透過以下的 CodeSandbox 實際執行這個範例的完成版程式碼：

> 🔗 **Demo 原始碼連結**
>
> 計數器範例 - 完成版
>
> https://codesandbox.io/s/ptyf63?file=/src/Counter.jsx

這個範例簡單的示範了 `useState` 的實際用法，以及 `setState` 方法與 re-render 機制的觸發連動。我們將會在下一個章節中更詳細的完整回顧並統整目前為止所學習的 React 畫面管理核心機制，並更深入其細節解析，以完成相關脈絡的融會貫通。

2-8-4 關於 state 的補充觀念

Hooks 僅可以在 component function 內的頂層作用域被呼叫

`useState` 是一種由 React 提供的 hooks API，用於定義 component 中的 state。然而不只是 `useState`，所有的 hooks 對於可呼叫的時機有著相同的嚴格限制，其一是只能在 component function 內被呼叫，這是因為 hooks 相關的功能本來就是被設計作為 component 的配套機制，所以必須依賴於 component 才能運作；而其二則是 hooks 甚至只能在 **component function** 的頂層作用域中被呼叫，不允許在任何條件式、迴圈或 callback 函式中被呼叫：

```js
// index.js
1  function AppComponent() {
2    useState();
3
4    if (...) {
5      useState();
6    }
7
8    for(...) {
9      useState();
10   }
11
12   arary.forEach(() => {
13     useState();
14   });
15 }
16
17 useState();
```

✅ 合法的 hook 呼叫：於 component function 的頂層作用域

❌ 不合法的 hook 呼叫：不在 component function 的頂層作用域

❌ 不合法的 hook 呼叫：根本不在 component function 內

這些呼叫時機的限制是為了確保 hooks 的一些內部機制能夠正常的運作。如果沒有遵守這個規定，有可能會造成資料丟失等意外問題。關於 hooks 的這個規定背後更深入的緣由與脈絡，也會在後續探討 hooks 設計原理的章節中有更深入的解析。

▍為什麼 `useState` 的回傳值是一個陣列

呼叫 `useState` 時的回傳值會是一個陣列，其中包含「該次 render 的當前狀態值」以及「更新狀態值的 `setState` 方法」這兩個項目。**這種以陣列作為回傳值的設計是為了讓開發者在呼叫 `useState` 時，可以更方便將回傳的這兩者分別賦值到自訂命名的變數上。**

讓我們由 API 設計的角度來解析看看，為什麼其回傳值是一個陣列而不是其他資料型別。

由於一次 `useState` 的呼叫同時需要回傳上述的兩樣東西，因此其回傳值勢必得設計成以陣列或物件等集合形式的資料格式來包裝。然而，你可以想像一下如果 `useState` 被設計成回傳一個物件，然後其中固定會包含 `state` 與 `setState` 兩個 key 的話，這個 API 被呼叫的情況：

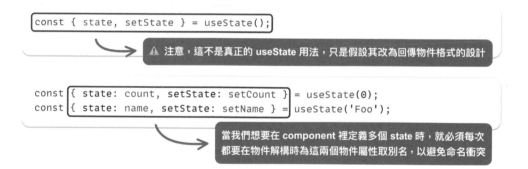

```
const { state, setState } = useState();
```
⚠ 注意，這不是真正的 useState 用法，只是假設其改為回傳物件格式的設計

```
const { state: count, setState: setCount } = useState(0);
const { state: name, setState: setName } = useState('Foo');
```
當我們想要在 component 裡定義多個 state 時，就必須每次都要在物件解構時為這兩個物件屬性取別名，以避免命名衝突

從以上假想的程式碼範例中可以觀察到，假如是回傳物件形式的設計，那麼開發者在呼叫 `useState` 時就每次都必須從回傳的物件中以解構加上屬性別名的語法，才能對賦值的變數進行自訂的取名。一來這在語法撰寫的體驗上沒有那麼的簡潔，二來當我們遇到想在同一個 component 中定義多個 `useState` 的情況，若解構時忘記分別做取別名的處理，就很容易因為多組 state 的變數名稱都叫 **state** 或都叫 **setState** 而發生命名衝突。

因此，React 將 `useState` 設計成會回傳一個 `[state, setState]` 格式的陣列。假如我們將 `useState` 回傳的東西不進行任何解構處理，而是直接在 console 中印出來的話：

```
const stateArray = useState('a string value');
console.log(stateArray);
```

結果如圖 2-8-4 中所示，你會發現 `useState` 回傳的東西確實是一個陣列，其中 index `0` 的值會是 state 在該次 render 的當前狀態值，而 index `1` 的值會是一個函式，也就是 `setState` 方法：

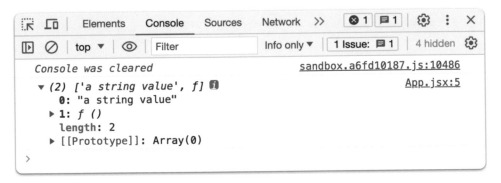

圖 2-8-4

因此，當我們呼叫 `useState` 時，就可以利用 JavaScript 內建的陣列解構賦值語法來更簡潔方便的直接指定變數的命名，並輕鬆的避免命名衝突的情況。

📖 延伸閱讀

解構賦值 - MDN docs

https://developer.mozilla.org/en-US/docs/Web/JavaScript/Reference/Operators/Destructuring_assignment

呼叫 `setState` 方法是更新 state 值並觸發 re-render 的唯一合法手段

在 React 中，state 資料的值必須經由呼叫 `setState` 方法來更新。State 資料作為單向資料流的起點，當資料發生更新時，必須要進行畫面重繪的動作，才能確保資料與畫面的對應關係。而當我們不透過呼叫 `setState` 方法，而是直接修改 state 的值時，React 並不會知道需要觸發 re-render 來進行畫面的更新，因此瀏覽器畫面就不會產生任何的變化，這導致了 state 的資料狀態與畫面不同步的情況，單向資料流的可靠性進而遭到破壞：

```jsx
⚛ App.jsx

1  import { useState } from 'react';
2
3  export default function App() {
4    const [items, setItems] = useState([1, 2, 3]);
5    const addNewItem = () => {
6      items.push('new item');
7    };
8
9    return (
10     <>
11       <ul>
12         {items.map((item, index) => (
13           <li key={index}>{item}</li>
14         ))}
15       </ul>
16       <button onClick={addNewItem}>add new item</button>
17     </>
18   );
19 }
```

> ✗ 沒有呼叫 **setItems** 來更新 **state**，而是直接修改 **items** state 的內容，這不會觸發 component 的 re-render，因此畫面不會發生對應的更新

在以上的範例中，在點擊按鈕後會以 `items.push('new item')` 來直接修改 state 的資料，而不是透過正當的 `setItems` 呼叫來更新資料，因此不會正確的觸發 component 的 re-render 來更新畫面。此時就會形成原始資料已經被修改，但畫面卻沒有對應更新的情況，導致單向資料流的可靠性被破壞。

Demo 原始碼連結

直接修改 state 資料無法觸發 re-render 與畫面更新

https://codesandbox.io/s/nhdg2g?file=/src/App.jsx

React 如何辨認同一個 component 中的多個 state

我們可以在一個 component function 裡呼叫多次 `useState` 來定義多個不同的 state 嗎？答案是肯定的，並且每個 state 之間不會互相影響，只需要在呼叫並解構賦值時避免變數命名衝突即可：

```
const [count, setCount] = useState(0);
const [name, setName] = useState('Foo');
```

然而你可能會對此有一個疑問，當我們在進行這些 `useState` 的呼叫時，其實並沒有以參數指定任何的 「id」或「key」來告訴 React 這些 state 分別是誰，那麼當同一個 component 中有多次的 `useState` 呼叫時，React 是如何辨認哪次的 `useState` 呼叫應該回傳哪個 state 的相關資料？

事實上，為了實現良好的開發體驗以及維持內部機制的運作正常，component 中的所有 hooks 在每次 render 中都會依賴於固定的呼叫順序來區別彼此。這其實也是為什麼 hooks 會有前文所提到的嚴格呼叫限制：**僅允許 hooks 在 component function 的頂層作用域被呼叫**，因為如此一來就能夠保證 component 中的所有 hooks 在每次的 render 過程中都會被呼叫到，進而保持固定不變的呼叫順序，來維持其機制的正常運作。

也就是說，當我們在同一個 component 中多次呼叫 `useState` 或任何其他 hooks 時，React 記得的其實是「第一個呼叫的 hook」、「第二個呼叫的 hook」這種順序性的區別。你可以想像 **React 的內部機制中存在一個有序的列表在依據固定的呼叫順序來儲存這些 hooks 的狀態資料**，因此當一個 component 在一次 render 中多次呼叫 hooks 時，React 就可以根據呼叫的順序依序找出對應的資料。

這個議題涉及到 hooks 的核心運作原理，在此階段我們可以先涉略到上述程度的理解即可，我們也會在後續的章節「5-7 Hooks 的運作原理與設計思維」中針對這個問題有更全面、深入的探討，並進一步探討關於「component 的 state 資料具體到底儲存在哪裡」的問題。

同一個 component 的同一個 state，在該 component 的不同實例之間的狀態資料是獨立的

在前一個章節 2-7 當中，提到過「component 是一種藍圖，而透過藍圖可以產生實例」的概念，每個實例之間是獨立、互不影響的。而 state 作為依附在 component 身上的狀態資料，同一個 component 的多個實例所擁有的 state 資料也會是獨立、不互相影響的。讓我們透過前文出現過的 `Counter` component 範例來觀察這個概念：

⚛ **Counter.jsx**

```jsx
import { useState } from 'react';

export default function Counter() {
  const [count, setCount] = useState(0);

  return (
    <div>
      <button onClick={() => setCount(count - 1)}>-</button>
      <span>{count}</span>
      <button onClick={() => setCount(count + 1)}>+</button>
    </div>
  );
}
```

這個 count state 的資料狀態在多個 Counter component 的實例之間是獨立的

```
App.jsx

1   import Counter from './Counter';
2
3   export default function App() {
4     return (
5       <>
6         <Counter />
7         <Counter />
8         <Counter />
9       </>
10    );
11  }
```

> 這三次 Counter component 的呼叫所產生的實例，它們的 count state 是獨立、互不影響的。其中一個 component 實例的 count state 的更新並不會導致其他 component 實例的 count state 跟著變化

以上範例中，我們在 `App` component 的畫面結構中的多處呼叫了 `Counter` component，這會使得 React 在內部機制中建立多個 `Counter` component 的實例，而這些 component 實例會分別維護自己的狀態資料，也就是 state。我們可以透過在瀏覽器中分別點擊不同 counter 的增減按鈕更新 state 資料，並於畫面結果以及 React 開發者工具進行觀察，如圖 2-8-5 中所示：

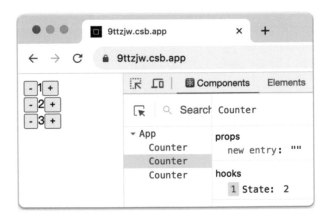

圖 2-8-5

可以看到在以上範例中的三個 `Counter` component 實例的 count state 是獨立存在、互不影響的，當其中一方被更新時，其他實例的 state 資料並不會跟著發生變化。

> 🤔 **常見誤解澄清**
>
> Props 與 state 之間的關鍵區別並不只是「靜態唯讀的資料」與「可更新的資料」而已。雖然它們都是與資料相關的機制，但兩者的定位是完全不同的，因此並不存在「兩者擇一使用」這種概念。
>
> State 機制的存在是為了狀態資料的維護，並作為「更新資料後就進行一律重繪來連動更新畫面」的啟動點。因此如果你的前端應用程式是完全靜態的，沒有使用到任何會變動的狀態資料時，其實就不會有任何的畫面更新發生，當然也就不需要使用到 state。相反的，在 React 中所有會連動影響畫面更新的狀態資料都應該以 state 的形式來定義並管理，以確保單向資料流以及畫面更新機制的正確性與可靠性。
>
> 而 props 機制則是為了服務「由父 component 往下傳遞資料給子 component」的情境而存在，**props 並不是用來儲存資料的手段，而是用來傳遞資料的手段**。以 component 內部的角色來看，其實它並不知道這些由父 component 傳下來的 props 資料是由什麼源頭而來的，或許是父 component 中以字面值形式傳下來的固定資料，又或許是某一層的祖父輩 component 的 state 一層一層藉由 props 傳下來的也說不定。因此，對於 component 內部來說，props 只是「從父 component 傳下來的資料」而已，並且為了維護單向資料流的可靠性，我們不應該直接修改 props 的內容。
>
> 總結來說：**state 才是儲存應用程式狀態資料的載體，props 只是資料由父 component 傳遞給子 component 的管道**。這兩種機制在使用情境上根本不是同一類型的概念，不存在二選一使用的問題。

章節重點觀念整理

▶ State 是什麼：

- State 是前端應用程式中用於記憶狀態的臨時、可更新資料，並且在資料更新時更新對應的畫面。

- React 採用單向資料流以及一律重繪的策略，且將更新 state 資料的動作作為發起重繪機制的啟動點。

- 在 React 中，state 必須依附在 component 內才能記憶並維持狀態資料，而發起該 state 資料的更新並啟動重繪時，也只會重繪該 component 以內（包含子孫代 component）的畫面區塊。

▶ `useState` hook：

■ 我們可以透過在 function component 內呼叫 `useState` 方法來為 component 定義 state。這個方法會提供 state 當前的狀態值以及更新其狀態值的 `setState` 方法。

■ Hooks 僅可以在 component function 內的頂層作用域被呼叫。

■ `useState` 的回傳值為陣列的設計是為了讓開發者在呼叫時，可以更方便將回傳的「該次 render 的當前狀態值」以及「更新狀態值的 `setState` 方法」這兩件東西分別解構賦值到自訂命名的變數上。

■ 同一個 component 中的多次 hooks 呼叫，**會依賴於固定的呼叫順序**來區別彼此。這其實也是為什麼 hooks 會有嚴格的呼叫限制：僅允許 hooks 在 component function 的頂層作用域被呼叫，就能夠保證 component 中的所有 hooks 在每次的 render 過程中都會被呼叫到，進而維持固定的呼叫順序。

■ 同一個 component 的同一個 state，在該 component 的不同實例之間的狀態資料是獨立的。

章節重要觀念自我檢測

▶ React 的 state 的本質是什麼？State 在 React 的畫面管理機制中扮演了什麼角色？

▶ State 與 component 的關係是什麼？

▶ 為什麼 `useState` 的回傳值會是一個陣列？

▶ React 是如何辨認並區分同一個 component 中的多個 state 的？

▶ 同一個 component 在多個地方被呼叫，它們之間的 state 資料會互通嗎？為什麼？

參考資料

▶ https://react.dev/learn/state-a-components-memory

React 畫面更新的流程機制：reconciliation

在經過前面章節許多基本觀念的鋪陳之後，接下來則會進行脈絡的梳理，來更完整的探討 React 產生並管理畫面的核心運作機制與原理，而這將會是真正掌握 React 這門技術相當重要的基本功。

觀念回顧與複習

▶ React 以 Virtual DOM 的概念來描述畫面結構，也就是 React element。而 React element 可以透過 React 的轉換，成為對應的實際 DOM element。

▶ React 採用了一律重繪的策略來實踐單向資料流，並透過新舊畫面的比較（也就是新舊 React element 的比較）來尋找差異之處，並只操作更新這些差異之處所對應的實際 DOM element，以避免多餘的 DOM 操作所帶來的效能問題。

▶ Component 是畫面組成的區塊藍圖，而 state 是依附於 component 來運作的「狀態資料」。State 作為 React 中單向資料流的起點，其 `setState` 方法也是發起畫面重繪的啟動點。

▶ Component 也是一律重繪的界線。當 component 中的 state 發起更新時，只會重繪該 component 以內（包含子孫代 component）的畫面區塊。

章節學習目標

▶ 了解什麼是 render phase 以及 commit phase。

▶ 了解 React 畫面管理的 reconciliation 機制流程。

2-9-1 Render phase 與 commit phase

我們在此前的章節中曾提及過，React 的畫面處理機制大致上可以分為兩個階段：

▶ 產生一份描述最新畫面結構的 React element。

▶ 將 React element 的結構轉換成實際的 DOM element。

而在 component 的畫面管理機制中，這兩個階段分別被稱為「render phase」與「commit phase」：

▶ Render phase 代表 component 正在渲染並產生 React element 的階段。

▶ 而 commit phase 代表 component 正在將 React element 的畫面結構「提交」並處理到實際的瀏覽器 DOM 當中。

接下來讓我們以更細節的方式來完整解釋它們產生與更新畫面的流程：

產生初始畫面時：首次 render component

▶ Render phase：

■ 執行 component function，以 props 與 state 等資料來產生初始畫面的 React element。

■ 將產生好的 React element 交給 commit phase 繼續處理。

▶ Commit phase：

■ 由於第一次 render 時，瀏覽器的實際 DOM 中還沒有任何這個 component 實例的畫面區塊所對應的 DOM element，因此會將 component 在 render phase 所產生的 React element 全部都進行轉換並建立成對應的實際 DOM element，然後透過瀏覽器的 DOM API `appendChild()` 全部放置到實際畫面中。

■ 這種「component 首次 render 並 commit 到實際 DOM」的流程也常被稱為「mount」，而 mount 流程完成的狀態則被稱為「mounted」，意思是 component 首次的 render 流程執行完成且已經成功的「掛載」到實際的瀏覽器

畫面中了。這意謂著你必須在 mounted 之後才能夠從瀏覽器的 DOM 結構中找到這個 component 所對應的那些 DOM element。

更新畫面時：re-render component

▶ Render phase：

- 再次執行 component function，以新版本的 props 與 state 等資料，來完整的重新產生對應的新版畫面 React element。

- 將本次新版本的 React element 以及前一次 render 產生的舊版 React element 進行樹狀結構的比較，找出其中的差異之處。

- 將新舊 React element 的差異之處交給 commit phase 繼續處理。

▶ Commit phase：

- 只去操作並更新那些新舊 React element 的差異之處所對應的實際 DOM element，其餘部分的 DOM element 則不會進行任何操作。

在繪製初始畫面的情況中相當單純，component function 會 render 出一份 React element，然後將這份 React element 完整的轉換並產生對應的實際 DOM element。而 React 的畫面管理機制的精髓之處則是在更新畫面的情況，透過 Virtual DOM 的概念以及一律重繪渲染策略的組合來實現單向資料流，並透過新舊畫面比較來解決對應的效能問題。我們通常會把這個 React 更新畫面的流程稱為「reconciliation」，接下來就讓我們集前面章節之大成，統整這個畫面更新機制的完整流程。

2-9-2 Reconciliation

在前面的章節中，我們已經進行了非常多 React 畫面管理機制相關的核心概念解析來作為鋪陳：

▶ React 以 Virtual DOM 的概念來描述畫面結構，也就是 React element。而 React element 可以透過 React 的轉換，成為對應的實際 DOM element。

▶ React 採用了一律重繪的策略來實踐單向資料流，並透過新舊畫面的比較（也就是新舊 React element 的比較）來尋找差異之處，並只操作更新這些差異之處所對應的實際 DOM element，以避免多餘的 DOM 操作所帶來的效能問題。

▶ Component 是畫面組成的區塊藍圖，而 state 是依附於 component 來運作的「狀態資料」。State 作為 React 中單向資料流的起點，其 `setState` 方法也是發起畫面重繪的啟動點。

▶ Component 也是一律重繪的界線。當 component 中的 state 發起更新時，只會重繪該 component 以內（包含子孫代 component）的畫面區塊。

接下來，就讓我們更完整的從頭依序整理一次這個畫面更新的流程，並以一個簡單的計數器範例搭配解説。我們先來看看這個範例在首次 render 時的流程：

```jsx
import { useState } from 'react';

export default function Counter() {
  const [count, setCount] = useState(0);

  const handleDecrementButtonClick = () => {
    setCount(count - 1);
  };

  const handleIncrementButtonClick = () => {
    setCount(count + 1);
  };

  return (
    <div>
      <button onClick={handleDecrementButtonClick}>-</button>
      <span>{count}</span>
      <button onClick={handleIncrementButtonClick}>+</button>
    </div>
  );
}
```

⚛ Counter.jsx

> 呼叫 useState 方法來在這個 component 中注入一個 state 以記憶計數器的狀態值，並指定初始值為 0

> 在 decrement 的事件處理中，呼叫 setCount 方法，並以參數指定新的 state 值為目前的 count 值再 -1

> 在 increment 的事件處理中，呼叫 setCount 方法，並以參數指定新的 state 值為目前的 count 值再 +1

當 React 首次 render `Counter` 這個 component 時，由於此時的 count state 是預設值 `0`，所以會產生像這樣的 React element：

```
<div>
  <button onClick={handleDecrementButtonClick}>-</button>
  <span>0</span>
  <button onClick={handleIncrementButtonClick}>+</button>
</div>
```

接著 React 就會在 commit phase 將以上的 React element 完整的轉換成實際的 DOM element，並掛載到瀏覽器的畫面中。

接下來讓我們進入到畫面更新，也就是 reconciliation 的流程：

步驟一：呼叫 `setState` 方法更新 state 資料，並發起 re-render

當我們呼叫 `setState` 方法來嘗試更新 state 資料時，React 會先透過執行 `Object.is()` 來檢查新傳入的 state 值與舊有的值兩者是否有所不同，**如果兩者相同的話則判定資料沒有更新所以畫面也不用更新，就會直接中斷接下來的流程**。如果兩者不同的話則代表資料有所更新，React 則會推斷有連動更新畫面的需要，於是繼續發起 component function 的 re-render。

⚛ 對應範例流程

接續前面的計數器範例，當我們點擊 increment button 時，會呼叫 `setCount(count + 1)`，而當前的 `count` 值為 `0`，因此我們指定給 state 的新值為 `0 + 1`，也就是 `1`。而 state 既有的目前值是 `0`，因此 React 就會以 `Object.is(0, 1)` 來檢查新舊 state 資料之間是否相同。由於比較結果是 `false`，代表兩者資料有所不同，所以此時就會順利觸發這個 component 的 re-render。

📖 **延伸閱讀**

`Object.is()` 方法 - MDN docs

https://developer.mozilla.org/en-US/docs/Web/JavaScript/
Reference/Global_Objects/Object/is

▌步驟二：更新 state 資料並 re-render component function

此時 React 會根據稍早呼叫 `setState` 方法時所指定的新值來更新 state，並再次執行 component function，以新版本的 props 與 state 等資料來 render 出一份新版的 React element。

⚛ 對應範例流程

接續前面的計數器範例，當 component re-render 被觸發時，React 會以稍早呼叫 `setCount` 方法時所指定的新值 1 來更新 state，並再次重新執行 `Counter` component function。重新執行時從 `useState` 方法取出的 state 值 `count` 就會是更新後的值 1，因此這次 render 所產生的新版 React element 結果就會長得像這樣：

```
<div>
  <button onClick={handleDecrementButtonClick}>-</button>
  <span>1</span>
  <button onClick={handleIncrementButtonClick}>+</button>
</div>
```

▌步驟三：將新舊版本的 React element 進行結構比較，並更新差異之處所對應的實際 DOM element

接著 React 會將 re-render 時所產生的新版 React element，與前一次 render 時所產生的舊版 React element，以一套 diffing 演算法來進行樹狀結構的詳細比較，而其中比較出來有差異的部分所對應的實際 DOM element 才是真正有需要被操作更新的部分。接著在 commit phase 中，React 就會負責自動去操作更新這些真正有需要被更新的 DOM element，以完成畫面的更新流程，至於其他部分的 DOM element 則不會進行任何的操作，以確保盡可能的減少 DOM 操作的效能成本。

⚛ 對應範例流程

接續前面的計數器範例，React 會將 `Counter` component 兩次 render 之間所產生的新舊版 React element 以一套演算法進行詳細的結構比較，以找出其中的差異之處。

```
// 前一次 render 產生的舊版 React element
<div>
  <button onClick={handleDecrementButtonClick}>-</button>
  <span>0</span>
  <button onClick={handleIncrementButtonClick}>+</button>
</div>
```

> 兩者之間只有這裡的 `<span>` 裡的文字不同

```
// 新一次 render 產生的新版 React element
<div>
  <button onClick={handleDecrementButtonClick}>-</button>
  <span>1</span>
  <button onClick={handleIncrementButtonClick}>+</button>
</div>
```

　　經過比較之後，會發現兩者之間只有用於顯示目前 state 值的 `<span>` 裡的文字有所不同，因此只有此處所對應的實際 DOM element 需要被操作和更新。經過實際執行，我們可以在瀏覽器的開發者工具中觀察到確實只有那個 `<span>` DOM element 有被操作，如圖 2-9-1 中所示：

圖 2-9-1

最後我們以流程圖來整理並示意整個 reconciliation 的完整流程，如圖 2-9-2 所示：

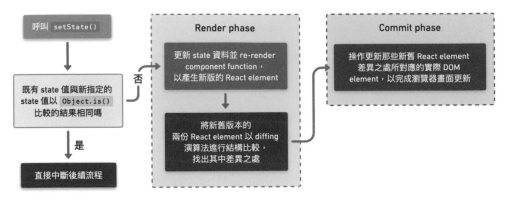

圖 2-9-2 Reconciliation 流程示意圖

2-9-3 setState 觸發的 re-render 會連帶觸發子 component 的 re-render

當我們呼叫 `setState` 方法來觸發 re-render 時，如果在 component 的畫面結構中有呼叫其他 component 的話，就會連帶的使這些子 component 也進行 re-render：

```jsx
App.jsx

import { useState } from 'react';

function ListItem({ name }) {
  return <li>item name: {name}</li>;
}

function List({ items }) {
  return (
    <ul>
      {items.map(itemName => (
        <ListItem name={itemName} />
      ))}
    </ul>
  );
}
```

```
16
17  export default function App() {
18    const [names, setNames] = useState(['foo', 'bar', 'fizz']);
19    const handleButtonClick = () => {
20      setNames([...names, 'foo']);
21    }
22
23    return (
24      <div>
25        <List items={names} />
26        <button onClick={handleButtonClick}>
27          Add foo item
28        </button>
29      </div>
30    );
31  }
32
```

在上面的這個範例中：

▶ App 首次 render 時 names state 的初始值是 ['foo', 'bar', 'fizz']，並將這個值作為 `<List>` 的 items prop。

▶ 當我們點擊按鈕觸發呼叫 setNames 的 state 更新後，這個 state 所屬的 component App 就會觸發 re-render 而再次執行 component function，此時 names state 的值會是更新後的 ['foo', 'bar', 'fizz', 'foo']，而 re-render 過程中就會再次呼叫子 component List 並傳入新的 props。

▶ List 因為父 component App 的 re-render 而連帶被觸發 re-render，此時就會收到來自父 component 傳遞的新 items prop ['foo', 'bar', 'fizz', 'foo']。

▶ 此時就會以新的 items prop 來 re-render List component，並以此類推層層往下 re-render。

在了解以上的行為之後，我們可以歸納出其實 component 共有兩種會被觸發 re-render 的可能情形：

1. Component 本身有定義 state，且該 state 對應的 setState 方法被呼叫時。

2. Component 本身沒有因為屬於自己的 setState 方法被呼叫而 re-render，而是它的父代或祖父代 component 發生了 re-render，所以身為子 component 的自己也連帶被 re-render。

章節重點觀念整理

▶ Render phase 與 commit phase：

- Render phase 代表 component 正在渲染並產生 React element 的階段。

- Commit phase 代表 component 正在將 React element 的畫面結構「提交」並處理到實際的瀏覽器 DOM 當中。

▶ Reconciliation：

1. 呼叫 `setState` 方法並傳入新的 state，React 會以 `Object.is()` 檢查新舊 state 是否相同：

   - 如果判定相同則直接中斷流程，不會啟動後續的 reconciliation。

   - 如果判定不同則觸發 component 的 re-render。

2. 進行 component 的 re-render，更新 state 的狀態資料並重新執行一次 component function，來產生一份新版的 React element。

3. 將新版 React element 與前一次 render 時產生的舊版 React element，以 diffing 演算法進行樹狀結構的比較。

4. 操作更新那些新舊 React element 結構差異之處所對應的實際 DOM element，以完成畫面的更新。

▶ 呼叫 `setState` 方法觸發的 component re-render，也會連帶觸發其子 component 的 re-render，並且層層往下觸發。

章節重要觀念自我檢測

▶ 什麼是 render phase 以及 commit phase？

▶ 解釋 React 更新畫面的 reconciliation 流程。

▶ 一個 component 有哪些可能會被觸發 re-render 的情形？

筆者思維分享

一套前端框架或解決方案中，畫面管理機制永遠是最核心的根本問題。在筆者我擔任前端面試官的這幾年以來，當我提出問題「請幫我們分享並解釋一下，在 React 中從呼叫 setState 方法到最後看到瀏覽器畫面真的發生改變，中間的流程發生了哪些事情？」，有許多人只能講出一些片面的關鍵字，但是對於其運作的原理與觀念幾乎是一知半解的狀態。

筆者我就曾經遇過一位面試者以「Virtual DOM」以及「新舊比較」這兩個關鍵字，掰出一段講的很流暢但完完全全錯誤的 reconciliation 流程，真的是讓我當場愣住⋯

然而畫面的產生與管理可以說是 React 最核心的機制，多數的其他配套機制的設計基本上也是服務於這個最重要的需求，這是以 React 作為專業技術使用的開發者們都應該要熟悉掌握的基本功。

在經過前面這麼多章節的觀念鋪陳，本章節可以說是集本書的整個第二篇之大成，將 React 畫面更新的機制 reconciliation 做一個完整的脈絡統整，相信從前面一路學習到這個章節之後，你對於 React 的畫面管理機制以及背後的思想、策略、實踐手段都能有一定的認識，也累積了堅實的基本功來作為後續進階觀念的前提脈絡。

如何在子 component 裡觸發更新父 component 的資料

　　React 遵循單向資料流的概念來實踐資料以及畫面的管理，並且透過 component 的設計來將畫面拆分並重用。然而很多剛學習 React 的新手在學習拆分和管理 component 時都會遇到一個問題，就是不知道要如何「在子 component 裡觸發更新父 component 的資料」。在本章節中，我們就來稍微探討一下在 React 中如何正確且安全的處理這個常見的需求，並同時維持單向資料流的可靠性。

觀念回顧與複習

▶ Component 的 props 是唯讀且不可被修改的。

▶ Component 的 props 可以用來傳遞任何型別的資料。

▶ 父 component re-render 時會連帶觸發子 component 的 re-render。

章節學習目標

▶ 了解為什麼 React 並沒有子 component 向上溝通父 component 的專門機制。

▶ 了解如何正確的在子 component 中觸發更新父 component 的 state 資料。

3-1-1 React 並沒有子 component 向上溝通父 component 的專門機制

要真正了解如何解決「在子 component 裡觸發更新父 component 的資料」這個問題之前，我們必須先對 React 本身所擁有的機制有正確的認識。以結論來説，**其實 React 並沒有設計任何針對子 component 去向上溝通或更新父 component 資料的專門機制或是規則**。這可能會讓一些 React 的初學者感到有些意外，那麼當我們將 state 定義在父 component 中，而實際觸發資料更新的事件卻定義在子 component 內時，該怎麼處理這個情境呢？

在正式解答這個問題之前，我們先來複習或了解一些與該問題相關的前提機制和觀念：

Props 是唯讀且不可被修改的

在前面的章節 2-7 中，曾提及 props 是父 component 向子 component 傳遞資料的一種管道。而為了維護單向資料流的可靠性，props 在子 component 中是不可以被修改的。

因此，當我們希望在子 component 中去發起更新父 component 的資料時，**直接去修改 props 資料顯然是完全不可行的手段**。這麼做不但會破壞單向資料流的可靠性以及可預期性，也無法正確的觸發父 component 的 re-render 來更新畫面。

setState 方法可以透過 props 被傳遞

在前面的章節 2-8 中，曾介紹過 state 的概念以及 setState 方法的基本使用。我們必須透過呼叫 useState 所回傳的 setState 方法才能合法的更新 state 資料，並觸發 re-render 來完成畫面的更新。

當我們進行 component 的拆分與組合時，可能會遇到需要將 state 定義在父 component，而資料更新的事件觸發卻定義在子 component 的情況。由於 setState

方法是一個普通的 JavaScript 函式，因此當然也可以作為 props 的值來傳遞給子 component。讓我們透過以下的範例來演示：

⚛ **Counter.jsx**

```jsx
1  import { useState } from 'react';
2  import CounterControls from './CounterControls';
3
4  export default function Counter() {
5    const [count, setCount] = useState(0);
6    return (
7      <div>
8        <p>Counter value: {count}</p>
9        <CounterControls count={count} setCount={setCount} />
10     </div>
11   );
12 }
```

> 將用來更新 count state 的 setCount 方法作為 prop 的值傳給子 component

⚛ **CounterControls.jsx**

```jsx
1  export default function CounterControls({ count, setCount }) {
2    const decrement = () => setCount(count - 1);
3    const increment = () => setCount(count + 1);
4    const resetCounter = () => setCount(0);
5
6    return (
7      <div>
8        <button onClick={decrement}>-</button>
9        <button onClick={increment}>+</button>
10       <button onClick={resetCounter}>reset</button>
11     </div>
12   );
13 }
```

> 在子 component 裡的事件處理中呼叫由 props 傳遞下來的 setCount 方法

可以看到在以上的 counter 範例中，我們在父 component `Counter` 中定義了 count state 並且用於顯示，而負責使用者操作處理的畫面區塊則被拆分到獨立的子 component `CounterControls` 中。

在 `CounterControls` 所定義的畫面區塊中，我們希望能在按下這三個按鈕時，分別使 count state 的值發生對應的更新處理。為此，我們需要在子 component

`CounterControls` 中的事件處理去觸發更新 count state 的值。而 `setState` 方法是 state 資料唯一合法的更新手段，因此我們必須想辦法讓子 component `CounterControls` 能夠取得來自 `Counter` component 的 `setCount` 方法。

在 React 中，將父 component 中的值傳遞給子 component 最主要的合法手段就是 props（還有另一種合法手段是 context），而就如同前面章節 2-7 中所提到過的，React 對於 component props 允許傳遞的資料型別並沒有任何限制，因此身為普通 JavaScript 函式的 `setState` 方法當然也是一個合法的 prop 值。我們可以透過 props 來傳遞 `setState` 方法，或是任何二次封裝過、包含呼叫 `setState` 的函式，並於子 component 中呼叫。

因此在這個範例中，我們可以在 `Counter` component 的畫面結構中呼叫 `CounterControls` 作為子 component，並將 count state 的更新方法 `setCount` 以 props 的形式傳遞給 `CounterControls`，最後在 `CounterControls` 內的事件處理中呼叫 `setCount` 方法。

呼叫 `setState` 方法時觸發 re-render 的 component 是固定的

而我們還可以從前述的情境中延伸出一個關於 `setState` 方法的重要觀念，就是「呼叫 `setState` 方法時觸發 re-render 的 component 是固定的」。我們可以透過呼叫 `useState` 這個 hook 來在 component 中定義一個 state，並從回傳值中取得更新該 state 的方法 `setState`。而這個 `setState` 方法只能用於更新該 state，無論這個 `setState` 是直接在原本定義的 component 中被呼叫，還是傳遞到任何其他的 component 中呼叫，或甚至傳遞到 React 以外的環境中呼叫，它都還是可以正常的更新原本對應的 state 資料，並觸發該 state 原來所屬的 component 進行 re-render。**這個行為不會因為呼叫 `setState` 時所在環境的不同而有所改變，也不會因為將 `setState` 包在其他的函式中再呼叫而有所改變。**

因此無論你是將 `setState` 方法從一個父 component 中傳遞到子 component 中去呼叫，還是傳遞到其他更深的孫代 component 中去呼叫，最後會觸發 re-render 的仍固定是這個 `setState` 方法對應的 state 所屬的 component。當然，當該 component 被 re-render 時，也會連帶 re-render 其包含的子 component。

承前文的範例，count state 是被定義在 `Counter` component 中，而該 state 對應的更新方法 `setCount` 被透過 props 傳遞到了子 component `CounterControls` 中，當我們在 `CounterControls` 的事件處理中呼叫這個 `setCount` 方法時，觸發 state 更新以及 re-render 的 component 仍然會是 `Counter`。

React 不存在並且也不需要「針對子 component 向上溝通父 component 的專門機制」

在瞭解了前面介紹的相關概念後，你就會發現一件事情：在結合「**`setState` 方法是一個函式，可以透過 props 傳遞到子 component**」以及「**`setState` 呼叫時所更新的 state 以及觸發 re-render 的 component 永遠是固定的**」這兩個現有機制之後，就已經剛好足以達成我們原本的需求「在子 component 中觸發更新父 component 的 state 資料」了。

上述的這兩個機制本身都不是為了「在子 component 中觸發更新父 component 的 state 資料」這個目的而特別設計的，它們是本來就存在於 component 以及 state 中的基本機制。這也是為什麼我們在章節的一開始就直接言明「React 其實並沒有設計任何針對子 component 去向上溝通或更新父 component 資料的專門機制或是規則」，因為 **React 中的這些基礎機制在交互配合時本來就足以讓我們做到這件事情，所以完全不需要特地為了這個需求設計專門的額外機制或規則。**

繼續延伸這個脈絡的話，你就會理解到，其實當我們在子 component 中呼叫一個由父 component 以 props 傳遞下來的 `setState` 方法時，React 根本不在乎這個動作觸發更新的是不是父 component 的 state，只是很普通的執行一個定義在某個 component 中的 state 所對應的 `setState` 方法而已，無論這個 `setState` 方法是定義於直接的父 component 還是任何其他地方，React 都不會對其進行任何特殊的行為或呼叫上的規則限制。

同樣的道理，當一個 component 的 state 所對應的 `setState` 方法被呼叫時，其實該 component 根本就完全不知道、也不在乎到底是由子 component 呼叫了這個函式，還是由任何其他地方呼叫了這個函式。React 並不會過問這個呼叫是從何而來，只會一視同仁的認為「`setState` 方法被呼叫了，所以根據傳入的參數來更新對應的 state 值，並且觸發該 state 所屬的 component 的 re-render」。

當然，React 也完全不在乎觸發 re-render 後會不會連帶 re-render 到觸發呼叫 `setState` 的子 component，因為這些基礎機制都完全不會針對「父子 component」這種關係或情境進行任何的特別處理，只是按照它們原本就有的機制行為在協同運作而已。

以結論來說，當你想要更新一個 component 的 state 資料時，只要想辦法在需要觸發這個更新的的地方取得該 state 的 `setState` 方法即可，這個機制的運作完全無關乎是否為子 component 觸發向上溝通的情境，也完全不受傳遞或取得 `setState` 方法的手段所影響。無論你是將 `setState` 方法透過 props 傳遞到子 component 的情境，還是透過 context 傳遞到任意一層孫代 component，又甚至是傳遞到 React 應用程式的外部環境中去執行（例如 Redux），只要這個 `setState` 方法能在你想要的地方被呼叫並且傳入一個新值，當初定義該 state 的 component 都能夠正確的更新 state 資料並且觸發 re-render。

3-1-2 在子 component 中觸發更新父 component 的 state 資料

接下來讓我們回到最原本的情境問題，我們該如何「在子 component 中觸發更新父 component 的 state 資料」？相信在學習了本章節前述的概念之後，你應該已經明白只需要做到兩件非常簡單的事情就可以滿足這個需求：

1. 將父 component 中的 state 所對應的 `setState` 方法直接（或是加一些邏輯封裝成一個自定義的新函式）透過 props 傳遞到子 component 中。

2. 在子 component 從 props 取得該 `setState` 方法（或是包含呼叫該 `setState` 方法的自定義函式），並於希望觸發資料更新的地方呼叫它。

就這麼簡單。你不用做任何額外的事情或遵守某些規則來「讓 React 觸發子 component 向父 component 溝通的特殊機制」，因為根本就不存在這種概念或機制。這只是很普通的去組合了 component 與 state 本來就擁有的兩個基本機制 —— 「`setState` 方法可以透過 props 被傳遞」以及「呼叫 `setState` 方法會更新的 state 和觸發 re-render 的 component 永遠都是固定的」。

最後讓我們透過另一個範例來演示本章節解析的這些概念：

⚛ App.jsx

```
1  import { useState } from 'react';
2  import Counter from './Counter';
3
4  export default function App() {
5    const [count, setCount] = useState(0);
6    const isCountOdd = (count % 2 === 1);
7    return (
8      <div>
9        <p>Counter 值是{isCountOdd ? '奇數' : '偶數'}</p>
10       <Counter count={count} setCount={setCount} />
11     </div>
12   );
13 }
```

> 將 count state 定義在父 component App 中，並將 count 狀態值以及 setCount 方法透過 props 向下傳遞給 Counter component

⚛ Counter.jsx

```
1  export default function Counter({ count, setCount }) {
2    const decrement = () => setCount(count - 1);
3    const increment = () => setCount(count + 1);
4
5    return (
6      <div>
7        <button onClick={decrement}>-</button>
8        <span>{count}</span>
9        <button onClick={increment}>+</button>
10     </div>
11   );
12 }
```

> 在子 component 裡的事件處理中呼叫由 props 傳遞下來的 setCount 方法

在這個範例中，我們將 count state 定義在父 component `App` 中，並將 state 的狀態值 `count` 以及 `setCount` 方法透過 props 向下傳遞給 `Counter` component。而在 `Counter` component 中，我們將透過 props 取得的 `setCount` 方法在按鈕點擊對應的事件處理中呼叫，來更新資料並觸發畫面的更新。

當我們點擊按鈕來觸發 `setCount` 方法後，你會發現在新一次的 render 中 `Counter` 所接收到的 `count` prop 的值也隨之更新了。這難道是因為呼叫 `setCount` 方法會直接修改 `Counter` 所接收到的 props 資料嗎？根據「props 是唯讀的」這條原則的話，很顯然的並不是如此。讓我們以流程圖的方式幫助理解這個範例執行的流程：

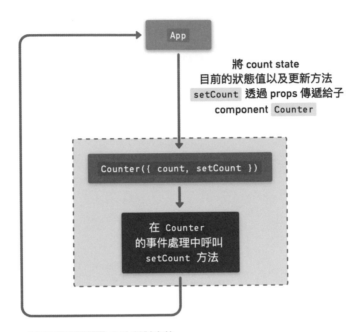

圖 3-1-1 在子 component 中觸發更新父 component 流程示意圖

如圖 3-1-1 中所示，這個流程的執行順序如下：

1. `App` component 的首次 render 時，會將 count state 的當前狀態值 `count`（因為是首次 render 所以就是初始值 `0`）以及其對應的 `setCount` 方法，以 props 的形式傳給子 component `Counter` 並連帶 render。

2. 在 `Counter` 中的事件處理呼叫了從 props 傳下來的方法 `setCount`。

3. `setCount` 方法對應了定義在 `App` component 中的 count state，因此會更新 count state 的資料並觸發 `App` 的 re-render。

4. `App` 重新 render 時會從 `useState` 方法中取得更新後的新版 state 值，然後以新的狀態值 `count` 以及其對應的 `setCount` 方法作為 props 連帶 re-render 子 component `Counter`。

5. `Counter` 被父 component 連帶觸發 re-render，接收到新的 `count` prop 並以該資料來產生新的畫面結果。

當你呼叫在子 component `Counter` 的事件處理中呼叫 `setCount` 方法時，由於這個 `setCount` 方法所對應的 state 屬於 `App` component，因此會觸發 count state 的值更新並 re-render `App` component。而當 `App` component 被 re-render 時，身為 `App` 的子 component 的 `Counter` 也就會被連帶觸發 re-render，此時 `App` 就會以更新後的新 state 狀態值來作為 props 傳遞給 `Counter` 重新 render 一次 component function。

這也是為什麼在 `Counter` 中呼叫 `setCount` 最後也會導致 `Counter` 本身以新版本的 props 資料被 re-render 的原因，**這是由幾個獨立的機制在連動之後恰好導致的結果：**

▶ 函式可以透過 props 傳遞：

  ▪ 所以可以將 `setState` 方法以 props 往下傳遞給子 component。

▶ 呼叫 `setState` 方法會更新的 state 以及觸發 re-render 的 component 是固定的：

  ▪ 所以傳給子 component 裡呼叫還是會觸發身為 state 定義處的父 component 的 re-render。

▶ 父 component re-render 時會連帶觸發子 component 的 re-render：

  ▪ 所以當我們在子 component 中呼叫來自父 component 的 `setState` 方法時，會觸發父 component 的 re-render，因此又剛好再次導致子 component 本身連帶以新版本的 props 資料被 re-render。

以上這些基礎機制都完全沒有針對子 component 向上溝通的情境做特殊行為或處理，純粹只是連動運作之後就可以達成我們對於這個情境的需求，並且完美的保持了單向資料流的一致性與可靠性。

章節重點觀念整理

▶ React 不存在並且也不需要「針對子 component 向上溝通父 component 的專門機制」：

- 函式可以透過 props 傳遞：

  ◦ 所以可以將 `setState` 方法以 props 往下傳遞給子 component。

- 呼叫 `setState` 方法會更新的 state 以及觸發 re-render 的 component 是固定的：

  ◦ 所以傳給子 component 裡呼叫還是會觸發身為 state 定義處的父 component 的 re-render。

- 父 component re-render 時會連帶觸發子 component 的 re-render：

  ◦ 所以當我們在子 component 中呼叫來自父 component 的 `setState` 方法時，會觸發父 component 的 re-render，因此又剛好再次導致子 component 本身連帶以新版本的 props 資料被 re-render。

- 結合以上的基礎機制就已經足以讓我們做到「子 component 向上溝通父 component」，所以完全不需要特地為了這個需求設計專門的額外機制或規則。

▶ 如何在子 component 中觸發更新父 component 的 state 資料：

1. 將父 component 中的 state 所對應的 `setState` 方法直接（或加一些邏輯包裝成自定義函式後）以 props 傳遞到子 component 中。

2. 在子 component 從 props 取得該 `setState` 方法（或是包含呼叫該 `setState` 方法的自定義函式），並於希望觸發父 component 資料更新的地方呼叫它。

章節重要觀念自我檢測

▶ 為什麼 React 並沒有而且也不需要子 component 向上溝通父 component 的專門機制？

▶ 如何在子 component 中觸發更新父 component 的 state 資料？

💡 **筆者思維分享**

有許多人會對於「React 是單向資料流的，資料只能由上層往下傳遞」以及「子 component 向上溝通父 component」這兩件事情感到矛盾，覺得 React 應該存在某種專門機制或特殊規則，來針對子 component 向上更新父 component 資料的動作進行「打破單向資料流的特例處理」。

不過事實上這種特殊機制壓根兒就不存在於 React 之中。React 以一些相當簡單的 state 核心機制設計就能在維持單向資料流的情況下輕鬆滿足這個需求：

▶ 使 state 必須依賴於 component，綁定在固定的 component 身上。

▶ 規定 state 只能以對應提供的 `setState` 方法來更新資料，並綁定觸發更新畫面的機制（reconciliation）。

▶ 讓 `setState` 方法可以在被傳遞到定義時的 component 之外也能維持執行效果，仍然可以正常的更新原本對應的 state 以及所屬 component 的 re-render。

在 state 擁有這些基礎機制的情況下，我們可以透過隨意傳遞 `setState` 方法來在任何地方都能夠更新 state 並觸發 component 的 re-render。因此這個資料流的機制對於 React 來說，其實並不會判斷出這是一次「子 component 對父 component 的溝通」，而純粹只是「接收到了不知道哪裡天外飛來的資料更新請求」而已。無論是何處呼叫了 `setState` 方法，對於 state 原本所屬的 component 來說都只是憑空接收到了新資料，然後重新層層往下傳遞 props 並 render 子 component 而已，所以資料流在概念上仍維持永遠都是由上往下傳遞的。

3-2

深入理解 batch update 與 updater function

在前面的章節中我們已經充分的了解到，當呼叫 `setState` 方法時就會觸發該 state 所屬 component 的 re-render 以進行畫面的更新。然而當我們呼叫 `setState` 之後如果立刻再次呼叫 `setState` 呢？這個章節將會進一步解析關於 `setState` 方法的運作機制與相關特性。

觀念回顧與複習

▶ 呼叫 state 的 `setState` 方法時會觸發 component 的 re-render。

章節學習目標

▶ 了解 React 的 batch update 機制。

▶ 了解 `setState` 的 updater function 用法與機制。

3-2-1 Batch update

當我們呼叫 `setState` 方法時，會觸發 component 的 re-render 而使得畫面完成更新。然而 re-render 的觸發其實並不是立即的，也就是說當呼叫 `setState(newValue)` 的這行執行完畢並開始進行下一行時，**其實 re-render 的動作還沒有真正開始**。在以下的範例中，我們嘗試在同一個事件處理中連續多次呼叫 `setState` 方法，但你會發現最後**實際上 re-render 只會發生一次**：

```
     ⚛ Counter.jsx

1    import { useState } from 'react';
2
3    export default function Counter() {
4      const [count, setCount] = useState(0);
5      const handleButtonClick = () => {
6        setCount(1);
7        // 執行到這裡時，其實 re-render 的動作還不會開始
8
9        setCount(2);
10       // 執行到這裡時，其實 re-render 的動作還不會開始
11
12       setCount(3);
13       // 執行到這裡時，這個事件已經沒有其他程式需要執行了，開始進行一次 re-render
14     };
15
16     // ...
17   }
```

　　React 會在你正在執行的事件內的所有程式都結束後，才會開始進行 re-render 的動作。這就是為什麼在上面的範例中，當 `handleButtonClick` 裡的所有 `setState` 都呼叫完之後，component 才真正開始進行 re-render。**當我們每次呼叫 `setState` 方法時，React 會將呼叫的動作依序紀錄到一個待執行計算的佇列（queue）中，最後合併試算並只進行一次的 re-render** 來完成畫面的更新。這有點像是當我們編輯一篇部落格文章時，在編輯器中可以先多次的任意刪改當下的草稿內容，但並不會立即的生效，直到你最後一次性的正式按送出時，才會以最後版本的內容來真正執行保存。

　　在以下的範例中，我們連續呼叫 `setState` 方法且每次都傳入不同的值：

```
1   import { useState } from 'react';
2
3   export default function Counter() {
4     const [count, setCount] = useState(0);
5     const handleButtonClick = () => {
6
7       setCount(1);                第一次呼叫時,將「把舊值取代為 1」這個動作加到待執行
8                                   佇列中,但還沒開始 re-render 也還沒真正更新 state 的值
9
10
11      setCount(2);                第二次呼叫時,將「把舊值取代為 2」這個動作加到待執行
12                                  佇列中,但還沒開始 re-render 也還沒真正更新 state 的值
13
14
15      setCount(3);                第三次呼叫時,將「把舊值取代為 3」這個動作加到待執行
16                                  佇列中,但還沒開始 re-render 也還沒真正更新 state 的值
17
18
19      // 執行到這裡時,這個事件 callback 已經沒有後續的事情需要處理了,
20      // 此時就會開始統一進行一次 re-render,
21      // 並且依序試算 count state 的待執行佇列的結果:
22      // 原值 => 把舊值取代為 1 => 把舊值取代為 2 => 把舊值取代為 3
23      // 因此最後會將 count state 的值直接更新成 3
24    };
25
26    // ...
27  }
28
```

⟡ Counter.jsx

當我們第一次點擊按鈕時,count state 並不會分別以 1、2、3 作為新值依序進行三次 re-render,而是**會從 0 在只經過一次 re-render 後直接被更新成 3**,如圖 3-2-1 中所示:

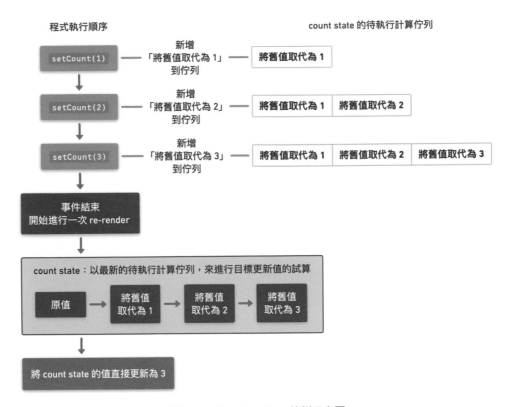

圖 3-2-1 Batch update 範例示意圖

　　這種「一個事件中多次呼叫 `setState` 方法時，會自動依序合併試算 state 的目標更新結果，最後統一只呼叫一次 re-render 來完成畫面更新」，藉由合併多次的 **re-render** 為單次來節省效能的機制，就被稱作「**batch update**」或是「**automatic batching**」。你不需要特別做任何的行為去觸發或啟動這種 batch update 機制，它是完全由 React 自動判斷並生效的。

防止以半成品的資料狀態進行 render

　　除了效能的改善之外，batch update 機制還能防止 component render 出「半成品」的資料狀態所對應的錯誤畫面。我們來看看以下範例：

```
Character.jsx
1   import { useState } from 'react';
2
3   export default function Character() {
4     const [positionX, setPositionX] = useState(0);
5     const [positionY, setPositionY] = useState(0);
6
7     const moveToBottomRight = () => {
8       setPositionX(positionX + 1);
9       setPositionY(positionY + 1);
10    };
11
12    // ...
13  }
14
```

> 如果沒有 batch update 機制，則當執行 setPositionX(positionX +1) 之後 component 就會先進行一次 re-render，但 positionY 的資料此時尚未更新，因此就會有一瞬間 render 了一個資料尚未完成更新完的對應錯誤畫面

在這個範例中，`Character` component 中以兩個 state `positionX` 以及 `positionY` 來儲存並共同表達角色的所在座標。當我們呼叫 `moveToBottomRight` 事件時，會連續呼叫 `setPositionX` 方法以及 `setPositionY` 方法來更新座標位置，使其「往右下方移動」。因此在這個事件處理中，X 座標的更新以及 Y 座標的更新在商業邏輯上其實是必須被捆綁在一起、被視為一個不可分割的操作，才能符合「往右下方移動」這個單位動作。

然而如果沒有 batch update 機制的話，則當執行 `setPositionX(positionX +1)` 這行之後 component 就會先進行一次 re-render，但此時的 re-render 中的 state 待執行計算的佇列中尚未包含 `setPositionY` 的動作，因此就會有一瞬間 render 出只有 X 座標有更新但 Y 座標未更新錯誤畫面。直到原事件執行完 `setPositionY(positionY +1)` 所觸發的第二次 re-render 時，才會重新 re-render 出包含座標 X、座標 Y 都正確更新的畫面。這種情況可能會導致使用者看到一閃而過的錯誤畫面。

即使不同 state 的 `setState` 交叉連續呼叫也會支援 batch update

值得注意的是，自動 batch update 並不是只有在連續呼叫同一種 state 的 `setState` 方法時才會生效，而是任何 state 所對應的 `setState` 方法混著互叫時都可以支援。

例如以下範例中，component 同時有 `count` 與 `name` 兩種 state，我們嘗試在同一個事件中連續且混著呼叫它們的 `setState` 方法：

```jsx
 1  import { useState } from 'react';
 2
 3  export default function App() {
 4    const [count, setCount] = useState(0);
 5    const [name, setName] = useState('Zet');
 6
 7    const handleClick = () => {
 8      setCount(1);
 9      setName('Foo');
10      setName('Bar');
11      setCount(2);
12      setCount(3);
13    };
14
15    // ...
16  }
17
```

> 這些多次且混用的 setState 方法呼叫，總共只會導致觸發一次 re-render：「以 3 作為 count state 的最後更新結果，且同時以 'Bar' 作為 name state 的最後更新結果」

這個事件處理中雖然交叉的呼叫了兩個不同 state 的 `setState` 方法，但最後總共只會觸發一次的 re-render：以 `3` 作為 count state 的最後更新結果，且同時以 `'Bar'` 作為 name state 的最後更新結果。

React 18 對於 batch update 的全面支援

然而在 React 18 之前的版本中 (≤ 17)，只有直接寫在 event handler 函式中的 `setState` 方法呼叫才支援 batch update。如果在一些非同步事件中去多次呼叫 `setState` 方法的話，仍會多次觸發 re-render。例如以下的範例中，我們在 promise 的 callback 中呼叫 `setState` 方法三次，就會導致 component 連續 re-render 三次，而不會自動支援 batch update：

⚛ Counter.jsx

```
1   // React 版本 <= 17 時
2   import { useState } from 'react';
3
4   export default function Counter() {
5     const [count, setCount] = useState(0);
6     const handleButtonClick = () => {
7       fetchSomething().then(() => {
8         setCount(1);
9         setCount(2);
10        setCount(3);
11
12        // 此時會為了上面的三次 setState 分別依序進行 re-render，共三次 re-render，
13        // 無法自動支援 batch update
14      });
15    };
16
17    return (
18      <button onClick={handleButtonClick}>
19        click me
20      </button>
21    );
22  }
```

> 在 React 版本 <= 17 時，如果像這樣沒有直接在 event handler 函式中呼叫，而是在 promise 等非同步處理的 callback 裡呼叫的話，就無法支援 batch update

其他還有像是在 `setInterval`、`setTimeout` callback…等非同步處理中連續呼叫 `setState` 方法的話，React ≤ 17 的舊版本都無法在這些情境支援自動的 batch update 機制。

不過好消息是從 React 18 開始，React 將會對於**所有情境**下的 `setState` 都完整支援自動 batch update：

```jsx
⚛ Counter.jsx

1   // React 版本 >= 18 時
2   import { useState } from 'react';
3
4   export default function Counter() {
5     const [count, setCount] = useState(0);
6     const handleButtonClick = () => {
7       fetchSomething().then(() => {
8         setCount(1);
9         setCount(2);
10        setCount(3);
11
12        // 此時 React 會以 3 作為 setCount 的更新結果，只進行一次 re-render
13      });
14    };
15
16    return (
17      <button onClick={handleButtonClick}>
18        click me
19      </button>
20    );
21  }
```

> 在 React 版本 >= 18 時，即使像這樣在 promise 等非同步處理的 callback 裡呼叫，仍然可以自動支援 batch update

因此從 React 18 開始，我們可以放心的在任何地方連續呼叫 `setState` 方法，React 將會全面性的自動支援 batch update。

但是如果我不想要 batch update 時怎麼辦：
`flushSync()`

在絕大多數情況下，自動 batch update 的機制對於你的 React 應用程式都是安全且符合預期行為的。如果你因為一些商業邏輯而在一次 callback 事件中多次呼叫了 `setState` 方法，我們其實通常都不在乎（甚至是希望避免）過程中間那幾次 `setState` 呼叫是否會立即的更新到瀏覽器畫面上，而是只在乎所有 `setState` 都執行完成後的最後結果畫面是否正確的與資料對應就好。因此 React 在預設情況下會將事件中所有的 `setState` 都進行合併計算處理，並以結果來只執行一次 re-render 完成畫面更新。此時自動 batch update 的機制就是符合預期的行為，你不需要有任何額外的處理，React 就會幫你搞定。

不過在某些特殊的需求下，你有可能會有想要在一次 `setState` 方法的呼叫後立即觸發 re-render，並立刻觀察這次 re-render 所造成的實際 DOM 畫面結果。為此 React 18 也提供了一個叫 `flushSync` 的新 API 來支援這種情境需求，只要你將 `setState` 方法的呼叫放進 `flushSync()` 的 callback 函式之中，React 就會以同步的方式立即性的觸發 component 的 re-render 並且完成實際 DOM 的操作更新：

```jsx
1  // React 版本 >= 18 時
2  import { useState } from 'react';
3  import { flushSync } from 'react-dom';
4
5  export default function App() {
6    const [count, setCount] = useState(0);
7    const [name, setName] = useState('Zet');
8
9    const handleClick = () => {
10     flushSync(() => {
11       setCount(1);
12       // 此時會先為了這個 flushSync 裡呼叫的 setState 進行一次 re-render
13     });
14
15     // 執行到這裡時，React 已經執行完畢上面那次 setCount(1)
16     // 所觸發的 state 更新以及 re-render，且實際的 DOM 已經被操作更新完畢了
17
18     flushSync(() => {
19       setName('Foo');
20       // 此時會為了這個 flushSync 裡呼叫的 setState 再進行一次 re-render
21     });
22
23     // 執行到這裡時，React 已經執行完畢上面那次 setName('Foo')
24     // 所觸發的 state 更新以及 re-render，且實際的 DOM 已經被操作更新完畢了
25   };
26
27   // ...
28 }
```

> 注意：是從 **react-dom** 裡 import，而不是 **react**

🌀 App.jsx

需要特別注意的是，雖然當 `flushSync()` 執行完畢時也代表了其中的 `setState` 方法所對應的 re-render 也已經執行完畢，但是此時當你接著去讀取 `useState` 回傳的 state 值時，你會發現它的值仍然會是還沒被更新的原值。這是因為此時正在執行中的 `handleClick` 事件是基於 state 尚未被更新的那一次 render 所建立的，而**在同一次 render 中，state 的值是永遠不變的**：

```jsx
⚛ Counter.jsx

1  import { useState } from 'react';
2  import { flushSync } from 'react-dom';
3
4  function Counter() {
5    const [count, setCount] = useState(0);
6    const handleClick = () => {
7      flushSync(() => {
8        setCount(1);
9        // 此時會先為了這個 flushSync 裡面所呼叫的 setState 進行一次 re-render
10     });
11
12     // 執行到這裡時，React 已經執行完畢上面那次 setCount(1)
13     // 所觸發的 state 更新以及 re-render，且實際的 DOM 已經被操作更新完畢了
14
15     console.log(count); // 0
16   };
17
18
19   // ...
20 }
```

> 當初始畫面時點擊觸發 handleClick 的話，此時讀取 count 變數的值仍然會是 0，這是因為此時正在執行中的 handleClick 事件是基於 count 仍是 0 的那次 render 所建立的

這代表著你只有在新一次執行的 **render** 當中才會從 `useState` 中取得對應的新版本的值。在後續的章節中也會進一步深入探討這個關於 render 的資料流概念。

3-2-2 Updater function

前面我們詳細的解析了有關於連續呼叫 `setState` 方法時的自動 batch update 機制。承此脈絡，我們來探討看看一個延伸的情境：如果我們想基於 state 原有的值去計算新值並連續的呼叫 `setState` 方法的話該怎麼做？

我們先來看看以下的範例。這個範例嘗試以目前原有的 `count` 值去做遞增累加，並且希望每次點擊按鈕時就會連續累加 +1 三次。你可能會預期當初始畫面中的按鈕被點擊時，counter 會從初始值 `0` 被 +1 三次，總共 +3 所以更新結果是 `3`：

```jsx
⚛ Counter.jsx

1  import { useState } from 'react';
2
3  function Counter() {
4    const [count, setCount] = useState(0);
5    const handleButtonClick = () => {
6      setCount(count + 1);
7      setCount(count + 1);
8      setCount(count + 1);
9    };
10
11   return (
12     <>
13       <h1>{count}</h1>
14       <button onClick={handleButtonClick}>+3</button>
15     </>
16   )
17 }
```

以當前的 count 值去做遞增累加，並且希望每次點擊按鈕時就會連續累加 +1 共三次

但實際執行起來並非如此，而是只會 +1，更新後的結果是 1：

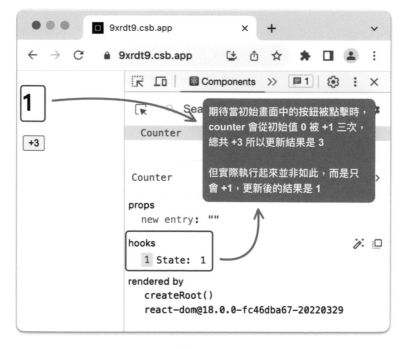

期待當初始畫面中的按鈕被點擊時，counter 會從初始值 0 被 +1 三次，總共 +3 所以更新結果是 3

但實際執行起來並非如此，而是只會 +1，更新後的結果是 1

圖 3-2-2

這是因為每一次的 render 都有它自己版本的 state 值，**同一次 render 中的 state 值是固定且永遠不變的**。因此你可以想像 Counter component 在首次 render 時，`count` 變數其實可以視為一個值為 `0` 的常數：

```jsx
import { useState } from 'react';

export default function Counter() {
  // 以下這段程式是在示意 count state 的值是 0 的時候的 render 過程

  const count = 0;           // 示意從 useState 取出的當前 state 值

  const handleButtonClick = () => {
    setCount(count + 1);     // 由於 closure 的特性，這個函式
    setCount(count + 1);     // 作用域中的 count 變數的值永遠
    setCount(count + 1);     // 都會是 0
  };

  // ...
}
```

在這個範例中，初始狀態的 render 時 `count` 的值是 `0`，而 render 的過程中 component 裡建立了 `handleButtonClick` 函式，並在函式中使用了 `count` 變數。而由於 JavaScript 本身的 closure 特性，這個 `handleButtonClick` 函式作用域中的 `count` 變數的值永遠都會是 `0`。

當我們觸發這個事件函式，並第一次執行 `setCount(count + 1)` 後，這個 `handleButtonClick` 仍然會繼續執行，它仍是由原本的 render 裡所建立的函式，所以此時在這個函式的作用域中的 `count` 變數的值當然也仍是原本的值 `0`。因此，這三次 `setCount` 所做的事情其實就等同於連續呼叫了三次 `setCount(0 + 1)`：

```jsx
1  import { useState } from 'react';
2
3  export default function Counter() {
4    // 以下這段程式是在示意 count state 的值是 0 的時候的 render 過程
5
6    const count = 0;
7
8    const handleButtonClick = () => {
9      setCount(0 + 1);
10
11
12
13     setCount(0 + 1);
14
15
16
17     setCount(0 + 1);
18
19
20     // 執行到這裡時，這個事件 callback 已經沒有後續的事情需要處理了，
21     // 此時就會開始統一進行一次 re-render，
22     // 並且依序試算 count state 的待執行佇列的結果：
23     // 原值 => 把舊值取代為 1 => 把舊值取代為 1 => 把舊值取代為 1
24     // 因此最後會將 count state 的值更新成 1
25    };
26
27    // ...
28  }
```

Counter.jsx

> 示意初始 render 時從 useState 取出的當前 state 值

> 第一次呼叫 setCount 時，將「取代為 1」這個動作加到待執行佇列中

> 第二次呼叫 setCount 時，將「取代為 1」這個動作加到待執行佇列中

> 第三次呼叫 setCount 時，將「取代為 1」這個動作加到待執行佇列中

所以這三次 `setState` 的呼叫其實都有正常的執行到，只是實際上它們三次執行時傳入的資料都是 `0 + 1`，所以最後 `setCount` 的待執行佇列的試算結果當然也就會是 `1`。

而解決這種需求的方法很簡單，就是改以 **updater function** 的形式來進行 `setState` 方法的呼叫。

> **⚛ 小提示**
>
> 如果你對於上面所描述的「由於**JavaScript** 本身的 **closure** 的特性，這個 `handleButtonClick` 函式作用域中的 `count` 變數的值永遠都會是 **0**」這種行為一頭霧水的話，有可能是因為對於 JavaScript 的核心特性「closure（閉包函式）」還沒有很熟悉。非常建議先將其徹底弄懂再繼續進行 React 的學習，因為 React 本身的核心概念與設計當中大量的應用了這個 JavaScript 的特性。

以 updater function 來進行 `setState` 方法的呼叫

`useState` 所提供的 `setState` 方法，在呼叫時除了可以直接傳入目標的新值作為參數以外，其實也可以傳入一個 updater function 作為參數：

```
setState(prevValue => prevValue + 1);
```

這個 updater function 會在到時候實際執行時被注入 state 舊有的值作為參數，然後必須回傳一個新的值。一個 updater function 意謂著你告訴 React 這次 `setState` 的資料動作是想要「以目前為止的原資料經過某些計算後產生新的資料」，而非「直接取代為某個值」。

當然，當我們以 updater function 來呼叫 `setState` 方法時，這個 updater function 並不會立即的被執行，而是會像之前直接傳值時一樣，被記錄到一個 state 更新動作的待執行佇列中。不同的是，此時紀錄的內容會是這個 updater function 本身。為了方便表示，以下我們會用 n 這個變數名來代稱「updater function 注入的參數」：

```
Counter.jsx
1  import { useState } from 'react';
2
3  export default function Counter() {
4    const [count, setCount] = useState(0);
5
6    const handleButtonClick = () => {
7      setCount(n => n + 1);         第一次呼叫 setCount 時，將「n => n + 1」
8                                    這個動作加到待執行佇列中
9
10
11     setCount(n => n + 1);         第二次呼叫 setCount 時，將「n => n + 1」
12                                   這個動作加到待執行佇列中
13
14
15     setCount(n => n + 1);         第三次呼叫 setCount 時，將「n => n + 1」
16                                   這個動作加到待執行佇列中
17
18     // 執行到這裡時，這個事件 callback 已經沒有後續的事情需要處理了，
19     // 此時就會開始統一進行一次 re-render，
20     // 並且依序試算 count state 的待執行佇列的結果：
21     // 原值 => 「n => n + 1」 => 「n => n + 1」 => 「n => n + 1」
```

```
22    };
23
24    // ...
25  }
```

在這個範例中，當你點擊按鈕時並執行到 `setCount(n => n + 1)` 時，你傳入的 updater function `n => n + 1` 並**不會立即被執行**，而是會先將這個函式加入該 state 的待執行佇列中，直到這個事件結束之後並且觸發 component 的 re-render 時，state 才會以待執行佇列中的動作依序執行來計算出新的值，如圖 3-2-3 所示：

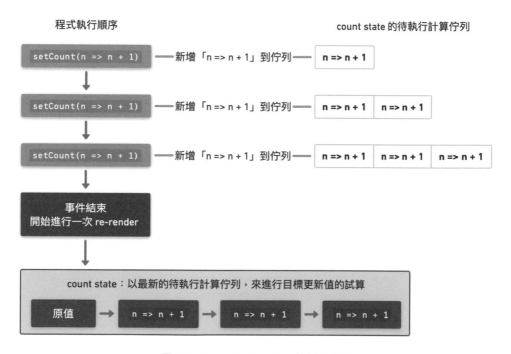

圖 3-2-3 Updater function 範例示意圖

當第一個 updater function 計算時，會將目前 render 的 state 值傳作參數 `n` 來傳入，而這個 updater 產出的計算結果又會成為佇列中下一個 updater function 的參數 `n`。

舉例來說，當 count state 的值是 `0` 時，`0` 就會被當作第一個 updater `n => n + 1` 的參數注入，所以運算結果是 `0 + 1 = 1`，接著這個結果 `1` 又會被當下一個 updater function 的參數 `n`，所以第二個 updater function 的計算結果是 `1 + 1 = 2` …以此類推，如圖 3-2-4 所示：

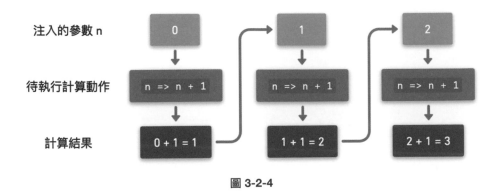

注入的參數 n　　　0　　　1　　　2

待執行計算動作　　n => n + 1　　n => n + 1　　n => n + 1

計算結果　　0 + 1 = 1　　1 + 1 = 2　　2 + 1 = 3

圖 3-2-4

如此一來，我們就能透過 updater function 的方式來進行 `setState` 的連續呼叫計算。

需要特別注意的是，為了保證 updater function 每次執行的效果一致並且不會因為多次執行而導致預期外的影響，所以它必須是一個「純函式」，其中不應該包含任何副作用。在嚴格模式中，React 會在每次執行 updater function 時都自動重複跑兩次（但是會採用第一次的執行結果，丟棄第二次的執行結果），以協助你檢查到其可能包含的副作用。

> **? 詞彙解釋**
>
> 「副作用（side effect）」在程式設計中指的是一個函式在執行過程中，對函式的外部環境有任何的互動或修改。這包括但不限於修改外部變數、進行 I/O 操作、更改外部狀態等等。副作用使得一個函式的行為以及其造成的影響變得不可預測，並且可能會隨著執行次數的不同而產生不同的執行效果。在 JavaScript 中，修改函式作用域外的變數、修改瀏覽器的 DOM 結構、發起一個對伺服器 API 請求…等都是常見的副作用行為。
>
> 而純函式（pure function）指的是一個函式不包含任何的副作用，且給定相同的輸入時，將永遠回傳相同的輸出。這樣的特性使得這些函式更容易推理和測試。
>
> 不過在很多實際的應用程式中，某些情況下副作用是不可避免的，例如：讀寫資料庫、讀寫檔案、網路通訊請求等。重要的是，開發者應該清楚的知道哪些操作會產生副作用，並妥善管理和控制它們，以確保程式的正確性和可靠性，而我們也會在後續的章節進一步探討在 React 中應該如何合法且妥善的管理會產生副作用的行為。

以取代值與 updater function 的動作交叉呼叫 `setState`

然而如果我們交叉以普通的取代值以及 updater function 來呼叫 `setState` 方法的話，會發生什麼事情呢？觀察以下的範例：

```jsx
import { useState } from 'react';

export default function Counter() {
  const [count, setCount] = useState(0);
  const handleButtonClick = () => {

    setCount(count + 3);            第一次呼叫時，將「取代為 count + 3」
                                    這個動作加到待執行佇列中

    setCount(n => n + 5);           第二次呼叫 setCount 時，將「n => n + 5」
                                    這個動作加到待執行佇列中

    // 執行到這裡時，這個事件 callback 已經沒有後續的事情需要處理了，
    // 此時就會開始統一進行一次 re-render，
    // 並且依序試算 count state 的待執行佇列的結果：
    // 原值 => 「取代為 count + 3」 => 「n => n + 5」
  };

  // ...
}
```
（Counter.jsx）

「取代為某個值」的計算結果也會作為下一個 updater function 的參數 `n` 來傳入。我們一樣以 count state 的值是 `0` 的時候為例：

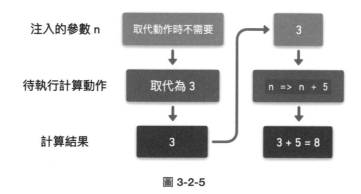

圖 3-2-5

當然，如果你在 updater function 之後有取代的動作，就會直接覆蓋過去：

```jsx
import { useState } from 'react';

export default function Counter() {
  const [count, setCount] = useState(0);
  const handleButtonClick = () => {

    setCount(count + 3);          第一次呼叫時，將「取代為 count + 3」
                                  這個動作加到待執行佇列中

    setCount(n => n + 5);         第二次呼叫 setCount 時，將「n => n + 5」
                                  這個動作加到待執行佇列中

    setCount(100);                第一次呼叫時，將「取代為 100」這個動作
                                  加到待執行佇列中


    // 執行到這裡時，這個事件 callback 已經沒有後續的事情需要處理了，
    // 此時就會開始統一進行一次 re-render，
    // 並且依序試算 count state 的待執行佇列的結果：
    // 原值 => 「取代為 count + 3」 => 「n => n + 5」=> 「取代為 100」
  };

  // ...
}
```

一樣以 count state 的值是 `0` 的時候為例：

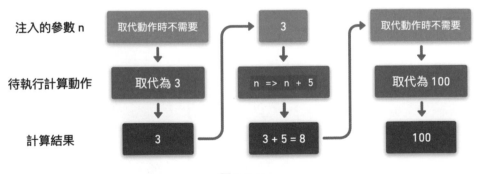

圖 3-2-6

可以從圖 3-2-6 中的流程示意圖看到，雖然前面兩個動作的計算結果是 **8**，但是由於第三個動作是「取代為 **100**」，因此在執行之後結果就會直接覆蓋為 **100**。

適合使用 updater function 的情境案例

讓我們來看一個適合使用 updater function 來更新 state 的情境範例。基於前面在章節 3-1 中曾出現過的一個範例，在父 component **App** 中定義了 count state，並且由子 component 負責來觸發更新 state：

⚛ **App.jsx**

```jsx
1  import { useState } from 'react';
2  import CounterControls from './CounterControls';
3
4  export default function App() {
5    const [count, setCount] = useState(0);
6    return (
7      <div>
8        <p>Counter value: {count}</p>
9        <CounterControls setCount={setCount} />
10     </div>
11   );
12 }
```

> 不需要傳遞目前 render 的 count 值給 CounterControls

⚛ **CounterControls.jsx**

```jsx
1  export default function CounterControls({ setCount }) {
2    const decrement = () => setCount(prevCount => prevCount - 1);
3    const increment = () => setCount(prevCount => prevCount + 1);
4    const resetCounter = () => setCount(0);
5
6    return (
7      <div>
8        <button onClick={decrement}>-</button>
9        <button onClick={increment}>+</button>
10       <button onClick={resetCounter}>reset</button>
11     </div>
12   );
13 }
```

> 以 updater function 來 setState 的話，就可以不需要來自父 component 的 count prop

如以上範例中所示，當我們在子 component 中以 updater function 來呼叫 `setCount` 方法時，就可以在不需要父 component 傳遞 `count` prop 的情況下，依然能根據既有的 state 值來延伸計算並更新 state，例如 `prevCount => prevCount + 1`。因此，在父 component `App` 中我們就可以不用傳遞 `count` prop 下去給 `CounterControls`，而是只需要傳遞 `setCount` 方法即可。

章節重點觀念整理

▶ Batch update 是指當一個事件中多次呼叫 `setState` 方法後，React 會自動的統一只呼叫一次 re-render 來完成畫面更新，**藉由合併多次的 re-render 為單次來節省效能**的機制。

▶ 在大多數情況下，全自動的 batch update 都是符合預期的行為，而當你有特殊需求希望避免 batch update 時，可以使用 `flushSync` 方法來達到。

▶ `setState` 方法可以透過呼叫時傳入一個 updater function 作為參數（例如 `n => n + 1`），來根據舊有的 state 值延伸計算並更新 state。你可以透過 updater function 來連續呼叫 `setState` 方法進行 state 的累計更新。

章節重要觀念自我檢測

▶ 什麼是 batch update ？

▶ 如果想要手動指定某些 `setState` 方法的呼叫不要 batch update 時，可以怎麼做？

▶ 什麼是 updater function ？比起直接指定新的 state 值來說有什麼好處？

參考資料

▶ https://github.com/reactwg/react-18/discussions/21

▶ https://react.dev/learn/queueing-a-series-of-state-updates

3-3

維持 React 資料流可靠性的重要關鍵：immutable state

在 React 當中，state 可以存放 JavaScript 中的任何資料型別，不只是字串、數字等直接可以表示值的型別，當然也支援物件或陣列這種以參考（reference）來存取的資料型別。

然而，在 React 中當我們想更新物件或陣列型別的 state 時，你不應該直接去修改舊有的物件或陣列的內容，而是應該根據你的更新需求去產生一個全新的物件或陣列。這聽起來可能有點難理解是什麼意思，接下來本章節將配合範例來進行深入的探討。

觀念回顧與複習

▶ State 是前端應用程式中用於記憶應用狀態的臨時、可更新資料，並且在更新資料後連動的更新對應的畫面。

▶ 呼叫 `setState` 方法並傳入新的 state 時，React 會以 `Object.is()` 檢查新舊 state 是否相同：

  ■ 如果判定相同則直接中斷後續流程。

  ■ 如果判定不同則觸發 component 的 re-render。

章節學習目標

▶ 了解在 JavaScript 的資料型別中，原始型別與物件型別的差異是什麼。

▶ 了解什麼是 mutate 以及 immutable。

▶ 了解為什麼我們必須在 React 中去保持 state 資料的 immutable。

3-3-1 什麼是 mutate

在 React 中，你可以儲存任何型別的資料到 state 中：

```
const [number, setNumber] = useState(0);
const [name, setName] = useState('React');
const [isActive, setIsActive] = useState(false);
```

其中數字、字串、布林值⋯等等在 JavaScript 中為「原始型別（**primitive**）」的資料是「不可變的（immutable）」的，意思是說這些值本身的內容其實本來就不能夠被「修改」，當你希望資料被更新時，只能「產生一個新的值來取代舊的」。

> **? 詞彙解釋**
>
> 在 JavaScript 中，「原始型別（**primitive**）」是指那些非物件且無法被修改的資料型別。這些資料被視為是基礎的資料類型，因為它們儲存的是值本身，而不是值的參考。JavaScript 的原始型別包括：String（字串）、Number（數字）、Boolean（布林值）、Undefined（未定義）、Null（空值）、Symbol（符號）和 BigInt（大整數）。不同於物件型別，原始型別的值在被賦予給其他變數時，會進行值的複製，而非參考複製。因此，當我們賦值給一個原始型別的變數時，該變數原有的值本身並不會受到修改，而只是從變數上被新的值所取代。

舉例來說，當你嘗試修改一個字串值的內容時，其實不會有任何反應，如圖 3-3-1 中所示：

```
> const str = 'React';
  str[0] = 'V';
  console.log(str);
  React
< undefined
>
```

圖 3-3-1

可以觀察到，當你嘗試修改 `str` 字串 index `0` 的內容時，這個操作無法讓 `str` 字串發生任何改變。因此當我們想要更新這段資料時，其實只能產生一個新的字串來取代舊的，如圖 3-3-2 中所示：

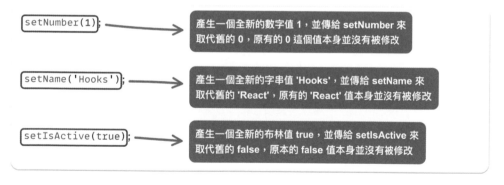

圖 3-3-2

此時我們做的行為是對 `str` 這個變數「**重新賦值**」，所以修改的是 `str` **這個變數指向的字串是誰**，而不是修改舊的字串 `'React'` 這個值本身的內容。

而在 React 中也一樣，當更新原始型別的 state 資料時，我們必須產生並指定一個新的值來取代舊的值：

`setNumber(1);`	產生一個全新的數字值 1，並傳給 **setNumber** 來取代舊的 0，原有的 0 這個值本身並沒有被修改
`setName('Hooks');`	產生一個全新的字串值 'Hooks'，並傳給 **setName** 來取代舊的 'React'，原有的 'React' 值本身並沒有被修改
`setIsActive(true);`	產生一個全新的布林值 true，並傳給 **setIsActive** 來取代舊的 false，原本的 false 值本身並沒有被修改

接著讓我們回到物件與陣列：

```
const position = { x: 0, y: 0 };
const names = ['React', 'Vue', 'Angular'];
```

在 JavaScript 中，物件與陣列是屬於以參考（reference）形式存在的資料，一個物件或陣列本身的內容是可變的（mutable），而這種修改其屬性或項目內容的操作就被稱為「mutate」：

```
position.x = 10;
names[0] = 'JavaScript';
```

當我們 mutate 變數中的一個物件或陣列時，這個變數的參考對象並不會改變，只是內容被修改而已。當你想要改變一個變數的參考對象，或是避免舊有的物件或陣列內容被修改到時，你應該產生一個全新的物件或陣列來取代舊有的。

📖 延伸閱讀

JavaScript data types and data structures - MDN docs

https://developer.mozilla.org/en-US/docs/Web/JavaScript/Data_structures

3-3-2 保持 state 的 immutable

然而，在 React 中我們**不應該去 mutate 一個物件或陣列型別的 state 資料**，而是應該與對待原始型別的值一樣，**產生一個新的物件或陣列去取代舊的**。相較於 mutable，這種「資料一旦被建立後就不會再被事後修改」的概念就稱之為「**immutable（不可變的）**」。

保持 state 資料的 immutable 是由 React 的核心設計所延伸出的重要守則。但是在 JavaScript 語言中，原始型別以外的陣列或物件型別都是 mutable、可被修改內容的。因此如果想要做到 immutable 的效果，我們就得自行以一些安全的手段來操作並建立新資料，而不是直接以 mutate 的方式修改舊資料的內容。

這是 React 中需要完全靠開發者自己手動維持並遵守的一個重要原則，也是 React 初學者很常在實際的 React 開發中因觀念理解不足而踩到的地雷。

我們在前面章節曾提及「React element 是在專門表示某個歷史時刻（某次 render 時）的畫面結構，所以一經建立後就不該再被修改」，而身為原始資料的 state 也是相同道理，是專門表示 component 在某個歷史時刻（某次 render 時）的狀態資料，因此同樣是一經建立後就不該再被修改的，否則有可能會導致資料流的可靠性被破壞，或是某些機制無法正常運作。

接下來就讓我們解析一下，如果我們不維持 state 的 immutable，可能會導致的實際問題。

呼叫 `setState` 方法時的資料新舊檢查需求

讓我們觀察這個嘗試 mutate 物件 state 資料的範例：

```jsx
App.jsx

1  import { useState } from 'react';
2
3  export default function App() {
4    const [position, setPosition] = useState({ x: 0, y: 0 });
5
6    const handleButtonClick = () => {
7      // ✘ 注意，以下是錯誤的 state 資料更新方式
8      position.x = 10;
9    };
10
11   return (
12     <div>
13       <div>position: {position.x}, {position.y}</div>
14       <button onClick={handleButtonClick}>click me</button>
15     </div>
16   );
17 }
```

> 在事件處理中以 **mutate** 的方式修改了既有的物件 **state** 資料的內容

在上面這段範例中，當我們點擊按鈕時會 mutate **position** 這個物件 state 的內容，然後你會發現在瀏覽器的畫面結果中沒有發生任何改變。這個時候你可能會覺得：「這是理所當然的吧，因為我們根本沒有呼叫 **setPosition** 方法來觸發這個 component 的 re-render 啊？」

不過即使我們加上呼叫 `setPosition` 的動作，你會發現仍然無法觸發畫面的更新。你可以透過下面的 demo 範例連結自己測試看看：

```jsx
⚛ App.jsx

1  import { useState } from 'react';
2
3  export default function App() {
4    const [position, setPosition] = useState({ x: 0, y: 0 });
5
6    const handleButtonClick = () => {
7      // ✖ 注意，以下是錯誤的 state 資料更新方式
8      position.x = 10;
9      setPosotion(position);
10   };
11
12   return (
13     <div>
14       <div>position: {position.x}, {position.y}</div>
15       <button onClick={handleButtonClick}>click me</button>
16     </div>
17   );
18 }
```

> 在事件處理中以 mutate 的方式修改了既有的 position 物件 state 的內容，即使加上呼叫 setPosition 的動作，你會發現仍然無法觸發畫面的更新

🔗 **Demo 原始碼連結**

Mutate 物件 state 範例後 setState 失敗範例

https://codesandbox.io/s/sm4cll?file=/src/App.jsx

如果你還記得的話，在章節 2-9 中的 reconciliation 流程裡，其中有一個步驟是：

「當我們呼叫 `setState` 方法來嘗試更新 state 資料時，React 會先透過執行 `Object.is()` 來檢查新傳入的 state 值與舊有的值兩者是否有所不同，**如果兩者相同的話則判定資料沒有更新所以畫面也不用更新，就會直接中斷接下來的流程。**」

而這正是為什麼上述範例中我們呼叫 `setPosition` 方法後什麼事情都沒發生的原因。當我們以 `position.x = 10` 來 mutate 既有的物件 state，並呼叫 `setPosition(position)` 時，傳入 `setPosition` 方法的參數仍是舊有那個物件參考。因此當 React 以 `Object.is()` 去判定 state 是否有改變的時候，就會因為傳

入 `setPosition` 方法的物件與原本 state 中存放的物件是同一個參考而判定相同，進而導致根本不會進行後續的 re-render 流程。

相反的，只要我們在呼叫 `setPosition` 方法時改傳入一個全新產生的物件，就能夠順利的觸發 re-render 了：

🟦 **App.jsx**

```jsx
import { useState } from 'react';

export default function App() {
  const [position, setPosition] = useState({ x: 0, y: 0 });

  const handleButtonClick = () => {
    const newPosition = { x: 10, y: 0 };
    setPosotion(newPosition);
  };

  return (
    <div>
      <div>position: {position.x}, {position.y}</div>
      <button onClick={handleButtonClick}>click me</button>
    </div>
  );
}
```

> 建立一個新的物件來作為新的 **state** 資料，而沒有修改既有的 **position** 物件

換句話說，**當 React 在 `setState` 方法被呼叫，嘗試判定一個物件或陣列 state 是否有改變時，只會看既有資料與新資料的參考是否相同，完全不會去檢查物件或陣列中的內容細節是否有變**。因此哪怕你傳給 `setState` 一個與原本資料的內容長得一模一樣但參考不同的新物件或陣列，React 也會判定資料有更新而繼續進行 re-render。

當資料發生更新時，React 其實不關心整包新資料與舊資料相比之下，具體是有哪些細節不同。你需要手動「通知」React（也就是開發者得自己呼叫 `setState` 方法），然後 React 才會知道該 `setState` 方法所對應的 state 資料希望發起更新，並觸發後續的畫面重繪流程。

過去 render 的舊 state 仍有被讀取的需求

在應用程式中的某些商業邏輯中，也可能會需要讀取過去 render 的舊 state 資料，如果我們隨便 mutate 過去的舊 state，就會導致這份資料的歷史紀錄丟失或被破壞。

其中一個常見的情境就是非同步事件處理。讓我們來看以下的範例：

```jsx
App.jsx

import { useState } from 'react';

export default function App() {
  const [player, setPlayer] = useState({
    position: { x: 0, y: 0 }
  });

  const moveToRight = () => {
    // ✘ 注意，以下是錯誤的 state 更新方法

    player.position.x += 1;

    setPlayer({ ...player });
  };

  const alertCurrentPosition = () => {
    setTimeout(
      () => {
        alert(`x: ${player.position.x}, y: ${player.position.y}`)
      },
      3000
    );
  }

  return (
    <div>
      x: {player.position.x}, y: {player.position.y}
      <div>
        <button onClick={moveToRight}>move to right</button>
        <button onClick={alertCurrentPosition}>
          alert current position
        </button>
      </div>
    </div>
  );
}
```

以 mutate 的方式修改了既有的物件 state 內容屬性

> 🔗 **Demo 原始碼連結**
>
> 在非同步事件的情境中 mutate 過去 render 的 state 會導致的問題
>
> https://codesandbox.io/s/jstzmm?file=/src/App.jsx

在這個範例中，定義了一個關於玩家資訊的物件 state 資料，裡面包含了一個 `position` 物件來存放玩家位置的 x 與 y 屬性。當使用者點擊「move to right」按鈕時，我們希望玩家的位置往正右方移動一格，因此會預期 x 的值比原來要多出 1，而 y 值保持不變。而當使用者點擊「alert current position」按鈕時，我們希望在三秒後以瀏覽器 alert 來顯示點擊此按鈕那瞬間的玩家位置資訊。

舉例來說，當玩家位置為 0, 0 時，我們會預期點擊 alert 按鈕的三秒後，固定會跳出 x: 0, y: 0 的 alert 資訊。然而當我們點擊 alert 按鈕的三秒內（在 alert 實際跳出之前）儘速將玩家位置向右移動後，例如説移動三次，你會發現最後跳出的 alert 內容是 x: 3, y: 0，而非預期行為的結果 x: 0, y: 0。

這就是因為在這段範例程式碼的第 11 行中，我們錯誤的去 mutate 了既有的物件 state 內容，導致每次更新 state 時，過去 render 的舊版 state 歷史資料也一併被修改到。在一般的同步事件處理中，我們大多都是在讀取最新 render 版本的 state 資料，因此即使錯誤的 mutate 了過去 render 版本的舊 state 資料，也會恰巧、運氣好的沒遇到問題。然而在像是此範例的 `setTimeout` 非同步事件中，該事件有可能在 component 已經發生 re-render 後才去讀取舊有 render 的 state 資料，此時就會使非同步事件讀取到的歷史資料是被竄改過的，進而導致商業邏輯出錯。

> 🤔 **常見誤解澄清**
>
> 要再次強調的是，此處提及的非同步事件只是其中一種 mutate state 可能會有問題的情境，而不是判斷需不需要做 immutable update 的依據。**無論一個 state 會不會被非同步的事件讀取，你都應該在所有情境中保持所有 state 的 immutable。**
>
> 當 state 資料是原始型別時，那麼它本來就是 immutable 的；而當資料是物件或陣列型別的，開發者必須自己有意識的手動維持 state 的 immutable。

另外一個常見的情境，則是應用程式本身就有讀取舊 render 資料來進行判斷或邏輯處理的需求時，例如文章編輯器中的 undo / redo 功能，或是監聽訂單狀態從 A 變為 B

時就要進行特定處理。這些情境中都會需要讀取過去的舊 render 時的 state 資料，因此如果這些既有的 state 資料被修改過的話，就無法正確呈現該資料的歷史狀態，進而導致依賴這些資料的邏輯無法正常運作。

React 效能優化機制的參考檢查需求

React 當中有許多的效能優化機制會依賴資料的參考相同與否來作為判斷依據，例如 `useEffect`、`useCallback`、`useMemo`、`React.memo`。因此當我們直接修改既有的物件或陣列 state 資料時，依賴該資料的效能優化機制可能不會意識到資料有所變化（因為只是內容變了，參考並沒有改變），進而錯誤的判斷是否能安全的觸發優化處理，最後導致機制的異常。因此，在 React 開發中去維持資料處於「只要參考沒變就代表內容沒變，只要參考有變就代表內容有變」的狀態是相當重要的。

章節重點觀念整理

▶ JavaScript 中的原始型別的資料本來就是 immutable 的，這些值本身的內容本來就不能夠被修改，而是只能「產生一個新的值來取代舊的」。

▶ 物件與陣列是屬於以參考（reference）形式存在的資料，一個物件或陣列本身的內容是可變的（mutable），而這種修改其內容的操作就被稱為「mutate」。

▶ React 中我們**不應該**去 **mutate** 一個物件或陣列型別的 **state** 資料，而是應該與對待原始型別的值一樣，**產生一個新的物件或陣列去取代舊的**。

▶ State 是用於表示 component 某個歷史時刻（某次 render）的狀態資料，是一經建立後就不該再被修改的，否則有可能會導致資料流的可靠性被破壞，或是某些機制無法正常運作：

  ■ 呼叫 `setState` 方法時的資料新舊檢查需求。

  ■ 過去 render 的舊 state 仍有被讀取的需求。

  ■ React 效能優化機制的參考檢查需求。

章節重要觀念自我檢測

▶ 在 JavaScript 的資料型別中，原始型別與物件型別的差異是什麼？

▶ 解釋什麼是 mutate 以及 immutable。

▶ 為什麼我們必須在 React 中去保持 state 資料的 immutable？

💡 **筆者思維分享**

Immutable state 絕對也是 React 在學習上的一大魔王門檻。在絕大多數尚未接觸過 React 的開發者的過往認知中，想要更新物件或陣列資料時，直接去 mutate 其內容是再直覺不過的一件事情，然而這在 React 的 state 管理中卻是需要刻意避免的，加上 immutable update 的操作並不是一件簡單易上手的事情，都導致了 immutable state 成為了擋在 React 初學者路上的一道巨大難關。

在筆者我擔任前端面試官的經驗中，還有另外一種很常見的情況，就是雖然面試者繳交的作業程式碼有正確的以 immutable 的方式來更新 state，但是當我詢問他這裡為什麼需要做 immutable update 時，許多人卻答不出個所以然，只能表示「習慣這樣做」或「大家都這麼做」。

這顯示了許多人對於「state 為什麼要保持 immutable」的觀念其實並沒有真正理解，只是在依樣畫葫蘆的操作而已。然而如正文中所述，React 中有許多情境或是機制其實會依賴於 state 的 immutable，因此這個核心觀念的不熟悉勢必也會導致延伸的觀念理解有缺陷，甚至影響到實際開發時的判斷。

3-4 Immutable update

透過上一個章節的解析，相信你已經了解到為什麼我們不應該在 React 中去 mutate state 的資料內容，而是應該以 immutable 的方式來更新 state 資料。而「immutable 的方式來更新」的確切意義，就是指**當我們想要更新資料時，必須去產生一個全新的物件或陣列來符合想要的資料內容，而不會去 mutate 原有的物件或陣列。**

這種 immutable 的資料操作方式可能跟過去你寫程式所習慣的方式不太一樣。本章節會介紹一些以 immutable 方式來更新物件與陣列的方法與技巧，而為了更單純的聚焦在 immutable 的資料操作本身，本章節的範例程式碼就不會特別限定在 React 的 state 情境，而是會針對「如何以 immutable 的方式從既有資料產生出新資料」這點來探討。

觀念回顧與複習

▶ JavaScript 中的原始型別的資料本來就是 immutable 的，這些值本身的內容本來就不能夠被修改，而是只能「產生一個新的值來取代舊的」。

▶ 物件與陣列是屬於以參考（reference）形式存在的資料，一個物件或陣列本身的內容是可變的（mutable），而這種修改其內容的操作就被稱為「mutate」。

▶ React 中我們不應該去 **mutate** 一個物件或陣列型別的 **state** 資料，而是應該與對待原始型別的值一樣，**產生一個新的物件或陣列去取代舊的**。

章節學習目標

▶ 了解物件與陣列資料 immutable update 的基礎方法。

▶ 了解巢狀式參考型別資料的複製邏輯。

3-4-1 物件資料的 immutable update 方法

以 spread 語法來複製物件的內容，並加上新屬性或更新既有屬性

當我們想要以 immutable 的方式來從既有的物件進行新增或修改一個屬性時，其實大致上可以拆解成兩個步驟：

1. 建立一個全新的空物件，然後把既有物件的全部屬性都複製到新的物件中。

2. 在這個新物件中加上一個新屬性，或是覆蓋上想要修改的屬性的值。

這種時候就可以藉助 ES6 的 spread 語法，來方便的複製既有物件的所有屬性到另一個新物件中：

```
const oldObj = { a: 1, b:2, c:3 };
const newObj = { ...oldObj, a: 100, d: 400 };

console.log(oldObj); // { a: 1, b:2, c:3 }
console.log(newObj); // { a: 100, b:2, c:3, d: 400 }
```

可以看到在以上的範例中，我們想要將既有的物件 `oldObj` 以 immutable 的方式更新 `a` 屬性為 `100`，並加上新屬性 `d` 為 `400`。為了保持既有物件 `oldObj` 的 immutable，因此我們不會直接去修改 `oldObj` 的屬性內容，而是會建立一個全新的物件 `newObj`。

而當我們在產生新物件 `newObj` 時就可以用 spread 語法來將 `oldObj` 裡的所有屬性都複製過來，然後再將 `a` 屬性覆蓋為 `100`，`d` 屬性的值設為 `400`。最後可以在 `console.log` 的結果中觀察到，`oldObj` 的內容仍保持原有的模樣，而 `newObj` 則是只有 `a` 屬性變成 `100` 且多出了 `d` 屬性 `400`，其餘的屬性則都與 `oldObj` 保持一致。同時，這兩個物件也是不同、各自獨立的參考。透過這樣的方式我們就能很簡單的以 immutable 的方式新增或修改物件中的屬性。

延伸閱讀

Spread 語法 - MDN docs

https://developer.mozilla.org/en-US/docs/Web/JavaScript/
Reference/Operators/Spread_syntax

而當我們遇到巢狀的物件結構時，就需要在**有涉及屬性更新的每一層物件**都做對應的 spread 屬性複製。例如在以下的範例中，`oldObj` 物件內的 `innerObj` 以及 `innerObj2` 兩個屬性也都分別是物件，它們又分別包含了各自的下一層屬性，形成了巢狀的參考。我們想要 immutable 的更新 `oldObj` 裡的 `innerObj.d` 屬性的值為 `100`，並產生新的物件 `newObj`：

```
const oldObj = {
  a: 1,
  b: 2,
  innerObj: { c: 3, d: 4 },
  innerObj2: { e: 5 }
};

const newObj = {
  ...oldObj,
  innerObj: { ...oldObj.innerObj, d: 100 }
};

console.log(oldObj);
// { a: 1, b: 2, innerObj: { c: 3, d: 4 }, innerObj2: { e: 5 } }

console.log(newObj);
// { a: 1, b: 2, innerObj: { c: 3, d: 100 }, innerObj2: { e: 5 } }

console.log(Object.is(oldObj, newObj));                     // false
console.log(Object.is(oldObj.innerObj, newObj.innerObj));   // false
console.log(Object.is(oldObj.innerObj2, newObj.innerObj2)); // true
```

可以看到在這個範例中，我們建立了一個新物件 `newObj` 並先將 `oldObj` 的所有屬性複製過去。由於我們想更新的是 `oldObj.innerObj` 這個物件裡的內層屬性 `d`，因此我們也必須產生一個新物件作為 `newObj` 中的 `innerObj` 屬性值。透過 spread 語法從 `oldObj.innerObj` 複製其中的屬性後，再覆蓋上我們想要修改的屬性 `d` 為 `100`，就完成了這次的 immutable update。

從 `console.log` 的結果中可以觀察到，既有的 `oldObj` 物件本身維持原樣沒有任何變化。而新建立的 `newObj` 物件中，只有 `innerObj` 屬性為了更新內層屬性 `d` 而建立了一個全新的物件參考。至於 `innerObj2` 屬性的物件，由於我們沒有想更新其內層的屬性，自然也就不需要為其產生全新的物件參考，只需要沿用既有的物件即可。

這個操作結果滿足了 immutable update 的兩個要求：「既有資料的所有層級的所有屬性值或參考都不能有任何改變」以及「當想要更新既有資料中的任何一層物件或陣列的內容時，就必須為了新資料產生對應的新參考」。

> **？ 詞彙解釋**
>
> 在程式設計中，「巢狀（nested）」通常指的是某一結構、元素或指令位於另一結構、元素或指令內部的情況。這樣的層次性結構類似於俄羅斯娃娃，每一層都包裹著內部的層次。在不同的程式設計情境中，巢狀可以表現為巢狀迴圈、巢狀函式、巢狀物件或巢狀的資料結構等等。巢狀結構提供了一種有效的方式來組織和管理複雜性，但過度使用可能導致程式碼的可讀性下降。因此，合理的選擇何時使用巢狀結構，以及如何維護其清晰性，是一個重要的設計決策。

以解構賦值配合 rest 語法來剔除物件的特定屬性

當我們想要以 immutable 的方式剔除一個既有物件的特定屬性時，則可以使用解構賦值配合 rest 語法來做到：

```
const oldObj = { a: 1, b: 2, c: 3 };
const { a, ...newObj } = oldObj;

console.log(oldObj); // { a: 1, b: 2, c: 3 }
console.log(newObj); // { b: 2, c: 3 }
```

可以看到我們對 `oldObj` 進行解構賦值時，將想剔除的屬性單獨解構出來，然後將剩下的屬性都用 rest 語法 `...` 集中到新的物件 `newObj` 中，就可以變相的達到「除了欲剔除的特定屬性之外，複製既有物件的其他所有屬性到新物件」的效果。

從 `console.log` 的結果中可以觀察到，既有的 `oldObj` 物件本身維持原樣沒有任何變化，而 `newObj` 相較之下，除了 `a` 屬性被剔除了之外其他屬性都與 `oldObj` 相同。透過這樣的操作，我們就能很簡單的以 immutable 的方式剔除物件中的特定屬性。

3-4-2 陣列資料的 immutable update 方法

而陣列與物件一樣，在 JavaScript 中都是以參考形式存在的資料。因此，在 React 中陣列型別的 state 也會需要以 immutable 的方式來進行更新。

以 spread 語法來插入陣列項目

與物件相同，陣列也可以透過 spread 語法來複製內容項目，以便我們產生一個新的陣列。

⚛ 在陣列的開頭插入新項目

當我們想要以 immutable 的方式從一個既有陣列的開頭新增項目時，只需要在新陣列中的開頭先擺上欲新增的項目，然後接續擺上從既有陣列 spread 複製過來的項目即可：

```javascript
const oldArr = ['A', 'B', 'C'];
const newArr = ['New item', ...oldArr];

console.log(oldArr);// ['A', 'B', 'C']
console.log(newArr);// ['New item', 'A', 'B', 'C']
```

⚛ 在陣列的結尾插入新項目

當我們想要以 immutable 的方式從一個既有陣列的結尾新增項目時，只需要在新陣列中先擺上從既有陣列 spread 複製過來的項目，然後接續在結尾擺上欲新增的項目即可：

```javascript
const oldArr = ['A', 'B', 'C'];
const newArr = [...oldArr, 'New item'];

console.log(oldArr);// ['A', 'B', 'C']
console.log(newArr);// ['A', 'B', 'New item']
```

⚛ 在陣列的中間插入新項目

當我們想要以 immutable 的方式從既有陣列的項目的中間插入一個新項目時，就會需要配合陣列內建的 `slice` 方法分兩段來複製舊有陣列，因為 `slice` 方法可以在不 mutate 原有陣列的情況下回傳一個只包含部分項目的新陣列。

例如我們想在 index `1` 的項目 `'B'` 以及 index `2` 的項目 `'C'` 的中間插入一個新項目，這表示我們的**目標插入位置是在 index `2`**，預期新項目插入後會把 `'C'` 往後擠到 index `3` 的位置：

```javascript
const oldArr = ['A', 'B', 'C', 'D'];

const insertTargetIndex = 2;
const newArr = [
  ...oldArr.slice(0, insertTargetIndex),
  'New item',
  ...oldArr.slice(insertTargetIndex)
];
```

> 執行 **oldArr.slice()** 並不會 mutate **oldArr** 本身，而是會返回一個新陣列

```javascript
console.log(oldArr);// ['A', 'B', 'C', 'D']
console.log(newArr);// ['A', 'B', 'New item' 'C', 'D']
```

1. 我們首先透過 `oldArr.slice(0, 2)` 來取得既有陣列中 index `2` 之前（不包含 index `2`）的所有項目，也就是 `['A', 'B']`。我們將這個包含部分項目的新陣列內容直接 spread 到目標陣列的開頭處。

2. 在目標陣列中接續擺上欲插入的新項目 `New item`。

3. 最後再另外呼叫一次 `oldArr.slice(2)` 來取得既有陣列中從 index `2` 開始之後（包含 index `2`）的所有項目，也就是 `['C', 'D']`，並接續 spread 到新陣列中，就完成這個目標陣列的組裝了。

所以在上面的範例中，`newArr` 的組成結構其實就等同於這樣：

```
const newArr = [
  ...['A', 'B'],
  'New item',
  ...['C', 'D']
];

console.log(newArr);// ['A', 'B', 'New item' 'C', 'D']
```

> 📖 **延伸閱讀**
>
> 陣列的 `slice()` 方法 - MDN docs
>
> https://developer.mozilla.org/en-US/docs/Web/JavaScript/
> Reference/Global_Objects/Array/slice

剔除陣列項目

我們可以透過陣列內建的 `filter` 方法,輕鬆的以 immutable 的方式來從既有陣列中剔除指定的陣列項目:

```
const oldArr = ['A', 'B', 'C', 'D'];

const removeTargetIndex = 2;
const newArr = oldArr.filter((item, index) => index !== removeTargetIndex);

console.log(oldArr);// ['A', 'B', 'C', 'D'];
console.log(newArr);// ['A', 'B', 'D'];
```

在上面這個範例中,我們透過 `oldArr.filter()` 來「過濾出要保留的項目」。然而,我們原本想要達到的效果應該是「剔除掉特定的項目」才對,因此我們需要將思路反轉過來,嘗試在 `filter()` 中過濾出「不符合剔除條件的那些項目」並保留下來,這樣就可以變相達到剔除特定項目的效果。

因此當我們想要剔除的條件是 index 於 `2` 的項目時,就可以透過 `oldArr.filter((item, index) => index !== 2)` 來將 index 不是 `2` 的項目全部保留並產生一個新陣列,其結果中就不會包含既有陣列中 index `2` 的項目。

你也可以透過 `filter()` 的方式自定義各式各樣的項目過濾邏輯，例如：

```
const oldArr = [100, 57, 777, 302, 2];
const newArr = oldArr.filter(item => item >= 100);

console.log(oldArr);// [100, 57, 777, 302, 2]
console.log(newArr);// [100, 777, 302]
```

在這個範例中，我們希望 immutable 的從既有陣列中剔除那些數值低於 `100` 的項目，只保留 `100` 以上的。此時就可以透過 `oldArr.filter(item => item >= 100)` 來過濾並保留符合大於等於 `100` 的項目，最後產生一個新陣列。

> 📖 **延伸閱讀**
>
> 陣列的 `filter()` 方法 - MDN docs
>
> https://developer.mozilla.org/en-US/docs/Web/JavaScript/
> Reference/Global_Objects/Array/filter
>
>

更新或取代陣列項目

我們也可以透過陣列內建的 `map` 方法來輕鬆的 immutable 更新或取代陣列的項目：

```
const oldArr = ['A', 'B', 'C', 'D'];
const newArr = oldArr.map(
  (item, index) => (index === 2)
    ? 'New item'
    : item
);

console.log(oldArr);// ['A', 'B', 'C', 'D']
console.log(newArr);// ['A', 'B', 'New Item', 'D']
```

在 `map()` 的迭代函式中，如果項目的 index 符合目標條件的話則回傳新項目來進行取代，否則就直接回傳既有項目

而同樣的，你也可以透過 `map` 方法來自定義各式各樣的陣列項目替換計算。例如在以下範例中，我們希望 immutable 的將既有陣列中所有偶數項目都乘以 100 倍，而基數項目則維持原樣：

```
const oldArr = [1, 2, 3, 4];
const newArr = oldArr.map(
  number => (number % 2 === 0)
    ? number * 100
    : number
);

console.log(oldArr);// [1, 2, 3, 4]
console.log(newArr);// [1, 200, 3, 400]
```

在 **map()** 的迭代函式中，如果項目是偶數時就回傳原值的 100 倍，若項目是基數是則回傳既有的項目值不做調整

📘 延伸閱讀

陣列的 `map()` 方法 - MDN docs

https://developer.mozilla.org/en-US/docs/Web/JavaScript/Reference/Global_Objects/Array/map

排序陣列項目

當我們以 immutable 的方式來排序一個陣列的項目時，需要特別注意一件事情，那就是「陣列內建的 `sort` 方法是會 mutate 既有陣列的」。舉例來說：

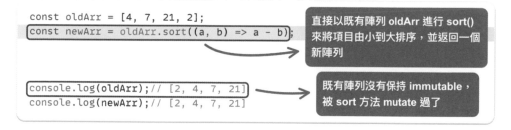

```
const oldArr = [4, 7, 21, 2];
const newArr = oldArr.sort((a, b) => a - b);

console.log(oldArr);// [2, 4, 7, 21]
console.log(newArr);// [2, 4, 7, 21]
```

直接以既有陣列 oldArr 進行 sort() 來將項目由小到大排序，並返回一個新陣列

既有陣列沒有保持 immutable，被 sort 方法 mutate 過了

可以看到，當我們以原有的 `oldArr` 執行陣列內建的 `sort` 方法後，雖然回傳的新陣列 `newArr` 有成功的完成排序，但同時連既有的陣列 `oldArr` 的內容也被排序過了，這顯然不符合我們想要保持既有陣列 immutable 的目標。

為了避免 mutate 到原有的陣列資料，因此我們在進行 `sort()` 之前就必須先複製既有的陣列項目來產生一份新陣列，然後對複製出來的新陣列去做 `sort()`，這樣被 mutate 就會是新建的陣列而不是既有的陣列了，進而保持既有陣列的 immutable：

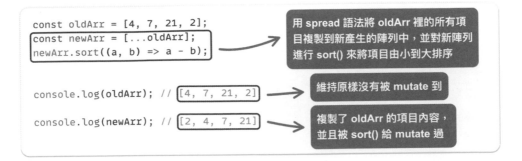

📖 延伸閱讀

陣列的 `sort()` 方法 - MDN docs

https://developer.mozilla.org/en-US/docs/Web/JavaScript/
Reference/Global_Objects/Array/sort

而用於反轉陣列順序的 `reverse` 方法也是一樣會 mutate 既有陣列，因此應對的手法與 `sort()` 時相同，先複製既有的陣列項目來產生一份新陣列，然後對複製出來的新陣列去做 `reverse()`：

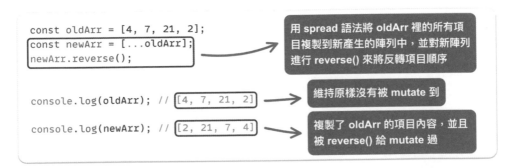

📖 延伸閱讀

陣列的 `reverse()` 方法 - MDN docs

https://developer.mozilla.org/en-US/docs/Web/JavaScript/
Reference/Global_Objects/Array/reverse

3-4-3 巢狀式參考型別的複製誤解

我們已經了解到在 React 開發中 immutable update 的必要性以及基本的操作方法了。然而有趣的是，在筆者擔任前端面試官多年面試過不少前端工程師的經驗中，發現有許多對於 immutable update 掌握不足的人都會不約而同的犯一種常見的錯誤。讓我們來看看以下範例：

```jsx
⚛ App.jsx

1  import { useState } from 'react';
2
3  export default function App() {
4    const [cartItems, setCartItems] = useState([
5      { productId: 'foo', quantity: 1 },
6      { productId: 'bar', quantity: 8 },
7      { productId: 'fizz', quantity: 3 },
8    ]);
9
10   const handleCartItemQuantityChange = (targetIndex, quantity) => {
11     // 更新 cartItems state 的陣列中位於 targetIndex 的物件中的 quantity 屬性
12   }
13 }
14
```

在這個購物車的範例中，當我們呼叫 `handleCartItemQuantityChange` 方法時，預期會更新購物車項目 state 陣列中位於 `targetIndex` 的物件裡的 `quantity` 屬性。舉例來說，當購物車項目 state 是預設值，並嘗試執行 `handleCartItemQuantityChange(1, 100)` 時，則預期新的購物車項目 state 會變成以下的樣子：

```
[
  { productId: 'foo', quantity: 1 },
  { productId: 'bar', quantity: 100 },       陣列中位於 index 1 的物件中
  { productId: 'fizz', quantity: 3 },        的 quantity 屬性值變成 100
]
```

而在像是以上範例的情境中，很多人會錯誤的嘗試以下做法來更新購物車項目 state：

```jsx
⚛ App.jsx

1  import { useState } from 'react';
2
3  export default function App() {
4    const [cartItems, setCartItems] = useState([
5      { productId: 'foo', quantity: 1 },
6      { productId: 'bar', quantity: 8 },
7      { productId: 'fizz', quantity: 3 },
8    ]);
9
10   const handleCartItemQuantityChange = (targetIndex, quantity) => {
11     // ✘ 注意，以下是不正確的 immmutable update 寫法
12     const newCartItems = [...cartItems];
13     newCartItems[targetIndex].quantity = quantity;
14
15     setCartItems(newCartItems);
16   };
17 }
18
```

大多數會這樣寫的人，都是因為覺得既然我們不能修改既有的舊 state，那麼只要先以 spread 語法從舊的 state 複製出一份新的 state，然後再修改這個複製體，應該就可以不修改到舊的 state 了吧？

不過實際上這段邏輯仍然會 mutate 到原有的 state 資料。以下就讓我們深入來探討看看是為什麼。

巢狀式參考型別的 immutable update

在上面的這個錯誤範例中，嘗試先以 spread 在最外層複製一次的寫法，實際上仍然會 mutate 到既有的 state 資料。這是因為雖然有先以 cartItems 的項目複製出新陣列，但是陣列中每一個項目都是物件，而物件是以參考存在的型別，因此複製出來的新陣列中的每一個物件都與舊陣列是同一批的物件參考，從新陣列 mutate 它們的同時其實也是在 mutate 既有陣列中的那些物件：

```
const handleCartItemQuantityChange = (targetIndex, quantity) => {
  // ✘ 注意，以下是不正確的 immmutable update 寫法
  const newCartItems = [...cartItems];

  console.log(Object.is(cartItems, newCartItems));            // false

  console.log(
    Object.is(cartItems[targetIndex], newCartItems[targetIndex]) // true
  );

  newCartItems[targetIndex].quantity = quantity;

  setCartItems(newCartItems);
}
```

> newCartItems[targetIndex] 與 cartItems[targetIndex] 指向的是同一個物件參考，所以 mutate newCartItems[targetIndex] 的 quantity 屬性就等同於去 mutate cartItems[targetIndex] 的 quantity 屬性

在這個範例中，`newCartItems[targetIndex]` 與 `cartItems[targetIndex]` 指向的是同一個物件參考，所以 mutate `newCartItems[targetIndex]` 的 `quantity` 屬性就等同於去 mutate `cartItems[targetIndex]` 的 `quantity` 屬性，顯然是會破壞既有資料 `cartItems` 的 immutable。

雖然最外層的 `newCartItems` 是一個新陣列，所以在 `setState` 的 `Object.is()` 檢查時能夠正常被判定為不同參考而繼續 re-render 流程，但是實際上既有的舊 state `cartItems` 裡的 `cartItems[targetIndex]` 物件是有被 mutate 到的，這無法滿足既有 state 資料必須保持 immutable 的原則。

其實這就是為什麼在本章節中並沒有推薦像這樣複製最外層陣列或物件然後直接 mutate 複製體的寫法，或是那些會 mutate 原有資料的方法，而是推薦你使用 `map`、`filter`、`slice` 以及 spread、rest 等本來就是 immutable 的資料操作方法。當遇到巢狀的參考型別資料（像這個例子就是陣列中有物件）時，我們很容易不小心就 mutate 到既有的舊資料。

因此當我們在更新這種巢狀的參考型別資料時，不僅是最外層需要複製並產生新的參考，裡面每一層有屬性或項目欲更新的物件或陣列也都需要複製並產生全新的參考（沒有要更新的那些屬性或項目就不用動，沿用舊參考即可），然後再覆蓋上想更新的內容，才能保證既有資料的 immutable：

```
const handleCartItemQuantityChange = (targetIndex, quantity) => {
  const newCartItems = cartItems.map((cartItem, index) => (
    (index === targetIndex)
      ? { ...cartItem, quantity }
      : cartItem
  ));

  console.log(Object.is(cartItems, newCartItems));           // false
  console.log(
    Object.is(cartItems[targetIndex], newCartItems[targetIndex]) // false
  );

  setCartItems(newCartItems);
};
```

在新陣列的 **targetIndex** 位置產生一個新的物件，複製既有 **cartItem** 物件的所有屬性，並覆蓋上 **quantity** 屬性的新值

最後另外補充一下，本章節中曾提到 `sort` 與 `reverse` 可以用複製陣列後呼叫的原因是，它只會 **mutate** 陣列項目在陣列中的排列順序，而不會去 **mutate** 各項目的內容，所以複製出新陣列後對新陣列呼叫 `sort` 與 `reverse` 方法的操作本身是安全的。

Spread 複製的是物件屬性或陣列項目的值還是參考

我們很常會使用 ES6 的 spread 語法來進行物件屬性或陣列項目的複製，然而我們複製出來的到底是值還是參考？

```
const oldObj = { a: 1, b:2, c:3 };
const newObj = { ...oldObj, d: 100 };

console.log(oldObj); // { a: 1, b:2, c:3 }
console.log(newObj); // { a: 1, b:2, c:3, d: 100 }
```

在以上這個範例中，`newObj` 的 a、b、c 屬性都是由 `oldObj` 複製過來的，而且它們都是數字這種原始型別。還記得在上個章節中說過原始型別本身就是 immutable 嗎？原始型別都是直接以值的方式存在的，所以它們被複製出來的會是全新的值而不會是參考，因此 `newObj` 中的 a、b、c 屬性都已經與 `oldObj` 中的 a、b、c 屬性無關，是獨立的值而不會互相影響。

　　然而如果是以下這個範例，物件之中的某些屬性本身也是一個物件或陣列，形成巢狀結構的情況：

```
const oldObj = { a: 1, b:2, c: { foo: 8, bar: 9 } };
const newObj = { ...oldObj, d: 100 };

console.log(newObj); // { a: 1, b: 2, c: { foo: 8, bar: 9 }, d: 100 }
console.log(Object.is(oldObj.c, newObj.c)); // true
```

　　當我們以 spread 語法將 **oldObj** 的屬性複製到 **newObj** 中時，其中原始型別的屬性會是直接複製出獨立的新值，而如果是陣列或物件那些以參考形式存在的型別，則複製出的只是參考在記憶體中的地址，而不是複製出一份完整內容。因此這個時候 **oldObj.c** 與 **newObj.c** 其實指向的還是同一個物件參考，所以當我們去 mutate **newObj.c** 這個物件時，其實也會 mutate 到 **oldObj.c** 物件：

```
const oldObj = { a: 1, b:2, c: { foo: 8, bar: 9 } };
const newObj = { ...oldObj, d: 100 };

console.log(newObj); // { a: 1, b: 2, c: { foo: 8, bar: 9 }, d: 100 }
console.log(Object.is(oldObj.c, newObj.c)); // true
```

```
newObj.c.foo = 222;
console.log(oldObj.c.foo);// 222

newObj.c.buzz = 777;
console.log(oldObj.c.buzz);// 777
```

> **mutate newObj.c** 的屬性時，**oldObj.c** 的屬性也會改變，因為 **newObj.c** 與 **oldObj.c** 指向的是同一個物件參考

　　所以當我們想要 immutable 的更新 **oldObj.c** 的內容時，就應該在新的 **newObj** 中的 c 屬性指定成一個新物件，然後從 **oldObj.c** 複製既有屬性，並覆蓋上新的屬性值：

```
const oldObj = { a: 1, b:2, c: { foo: 8, bar: 9 } };
const newObj = {
  ...oldObj,
  c: { ...oldObj.c, foo: 800, buzz: 1000 },
  d: 100,
};
```

> 在 **newObj.c** 產生一新的物件，複製既有物件 **oldObj.c** 的所有屬性，並覆蓋上新的屬性值

```
console.log(oldObj); // { a: 1, b:2, c: { foo: 8, bar: 9 } }
console.log(newObj); // { a: 1, b:2, c: { foo: 800, bar: 9, buzz: 1000 } }
console.log(Object.is(oldObj.c, newObj.c));// false
```

可以從 `console.log` 的結果中觀察到，這樣處理並不會 mutate 到既有資料，因為 `oldObj.c` 與 `newObj.c` 根本已經是不同物件了。至於物件中有陣列、陣列中有物件，或陣列中有陣列也都同樣道理。這個問題的關鍵點在於，**JavaScript** 中陣列或物件資料中每一層參考都是獨立的，像 spread 這種語法只會做單層的「**shallow clone**」，而並不是在最外層複製一次屬性就會完整的做 deep clone。

？ 詞彙解釋

在 JavaScript 中，「**shallow clone**」和「**deep clone**」都是指複製物件（或陣列）的方式，但兩者的複製深度有所不同：

▶ **Shallow clone**（淺複製）：

Shallow clone 僅僅是複製物件的第一層屬性。如果物件的屬性內容是原始型別（如數字、字串、布林值等），則複製的是實際的值。但如果屬性內容是另一個物件或陣列，則複製的只是參考，而不是實際的物件或陣列本身，也就是說複製出來的參考仍會完全指向同一個物件或陣列。在 JavaScript 內建語法中，spread 語法就是最常用的 shallow clone 手段。

▶ **Deep clone**（深複製）：

Deep clone 則會複製物件的所有層級而不只是第一層，當遇到巢狀的物件或陣列資料，就會深層的遍歷將每一層的每個值都進行複製。這意謂著複製出來的新資料會完全獨立於既有的舊資料，修改巢狀結構中的任何層級的屬性，都不會影響到既有的資料。

Immutable update 不需要且不應該使用 deep clone

需要特別注意的是，當我們對於巢狀物件或陣列資料進行 immutable update 時，如果是那些沒有需要修改的部分則應該沿用舊的參考，並不需要產生全新的參考：

```
const oldObj = { a: 1, b:2, c: { foo: 8 }, d: { bar: 9 } };
const newObj = {
  ...oldObj,
  c: {
    ...oldObj.c,
    foo: 1000
  },
};
```

> 在 **newObj.c** 產生一個新的物件，複製 **oldObj.c** 的全部屬性過去，並覆蓋上新的屬性值。而 **oldObj.d** 則是跟著 spread 一起以 shallow clone 的形式只複製並沿用了參考

```
console.log(Object.is(oldObj.c, newObj.c)); // false
console.log(Object.is(oldObj.d, newObj.d)); // true
```

上面的範例中，我們只想要 immutable 的去新增 `oldObj.c.foo` 屬性，因此我們需要產生新的 `newObj` 物件以及新的 `newObj.c` 物件，並於 `newObj.c` 裡覆蓋上新的 `foo` 屬性值。至於 `oldObj.d` 物件則沒有被更新的需要，所以這個參考可以直接在 `newObj` 裡面繼續沿用，不需要另外產生新的物件來當作 `newObj.d`。可以看到，`Object.is(oldObj.d, newObj.d)` 的結果是 `true`，代表它們是同一個參考。

因此 immutable 的重點並不在整包資料的每一個角落都完整的複製或獨立，也就是說其實並不需要做 deep clone。「沿用內容無需更新的參考」這個行為並不會導致既有的資料被修改，因為當你有內容更新的需求時，自然就應該建立全新的參考。因此 immutable 的重點是只要**既有的資料能夠永遠保持對應的歷史時刻狀態即可**，內容中實際真的有更新需求的部分才會需要複製出新物件或陣列，而內容沒有更新需求的參考則是都可以繼續沿用。

👤 常見誤解澄清

需要特別強調的是，以 deep clone 來處理 React 中的 state immutable update 是不推薦、甚至是有害的：

▶ **效能考量：**

Deep clone 需要遍歷整個物件或陣列的每一層結構，這在結構很深時可能會非常消耗效能。這對於效能要求高的前端應用程式來說是一個嚴重的影響。

▶ **不必要的複製：**

在許多情況下，你可能只需要更新物件的一部分。使用 deep clone 意謂著你正在複製整個物件的每一層的每一個角落，即使其中大部分內容都沒有變化。這會造成記憶體與效能成本的浪費。

▶ **失去參考相等性：**

React 中有許多的效能優化機制會依賴於判斷物件和陣列資料的參考相等性。當每次以 deep clone 時來更新 state 資料時，那些其實沒有發生更新的內層資料都會產生全新的參考，這可能會讓 React 誤以為這部分的資料也有發生更新，進而導致某些效能優化機制的失效。

為了在 React 中有效的保持 state 的 immutable，最好的做法是逐層在需要更新的部分進行 shallow clone，或是相關套件來輔助處理，這樣可以只更新那些真正需要修改的部分，並避免上述的問題。

而處理深層巢狀參考的另一個問題，則是當你想要 immutable 的去修改一個很深層的屬性，就會需要寫非常多層的 spread 複製，這將帶來糟糕的開發體驗並降低程式碼的可維護性。

因此實務上我們會盡量讓陣列或物件 state 的內容結構層數不要過深，並且透過一些第三方套件來讓我們能夠以更簡潔的語法處理 immutable 資料操作，例如「immer」以及「ramda」就是其中的佼佼者。不過為了確保能夠紮實的打穩 immutable update 的基本功，筆者我仍然會建議初學者先從最基本的概念以及操作學起，也就是本章節中介紹的那些以 JavaScript 內建方法就能夠做到的 immutable update 手段。

章節重點觀念整理

▶ 物件與陣列都是以參考形式存在的資料，可以透過 spread 語法來複製其屬性或項目。

▶ Shallow clone（淺複製）：

■ 僅僅是複製物件的第一層屬性。如果物件的屬性內容是原始型別（如數字、字串、布林值等），則複製的是實際的值。但如果屬性內容是另一個物件或陣列，則複製的只是參考，而不是實際的物件或陣列本身，也就是說複製出來的參考仍會完全指向同一個物件或陣列。在 JavaScript 內建語法中，spread 語法就是最常用的淺複製手段。

▶ Deep clone（深複製）：

■ 會複製物件的所有層級而不只是第一層，當遇到巢狀的物件或陣列資料，就會深層的遍歷將每一層的每個值都進行複製。這意謂著複製出來的新資料會完全獨立於既有的舊資料，修改巢狀結構中的任何層級的屬性，都不會影響到既有的資料。

▶ Immutable 的重點不在於深度複製所有層級的資料，而是「沿用沒有內容更新需求的參考，新建有內容更新需求的參考」，因此並不需要做 deep clone。其目的是確保資料永遠對應特定的歷史時刻，只有真正需要更新的部分才會產生新物件或陣列。

章節重要觀念自我檢測

▶ Shallow clone 與 deep clone 的區別是什麼？

▶ JavaScript 中 spread 語法的複製是 shallow clone 還是 deep clone？

▶ 為什麼以 deep clone 來進行物件或陣列資料的 immutable update 不是一個好方法？

> 💡 **筆者思維分享**
>
> State 的 immutable update 對於 React 的開發來說是一件絕對必要、但同時也很麻煩的事情，尤其是當資料的層數較深，或是更新的邏輯較為複雜時，可以說是相當痛苦的體驗，因此社群上也發展出許多便利的第三方套件協助我們能更簡潔、優雅的處理這個問題。例如近幾年非常熱門的「immer」就是主打「以 mutate 的操作體驗來實現 immutable update」，而比較偏好函數式程式設計風格的人則會選擇「ramda」或是「lodash/fp」等解決方案。
>
> 不過筆者此處想再次強調的是，如果你已經嫻熟掌握 immutable update 的核心觀念以及操作的基本功時，使用更便利的第三方套件當然是完全沒問題的；然而，**如果你還是 React 的初學者的話，則會非常建議先從本章節介紹的基礎操作方法開始學習與練習，確保你自己已經完全理解其中的概念與原理後，再去使用其他的輔助套件。** 就如本書中多次強調的概念：**若沒有對於觀念本質的紮實理解，則後續堆疊起來的延伸理解就註定無法穩固，甚至會讓你越走越偏。**

Component 的生命週期

Component 的生命週期簡單來說，就是由 component 藍圖所產生的一個實例在應用程式裡從誕生到消亡的各個階段。這是一個存在於 React 內部的運作流程與機制，但了解這個流程是掌握 component 資料流概念必要的基本功之一。接下來就讓我們探討 component 的三大生命週期 mount、update 和 unmount 中的機制。

觀念回顧與複習

▶ 一個 component function 本身是描述特徵、流程與行為的「藍圖」，而透過 component 藍圖則是可以產生一個實際的「實例」。

▶ Render phase 代表 component 正在渲染並產生 React element 的階段。

▶ Commit phase 代表 component 正在將 React element 的畫面結構「提交」並處理到實際的瀏覽器 DOM 當中。

▶ 呼叫 `setState` 方法是觸發 reconciliation 流程的唯一手段。

章節學習目標

▶ 了解 component 的三大生命週期。

▶ 了解 function component 並沒有提供生命週期的 API。

4-1-1 Component 的三大生命週期

Component 以函式的形式來定義，一個 component function 本身是描述特徵、流程與行為的「藍圖」，而透過 component 藍圖則是可以產生一個實際的「實例」。同一份藍圖所產生的實例之間是獨立存在的，彼此之間並不會互相影響。

而我們通常說的「component 生命週期」，精確來說指的其實是「一個 component 實例的生命週期」。當一個 component 類型的 React element 在畫面渲染時新出現在畫面結構中，則 React 就會在內部機制中為該處建立一個 component 的實例。這個實例會記憶畫面的結構、state 資料、副作用的相關資訊…等等內容，並在 re-render 時被更新，最後隨著 component 類型的 React element 在畫面結構的該處消失而結束生命週期。

這個從被建立到消亡的過程，就是所謂的生命週期。接下來就讓我們介紹一個 component 實例的三大生命週期，其發起以及執行的細節過程。

Mount

當一個 component 以 React element 的形式在畫面中的某個位置首次出現時，就會發起「mount」的流程，意謂著「新畫面區塊的產生」。Component 會進行首次的 render 並 commit 到實際 DOM 之中。讓我們以細節流程來解釋 component mount 的完整過程：

1. 以 component function 來建立一個 React element（例如 `<Foo />`），當 React 內部的畫面結構中還不存在這個節點，代表這是一塊新出現的畫面，應啟動 mount 流程：

   - 此時 React 內部會建立一種叫 fiber node 的資料，用來存放 component 實例的各種資料，例如 state 的最新值。

2. Render phase：

   - 執行 component function，以 props 與 state 等資料來產生初始畫面的 React element。

- 將產生好的 React element 交給 commit phase 繼續處理。

3. Commit phase：

- 由於第一次 render 時，瀏覽器的實際 DOM 中還有沒任何這個 component 實例所對應的 DOM element，因此會將 component 在 render phase 所產生的 React element 全部轉換並建立成對應的實際 DOM element，並透過執行 DOM API `appendChild()` 全部放置到瀏覽器畫面中。

- 在 commit phase 執行完成後，代表畫面已經「掛載」到實際的瀏覽器畫面中了，此時才能夠從瀏覽器的 DOM 結構中找到這個 component 實例所對應的那些 DOM element。

4. 執行本次 render 所對應的副作用處理：

- 也就是我們在 component 內以 `useEffect` 定義的 effect 函式。關於這部分的細節我們將於後續的章節中陸續解析。

Update

Component 的「update」階段是指當一個 component 正存在於畫面結構中，且再次執行渲染的流程，也就是常聽到的「re-render」或「reconciliation」流程。

在 React 之中，唯一能夠觸發畫面重繪流程的手段只有 `setState` 方法的呼叫。而一個 component 通常有兩種情況會因為這種 state 的更新而導致 re-render：

▶ 一個 component 本身所定義的 state 發起了對應的 `setState` 方法呼叫，從自身開始往下層進行 re-render。

▶ 一個 component 的某個父或祖父輩 component 因為 `setState` 呼叫而觸發 re-render，連帶導致身為子 component 的自身也跟著 re-render。

以上兩種情況的 update 細節流程是相同的：

1. Render phase：

- 再次執行 component function，以新版本的 props 與 state 等資料，來完整的重新產生對應的新版畫面 React element。

- 將本次新版本的 React element 以及前一次 render 產生的舊版 React element 進行樹狀結構的比較，找出其中的差異之處。

- 將新舊 React element 的差異之處交給 commit phase 繼續處理。

2. Commit phase：

- 只去操作並更新那些新舊 React element 的差異之處所對應的實際 DOM element，其餘部分的 DOM element 則不會進行任何操作。

3. 先清除前一次 render 時所造成的副作用影響：

- 執行前一次 render 版本的 cleanup 函式以清除前一次 render 時所造成的副作用。

- 也就是我們在 component 內以 `useEffect` 定義的 cleanup 函式。

4. 執行本次 render 所對應的副作用處理：

- 也就是我們在 component 內以 `useEffect` 定義的 effect 函式。

Unmount

　　最後，當該位置上 component 類型的 React element 在 re-render 後的新畫面結構中不再出現時，該處所對應的 component 實例就會進入「unmount」階段，意謂著「該區塊不再需要存在於畫面中」。React 會進行副作用的清理，並且將該 component 實例所對應的實際 DOM element 從瀏覽器中移除：

1. 當應用程式新一次 render 的畫面結構中，有某個 component 類型的 React element 與前一次 render 相比之下不見了，則 React 就會認為該處對應的 component 實例應該被 unmount。

2. 執行 component 最後一次副作用處理所對應的 cleanup 函式，以清理剩餘的副作用影響。

3. 將 component 實例所對應的實際 DOM element 從瀏覽器中移除。

4. React 會在內部移除對應的 component 實例，也就是 fiber node。這意謂著 component 實例內的所有 state 等狀態資料都會被丟棄。

4-1-2 Function component 沒有提供生命週期 API

需要特別注意的是，雖然 function component 擁有上述的生命週期流程來維護畫面與資料的管理機制，但不同於 class component 的是，**function component 其實並沒有提供生命週期的 API 給開發者使用**。曾有過 hooks 開發經驗的人看到這裡可能會有點疑惑，難道 `useEffect` hook 不是嗎？

在此我們先說結論：精確來說，`useEffect` **並不是 function component 的生命週期 API**，它的用途並不是提供開發者在特定的 component 生命週期時機來執行一個 callback 函式。這是非常非常多 React 開發者（其中甚至不乏有一定經驗的）都會有的一種誤解，這種錯誤的理解會導致我們寫出彈性不足、不安全的 component 程式碼。在接下來的好幾個章節當中，我們也會循序漸進的來探討這個議題，一起重新正確的理解 `useEffect`。

章節重點觀念整理

▶ 當一個 component 以 React element 的形式在畫面中的某個位置首次出現時，則 React 就會在該處為其建立一個 component 的實例，這個實例會記憶畫面的結構、state 資料、副作用的相關資訊…等等內容，並在 re-render 時被更新，最後隨著 component 在畫面結構的該處被移除而跟著消亡。

▶ Mount：

- 當一個 component 以 React element 的形式在畫面中的某個位置首次出現，React 先會執行一次 component function，產生畫面區塊的 React element，並最終將它們插入到瀏覽器的實際 DOM 結構中。

▶ Update：

- 若 component 已經存在於畫面結構中，則當 state 發起更新或父 component 發生 re-render 時都會觸發該 component 的 re-render。React 會再次執行該

component function，產生新的 React element，並只更新新舊 React element 之間的差異之處所對應的實際 DOM element。

▶ **Unmount：**

■ 當該位置上 component 類型的 React element 在 re-render 後的新畫面結構中不再出現時，React 會進行副作用的清理，並且將 component 實例所對應的實際 DOM element 從瀏覽器中移除。

章節重要觀念自我檢測

▶ 解釋 component 中的三大生命週期的運作流程。

▶ Function component 有生命週期的 API 嗎？

4-2

Function component 與 class component 的關鍵區別

在接下來的幾個章節中,將一步一步深入關於 component render 資料流的重要概念。而在本章節中,則會先從 class component 與 function component 的一個關鍵區別當作這個議題的切入點。

觀念回顧與複習

▶ 單向資料流:畫面結果是原始資料透過模板與渲染邏輯所產生的延伸結果。

▶ Props 與 state 是 component function 的 render 中的原始資料。

章節學習目標

▶ 了解 class component 與 function component 在資料流存取上的區別。

在前面的章節曾經說過,自從 hooks 問世之後,以 **function component** 搭配 **hooks** 的方式逐漸取代了傳統的 **class component**,成為定義 **React component** 的絕對主流選擇,而 class component 如今已經不再是推薦的 React 開發方式了。

React 核心團隊之所以選擇將 component 的定義方式從 class 轉移到普通的函式,包含了多方面的原因,而其中一個原因就是對於資料流存取的設計上有所區別,這導致 class component 在某些情境下容易讓應用程式的行為不如開發者預期,進而寫出一些不易被察覺的 bug。

> ❋ **小提示**
>
> 這個章節主要是藉由 class component 與 function component 在資料流存取的
> 不同之處，來帶到 function component 的特性解析。因此如果你不熟悉或甚至
> 沒有學習過 class component 的話也完全沒關係，只需要關心文中與 function
> component 相關的探討即可。

接下來就讓我們從一個範例來展開探討。與過去的 class component 相比，其實
function component 有一個常常被忽略的重要特性，觀察以下範例：

❋ **BuyProductButton.jsx**

```
1  export default function BuyProductButton(props) {
2    const showSuccessAlert = () => {
3      alert(`購買商品「${props.productName}」成功！`);
4    };
5
6    const handleClick = () => {
7      setTimeout(showSuccessAlert, 3000);
8    };
9
10   return (
11     <button onClick={handleClick}>購買</button>
12   );
13 }
```

這個 function component render 了一個按鈕，當按鈕點擊時會以 `setTimeout()` 來模
擬 API 請求，並且在完成時跳出一個 alert 作為成功通知。

而如果以 class component 來實作呢？一個簡單的轉換後可能長得會像這樣：

```jsx
⚛ BuyProductButton.jsx

1   import React from 'react';
2
3   export default class BuyProductButton extends React.Component {
4     showSuccessAlert = () => {
5       alert(`購買商品「${this.props.productName}」成功！`);
6     };
7
8     handleClick = () => {
9       setTimeout(this.showSuccessAlert, 3000);
10    };
11
12    render() {
13      return (
14        <button onClick={this.handleClick}>購買</button>
15      );
16    }
17  }
18
```

通常我們會覺得上面這兩種 component 寫法的行為是等價的。不過實際上，它們之間有一個關鍵但不容易察覺的區別，以下就讓我們親自來實驗看看。

請跟著一起打開以下 QR code 的 CodeSandbox 範例：

 Demo 原始碼連結

Function component & class component 行為區別範例

https://codesandbox.io/s/3jy2t5?file=/src/App.jsx

你會看到一個下拉式選單用於切換商品的頁面，以及分別以 function component 還有 class component 實作的購買商品按鈕。

嘗試按照以下的步驟來分別使用這兩個按鈕：

1. 以下拉式選單選擇一個想要買的商品的頁面，然後按下購買按鈕。

2. 在按下按鈕後的三秒內趕快切換下拉式選單到另一個商品頁面。

3. 觀察跳出的 alert 文字。

你將會發現兩種按鈕點擊之後的行為有個奇特的差別：

▶ 以 function component 實作的購買按鈕：

一開始選的商品頁面是 筆記型電腦 並點擊購買按鈕之後，在三秒內把下拉式選單切換到 智慧型手機，然後會看到跳出的 alert 文字為 購買商品「筆記型電腦」成功！

圖 4-2-1

▶ 以 class component 實作的購買按鈕：

一開始選的商品頁面是 筆記型電腦 並點擊購買按鈕之後，在三秒內把下拉式選單切換到 智慧型手機，然後會看到跳出的 alert 文字為 購買商品「智慧型手機」成功！

圖 4-2-2

在以上的範例中，function component 版本的事件行為才是正確的：當我選擇某個商品並送出購買後，切換到別的商品頁面查看不應該影響到我稍早的購買商品對象。因此 class component 版本的事件行為很明顯是有問題的。

4-2-1 Class component 的 this.props 在非同步事件中的存取陷阱

那麼這其中的區別到底是哪裡導致的呢？讓我們先來看看 class component 中的 `showSuccessAlert` 方法：

```jsx
import React from 'react';

export default class BuyProductButton extends React.Component {
  showSuccessAlert = () => {
    alert(`購買商品「${this.props.productName}」成功！`);
  };

  // ...
}
```

> 以 this.props.productName 的方式讀取了 props 中的商品名稱資料

關鍵就在此處：這個方法中我們以 `this.props.productName` 的方式讀取了 props 裡的商品名稱資料。然而在 React 中，雖然 **props** 資料本身是 **immutable** 的，但是 **this** 卻不是，每當 **class component re-render** 時，React 會將新版的整包 **props** 以 **mutate** 的方式覆蓋進 **this** 當中取代舊版的 `this.props` 物件。

因此，**當我們在 re-render 後再次以 `this.props` 這種方式取得 props 的內容，就會拿到最後一次 render 時的最新版 props 資料**。這種行為會導致當我們在非同步的事件處理中存取 `this.props` 時，本應使用「舊版資料」的那些事件卻錯誤的讀取到了「最新版資料」。

就如同上面的 class component 範例，當點擊購買按鈕時，我們其實預期的是會跳出點擊時那瞬間的商品名稱在 alert 上，然而由於這是一個非同步的事件

（`setTimeout`），在 alert 真正發生之前如果 component 以一個新的 props 資料 re-render 的話，`this` 就會被 React 進行 mutate 來蓋上新的 props。接著過了幾秒後，`setTimeout` 非同步事件的 callback 觸發，嘗試以 `this.props` 的方式讀取 props 資料，就導致不正確的拿到了 re-render 後的最新版 props 資料來做輸出。

因此，**在 class component 的非同步事件中以 `this.props` 的方式讀取 props 有可能會打斷這種資料流的關聯性與可靠性**。在這個範例中。class component 的 `showSuccessAlert` 方法並沒有與特定 render 版本的 props 資料「綁定」在一起，而是每次執行時都會從 `this` 當中讀取最新版本的 props，這可能會導致其錯失了它本應使用的舊版 props。

那麼我們該如何在 class component 中修復這個問題？其實很簡單，就是讓非同步事件的 props 讀取動作從 `this` 上脫鉤：

⚛ BuyProductButton.jsx

```jsx
1  import React from 'react';
2
3  export default class BuyProductButton extends React.Component {
4    showSuccessAlert = (productName) => {
5      alert(`購買商品「${productName}」成功！`);
6    };
7
8    handleClick = () => {
9      const { productName } = this.props;
10
11     setTimeout(
12       () => {
13         this.showSuccessAlert(productName)
14       },
15       3000
16     );
17   };
18
19   // ...
20 }
21
```

> 從參數中讀取 productName，而非 this.props

> 在事件一觸發的那瞬間，就先將當前版本的 product prop 資料從 this.props 中捕捉出來並另外存放

> 透過 closure 的特性將 productName 帶入 setTimeout 的 callback 中

這種解法能夠成功的修好原本的 bug。我們在 `handleClick` 觸發的那瞬間就先將當時的 `productName` prop 資料從 `this.props` 中讀取出來並另外存放，然後透過 closure 的方式將 `productName` 帶入到傳給 `setTimeout` 的 callback 中。因此即使在三秒

後 `setTimeout` callback 觸發時 `this.props` 已經被 re-render 的新 props 資料給 mutate 修改了，也並不會影響到我們早就已經「捕捉」好的舊資料。

然而這並不是很直覺就能注意到的問題。在 class component 中，我們往往都習慣直接以 `this.props` 和 `this.state` 的方式來取得資料，因此這種問題所導致的 bug 在 class component 上是如此層出不窮。其實 class component 之所以容易遇到這種問題，與物件導向在概念上本來就主要是基於 mutable 的思維有關，當資料狀態改變時，以類別中的方法來 mutate 實例上的屬性資料就是物件導向中一貫的做法，但這種設計模式在以 immutable 為核心概念的 React 中就顯得格格不入，甚至容易破壞資料流的關聯性。

然而，為什麼 function component 卻不會遇到這種問題？

4-2-2 Function component 會自動「捕捉」render 時的資料

接下來讓我們回到 function component。在以上的範例中，function component 版本的 `BuyProductButton` 會接收 `props` 物件作為參數，然後在 render 中以這個 **props** 物件來讀取資料並產生一個全新的 event handler `showSuccessAlert`：

⚛ **BuyProductButton.jsx**

```
1  export default function BuyProductButton(props) {
2    const showSuccessAlert = () => {
3      alert(`購買商品「${props.productName}」成功！`);
4    };
5
6    const handleClick = () => {
7      setTimeout(showSuccessAlert, 3000);
8    };
9
10   return (
11     <button onClick={handleClick}>購買</button>
12   );
13 }
```

> 每次 render 時都會產生一個全新的 showSuccessAlert 函式，其引用了本次 render 版本的 props 資料

再次回顧這段 function component 的寫法，你會發現一個關鍵：function component 的 props 是以參數的形式取得的，而不是掛在一個 `this` 這種 mutable 的物件身上。**每次 render 準備發動時，React 會先從內部機制中的 component 實例上先補捉一次當前版本的 props**，然後作為參數傳給 component function 來執行。此時傳入的 props 是只專屬於給這次 render 使用，與其他 render 時的 props 其實是完全獨立、不互相影響的。

當我們在 render 的過程中產生 event handler 函式，並在其中使用 props 或 state 時，由於 **JavaScript 函式的 closure 特性**，所以這些 **event handler 函式將與該次 render 所取得的 props 和 state 進行了「綁定」**。這意謂著這些 event handler 函式無論在任何時間點被觸發執行，它們所讀到的 props 與 state 都是永遠不變的。

在以上範例的 function component 寫法中，每次 render 時其實都會重新產生一個全新的 `showSuccessAlert` event handler 函式，它會以 closure 的方式綁定該次 render 專屬的 props 與 state。這就是為什麼即使我們在點擊購買按鈕後立刻切換了商品，`setTimeout` callback 仍然會吃到原本的舊資料，因為在三秒後才會執行的那個 `showSuccessAlert` 函式其實是舊版 render 所產生的版本，而不是最新 render 所產生的版本。

而這就是 class component 與 function component 真正的關鍵區別：**function component 會自動「捕捉」該次 render 版本的原始資料！**

這種特性讓我們在撰寫 function component 時完全不需要擔心在非同步事件中讀取 props 等資料會遇到新舊 render 之間資料拿錯的問題，並且讓 event handler 函式也真正參與到了單向資料流當中：「**原始資料是來源，使用到原始資料的 event handler 函式是 render 的結果。當資料更新時，在新一次的 render 中就會產生綁定新版資料的新版 event handler 函式**」。這裡指的「原始資料」不只是 props ，也同樣適用於 state。

前面的章節中曾介紹過單向資料流的概念是「UI 畫面是以原始資料延伸出來的結果」，這在 React 中的對應流程就是將 props 或 state 等原始資料經過 component render 之後產生 React element。然而我們自己定義在 component 中的 event handler 函式（像是上面範例中的 `showSuccessAlert`）函式也是會存取 props 或 state 的，並且你會期待事件中所讀取到的原始資料也應該要符合它觸發當時的 render 版本。

　　總結來說，從概念上我們可以將這些在 function component 中自定義的 event handler 函式也視為 render 結果的一部分，它們會「屬於」某次擁有特定 props 與 state 的 render。我們也會在接下來的章節中繼續深入探討這種 render 資料流的相關概念。

章節重點觀念整理

▶ 在 class component 中，儘管 props 是 immutable 的，但 `this` 不是。每次 re-render，React 會用新的 props 覆蓋 `this` 中的舊版 props。因此，使用 `this.props` 將獲得最新的 props 資料。這可能導致在非同步事件中，錯誤的讀取到最新版的 props，而非預期的舊版資料。

▶ **Function component 會自動捕捉該次 render 時的 props 與 state 資料**。由於 JavaScript 的 closure 特性，event handler 函式在建立時會「綁定」到當次的 props 和 state。因此，無論何時觸發，event handler 函式讀到的 props 和 state 始終不變。概念上，這些 event handler 函式可以被視為 render 結果的一部分，它們會屬於某次擁有特定 props 與 state 的 render。

章節重要觀念自我檢測

▶ 在 class component 中的非同步事件裡以 `this.props` 來存取 props 可能會有什麼問題？

▶ 「function component 會自動捕捉該次 render 時的 props 與 state 資料」是什麼意思？

參考資料

▶ https://overreacted.io/how-are-function-components-different-from-classes/

筆者思維分享

在這個章節中透過探討 class component 與 function component 在資料流存取行為的不同之處，來開始切入關於 function component 的資料流延伸情境。在前端應用程式之中，不只是畫面會依賴於原始資料，事件處理、額外的副作用處理等可能也會，我們必須將它們視為資料流會影響的一部分。在接下來的章節中，也會繼續深入探討這些連動關係與概念。

每次 render 都有自己的 props、state 與 event handler 函式

　　延續上一個章節的脈絡，我們來更深入關於「function component 會自動捕捉該次 render 時的 props 與 state 資料」這個觀念。

觀念回顧與複習

▶ 單向資料流：畫面結果是原始資料透過模板與渲染邏輯所產生的延伸結果。

▶ Props 與 state 是 component function 的 render 中的原始資料。

▶ 當執行 component function 來產生一次原始資料所對應的區塊畫面的 React element 結果，這個過程被稱為「一次 render」。而當 component 的 state 所對應的 `setState` 方法被呼叫，React 會重新執行 component function 來產生構成新畫面的 React element，即「re-render」。

▶ Component function 本身是描述特徵和行為的藍圖，而根據這個藍圖產生的實際個體，被稱為實例。每個實例都有其獨立的狀態，並不會受到相同藍圖的其他實例影響，而 component 的實例會由 React 內部機制自動管理。

▶ Closure：在 JavaScript 中如果一個函式存取了其作用域外部的變數，那麼該函式就會因為 closure 的特性而一直「記住」這些變數的記憶體位置。無論這個函式在何時何地被呼叫，都能夠順利的存取當初宣告時記住的這些變數。

章節學習目標

▶ 了解為什麼在 component function 中，每次 render 都擁有其自己版本的 props、state 以及 event handler 函式。

▶ 了解為什麼維持資料的 immutable 可以使資料流中的 closure 函式具有更好的可預測性。

4-3-1 每次 render 都有其自己版本的 props 與 state

在上一個章節中，我們曾提過「function component 會自動捕捉該次 render 版本的原始資料」這個概念。讓我們先從這一點繼續往下深究，幫助我們了解 React 的重繪機制與資料流之間的關聯。

讓我們來觀察一個再常見不過的 counter 範例：

```jsx
export default function Counter() {
  const [count, setCount] = useState(0);
  const increment = () => setCount(count + 1);

  return (
    <div>
      <p>counter: {count}</p>
      <button onClick={increment}>
        +1
      </button>
    </div>
  );
}
```

注意第 7 行中的 `<p>counter: {count}</p>` 程式碼，它做了什麼事情？來自 `useState` 回傳的 `count` 變數會「觀察」state 的變化然後自動更新變數的內容嗎？這可能是剛學習 React 的初學者常見的一種直覺，不過實際上它是一種心智模型上的誤解：「React 是基於單向資料流 —— 資料更新時，畫面會隨之更新」的認知，很容易會讓人不自覺衍生出像是「有某個機制在監聽 state 的改變並觸發某些後續機制」的概念聯想。

然而事實上並非如此，**React** 其實不會去監聽資料的改變，也不關心資料具體是更新了哪些部分的內容，更不會在監聽到資料發生變化後去修改已經產生的 **React element** 以及 **event handler** 函式。這些都是對於 React 核心機制常見的觀念誤解，讓我們來繼續透過範例解釋 render 機制真正的運作邏輯。

> **?** **詞彙解釋**
>
> 「心智模型（mental model）」是指個體內部形成的關於外部世界的知識、理解和預期的結構化框架。這些模型形成了我們如何解讀、預測和應對日常生活中的情境。心智模型是基於經驗、學習和感知所建立，且經常在不自覺的狀態下影響我們的行為和決策。
>
> 舉例來說，駕駛者對於汽車的運作和道路規則有一套心智模型。當他們在路上駕駛時，這些模型幫助他們預測其他車輛的行為、了解當踩下油門或剎車時會發生什麼事，以及如何在特定情境下做出反應。
>
> 當心智模型與實際環境的情況高度吻合時，它可以增強個體的效率以及決策的正確性。然而，如果心智模型基於不正確的資訊或過時的經驗，它可能導致誤解或使你採取一些不適當的決策。

在這個範例中，`count` 只是一個普通的數字型別變數，它既不是什麼「data binding」，也不是什麼「watcher」或「proxy」等帶有監聽性質的東西，就是一個普通的數字變數。在 component function 中，每次 render 都會執行一次的 `const [count, setCount] = useState(0)` 這一行所代表的本質意義，其實是「將 state 最新版本的值從 component 實例上取出，並且在 component function 這次的執行中定義一個區域變數來存放取回的值」。

舉例來說，當本次 render 時 count 值為 `100` 時，你甚至可以想像成這樣來理解：

```
const count = 100;
// ....
<p>counter: {count}</p>
```

> 從 useState 取出的值，是一個永遠不會改變的常數

當這個值從 `useState` 方法的回傳值取出後，就被賦值到了一個新建立的區域變數 `count` 上，而這個變數是一個值永遠都不會改變的常數。

在前面的章節中，我們曾提及過「component 的一次 render」這個概念，其具體做的事情其實就是「以最新版的 props 與 state 重新執行一次 component function」。因此上面的範例我們可以這樣理解：

```
// 在第一次 render 時
function Counter() {
  const count = 0;

  // ...
  <p>counter: {count}</p>
  // ...
}
```

從 useState 取出的值，並將其放到新宣告的 count 變數，是一個值永遠不會改變的常數。

```
// 經過一次事件呼叫了 setState，我們的 component function 再次被重新執行
function Counter() {
  const count = 1;

  // ...
  <p>counter: {count}</p>
  // ...
}
```

從 useState 取出的值，並將其放到新宣告的 count 變數，是一個值永遠不會改變的常數。這個 count 變數與前一次 render 時宣告的 count 變數是不同的變數

```
// 經過另一次事件呼叫了 setState，我們的 component function 又再次被重新執行
function Counter() {
  const count = 2;

  // ...
  <p>counter: {count}</p>
  // ...
}
```

從 useState 取出的值，並將其放到新宣告的 count 變數，是一個值永遠不會改變的常數。這個 count 變數與前兩次 render 時宣告的 count 變數都分別是不同的變數

有一個重點是，在以上不同次的 render（也就是 component function 不同次的執行）之間，都各有一個以 `const` 宣告並命名為 `count` 的區域變數，但是**它們在每次 render 之間其實是獨立、完全不相關的變數**，只是在各自作用域內的命名剛好一樣而已。

> 🙁 常見誤解澄清
>
> 需要稍微提醒的是，此處所述的「它們在每次 render 之間其實是獨立、完全不相關的變數，只是在各自的作用域內的命名剛好一樣而已」，並不是因為 React 才有的特殊行為，而是 JavaScript 語言本身的變數作用域就是如此。
>
> Component 是一個函式，且一次 render 就是執行了一次 component function。而在 JavaScript 中（或是大多數程式語言中也是），一個函式在每次重新執行時就會創造一個新的作用域，而函式中宣告的變數就是一批全新的變數，與前一次函式執行時的作用域中的變數完全無關。

所以現在我們可以下結論，這行程式碼其實不會做任何特別的 data binding 或監聽資料變化等動作：

```
<p>counter: {count}</p>
```

這只是把一個普通的數字變數放進了一個 React element 的內容中，以作為畫面渲染的輸出結果。

以上概念的關鍵點在於，在任何一次 render 裡的 `count` 變數的值都並不會隨著呼叫 `setState` 方法而發生改變。每當我們呼叫 `setState` 方法時，React 會重新呼叫 component function 來重新執行一次 render，而每一次 render 時都會透過 `useState` 取出該次 render 版本的 state 值，並將其賦值到每次都會新宣告的 `count` 變數，這個 re-render 的流程完全不會導致舊 render 中的 `count` 變數被修改。再次提醒：**它們只是在各自的 render 中剛好都被宣告命名為 `count`，但都是完全不同的變數**。

這個概念在 props 也是相同的，**每次 render 時都會傳入一個全新的 props 物件作為參數，並且預期它的內容是永遠不變的**。總結來說，每當 component function 執行一次 render 時，就會從 **component 實例上捕捉那個瞬間的資料（props 與 state）快照**，成為一個特定時刻的歷史資料，其值永遠不會再被修改。

因此範例中 `const [count, setCount] = useState(0)` 這行程式碼真正的本質意義其實是「透過 `useState` 這個 hook 取得 React 內部的 component 實例上的目前 count state 值（當然如果有 `setState` 的待執行佇列內容的話就會先計算更新 component 實例上的 state 值，然後再取出），並且宣告一個 `count` 變數把這個值保存起來作為一份永遠不會再被修改的快照，也就是歷史紀錄」。所以在 component function 中宣告的 `count` 變數，其意義嚴格上來說其實並不是「最新版的 count state 值」，而是「該次 render 時版本的 count state 值」才更準確。

結合我們在前面章節介紹過的各種核心原理的概念，讓我們再次整理一下 React 的 render 運作思維：

▶ **React 不會去監聽資料的變化**，你必須自己主動告知 React（也就是呼叫 `setState` 方法）有資料需要更新並觸發 re-render。

▶ React 不會在 `setState` 方法被呼叫時檢查新舊資料之間的詳細差異之處（例如陣列或物件裡的細節內容差異），而是只會以 `Object.is` 方法簡單的比較一下來決定是否繼續發起 reconciliation。

▶ 一次 render 做的事情就是以當下版本的 props 與 state 重新執行一次 component function。

▶ 每次 render 時都會捕捉到屬於它自己版本的 **props** 與 **state** 值作為快照，這個值是個只存在於該次 render 中的常數，其內容永遠不會改變。

> **？ 詞彙解釋**
>
> 「快照（**snapshot**）」在電腦科學的領域中，通常指的是**某一時刻**系統、應用程式、資料或任何可變物件的狀態的歷史紀錄。這個「快照」提供了一種方式來捕捉和儲存**特定時間點的資訊**，以便稍後可以參考或恢復。
>
> 在正文此處的概念中，特定的時間點就是「每一次 render 時」，而產生的快照結果就是「該次 render 時所對應的 props 與 state 資料」，這些資料在被快照並捕捉到 component function 中之後，就永遠不會再被修改，成為一個定格的歷史紀錄。當新的 render 發生時，會產生新的快照並放置到新的區域變數中，而不會去修改之前舊的 render 所產生的舊快照。

4-3-2 每次 render 都有其自己版本的 event handler 函式

現在我們已經理解每次 render 都有自己版本的 props 與 state 了，那麼 event handler 函式呢？如果你還記得的話，其實在上一個章節中我們已經提及這個概念，這裡讓我們以一個類似的範例來更詳細的解析：

```jsx
export default function Counter() {
  const [count, setCount] = useState(0);

  const increment = () => {
    setCount(count + 1);
  };

  const handleAlertButtonClick = () => {
    setTimeout(
      () => {
        alert(`你在 counter 的值為 ${count} 時點擊了 alert 按鈕`);
      },
      3000
    );
  };

  return (
    <div>
      <p>counter: {count}</p>
      <button onClick={increment}>
        +1
      </button>
      <button onClick={handleAlertButtonClick}>
        Show alert
      </button>
    </div>
  );
}
```

⚛ Counter.jsx

在 **setTimeout callback** 裡使用了從 **useState** 所取出的值來建立的變數 count

🔗 **Demo 原始碼連結**

每次 render 都有自己版本的 event handler 函式範例

https://codesandbox.io/s/l368fz?file=/src/Counter.jsx

你可以進入以上的 CodeSandbox 中自己動手操作看看以下步驟：

1. 將 counter 的數字加到 **2**。

2. 按下「Show alert」按鈕。

3. 在三秒內（`setTimeout` callback 觸發之前）盡快將 counter 的數字加到 **4**。

4. 觀察跳出的 alert 訊息。

此時你覺得 alert 中顯示的數字會是 2 還是 4？讓我們來看看操作的結果，如圖 4-3-1 中所示：

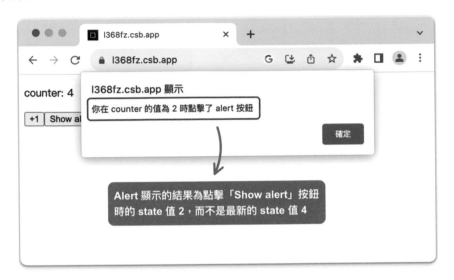

圖 4-3-1

可以看到 alert 的顯示結果是 2，而不會是 alert 跳出時當下最新的 state 值 4。這並不是因為 React 做了什麼特殊的事情才有的黑魔法，而是 JavaScript 本身的就有核心特性 closure 所導致的。接下來就讓我們對於這點往下深究。

> ⚛ **小提示**
>
> 如果你對於 closure 的概念到底是什麼感到不確定或困惑的話，會非常建議你先掌握這個 JavaScript 的核心特性，然後再繼續學習 React —— 因為 React 的核心機制中隨處都會依賴於 closure。

我們目前已經了解到「每次 render 都有自己版本的 props 與 state，它們的值在一次 render 中是永遠不變的」了：每次 component render 時都會從 state 與 props 中取得當下版本的快照資料並存進一個新宣告的變數中，**所以每次 render 之間的 state 變數都是完全無關的獨立變數。**

在 JavaScript 中如果一個函式存取了其作用域外部的變數，那麼該函式就會因為 closure 的特性而一直「記住」這些變數的記憶體位置。無論這個函式在何時何地被呼叫，都能夠順利的存取當初宣告時記住的這些變數。因此當我們在 component function

內定義 event handler 函式時，這些函式就會因為 closure 的特性而「記住」它們所用到的 props 與 state：

```jsx
1  export default function Counter() {
2    const [count, setCount] = useState(0);
3
4    // ...
5
6
7
8    const handleAlertButtonClick = () => {
9      setTimeout(
10       () => {
11         alert(`你在 counter 的值為 ${count} 時點擊了 alert 按鈕`);
12       },
13       3000
14     );
15   };
16
17   // ...
18 }
```

> **Counter.jsx**

> 在 setTimeout callback 裡使用了從 useState 所取出的值來建立的變數 count。這個 callback 函式會因為 JavaScript 的 closure 特性而永遠記得 count 這個變數，可以隨時隨地讀取到它。而在每次 render 中的 count 變數都是永遠不變的，因此這次 render 中的這個函式所記得的 count 變數內容也永遠不會改變

這個範例中，我們在 alert button click 事件裡呼叫的 `setTimeout` callback 函式中，使用了從 `useState` 所取出的值來建立的變數 `count`。這個 callback 函式會因為 JavaScript 的 closure 特性而永遠記得 `count` 這個變數，可以隨時隨地讀取到它。而如同前文所提過的概念，每次 component render 中的 `count` 變數都是永遠不變的，因此這次 render 中定義的這個 callback 函式所記得的 `count` 變數內容也永遠不會改變。

這裡有一個非常重要的認知前提：在 component function 中，每一次 render 都會重產生全新的 event handler 函式，這些函式在每次 render 之間都是獨立、不相關的。所以在上述範例中，每次 render 時其實都會重產生一個全新的 `handleAlertButtonClick` 函式以及全新的 `setTimeout` callback 函式，而它們都會分別因為 closure 特性而記住屬於自己該次 render 版本的 props 與 state 資料變數。

這個概念就像是資料流所反應的連動關係。Component function 內所定義的任何 event handler 函式或 callback 函式，其中所使用到的 props 與 state 資料內容固定會是對應產生這個函式的那次 render。每次 component render 時都會捕捉到屬於它自

己版本的 props 與 state 值作為快照，而使用到這些 props 與 state 的函式也變成了由這些資料延伸出來的快照函式：**一次 render 產生的 event handler 函式中所讀取到的 props 與 state 資料是永遠固定不變的。換句話說，每次 component render 都會產生其自己版本的 event handler 函式，對應存取到其自己版本的 props 與 state。**

讓我們繼續以上述的範例來體現這個概念。當 state 的值是 `2` 的時候，alert 按鈕上綁定的 event handler 事件是專屬於「`count` 的值是 `2` 的那次 render」的版本，其因 closure 特性而記得的 `count` 變數永遠都會是 `2`。所以即使當我們點擊按鈕來增加 counter 數值到 `4` 之後 `setTimeout` 的 callback 才被執行，這個 callback 函式記得的 `count` 變數仍然是「`count` 的值是 `2` 的那次 render」的版本：

```
1    // 模擬 count state 的值是 2 的時候的 render
2
3    function Counter() {
4      const count = 2; // 從 useState 回傳
5
6      // ...
7
8      const handleAlertButtonClick = () => {
9        setTimeout(
10         () => {
11           alert(`你在 counter 的值為 ${count} 時點擊了 alert 按鈕`);
12         },
13         3000
14       );
15     };
16
17     // ...
18
19     <button onClick={handleAlertButtonClick}>
20       Show alert
21     </button>
22
23     // ...
24   }
```

> 這個 setTimeout callback 會永遠記得值是 2 的版本的 count 變數，而 component 回傳的 React element 中事件綁定的 handleAlertButtonClick 也是對應了這個 count 值為 2 版本的 setTimeout callback，形成資料流的連動關係

而 component function 所 render 出的 React element 中事件綁定的 `handleAlertButtonClick` 函式也是對應了這個 count 值為 2 版本的 `setTimeout` callback 函式，形成資料流的連動關係：

▶ 本次 render 所宣告的 `count` 變數為 2，且這個變數的值永遠不會改變。

▶ 本次 render 宣告了一個新的 `handleAlertButtonClick` 函式作為 event handler，而其內容中會連帶宣告了一個新的 `setTimeout` callback 函式，且該 callback 函式存取了本身作用域外的變數 `count`，並且會因為 closure 的特性而一直記得這個變數。而由於 `count` 變數的值永遠不變的緣故，所以等同於這個 `setTimeout` callback 函式所讀取到的資料也永遠不變。

▶ 本次 render 最後會產生一份新的 React element，其中在按鈕的 `onClick` 上綁定本次 render 新產生的 `handleAlertButtonClick` 函式。

　在經過以上一連串的資料流連動行為後，就可以得到一個結論：alert 按鈕點擊後，最後跳出的 alert 結果是永遠固定不變的。這就是為什麼在 component function 裡定義的 event handler 函式會「屬於」一次特定的 render：event handler 函式是以原始資料（props 與 state）快照延伸出來的另一種資料快照結果，因此可以延伸這個概念為，**每次 render 都有其自己版本的 event handler 函式**。

　這樣的連鎖反應能夠確保單向資料流的可預測性以及可靠性。當來源資料發生更新時，就透過重新 render 來產生一組全新的資料快照、一組全新的 event handler 函式，以及一份全新的畫面，而舊有 render 的歷史產物則都不會被修改到。

　這也是為什麼 props 是不可修改的，以及為什麼當我們的 state 中有物件或陣列時，需要開發者去維護並保證資料的 immutable。當非同步事件的處理中會使用到舊 render 中的資料時，這樣才能維持歷史中每一次 render 當中的原始資料都是獨立、互不影響的，以確保資料流連動的關聯性與可靠性。

4-3-3 Immutable 資料使得 closure 函式變得可靠而美好

　在目前為止的篇幅中，我們解析了有關 function component 的 render 中函式與資料流的連動。你會發現這個概念其中的關鍵點有兩個，一個是保持資料的 immutable，另一個則是 closure，想要達到這樣的效果則兩者缺一不可。

讓我們來以目前為止的理解再次回顧上一個章節「class component 與 function component 的關鍵區別」其中的範例，幫助我們更清晰的內化這個觀念：

⚛ **BuyProductButton.jsx**

```jsx
1   import React from 'react';
2
3   export default class BuyProductButton extends React.Component {
4     showSuccessAlert = () => {
5       alert(`購買商品「${this.props.productName}」成功！`);
6     };
7
8     handleClick = () => {
9       setTimeout(
10        this.showSuccessAlert,
11        3000
12      );
13    };
14
15    // ...
16  }
17
```

> 在 **class component** 中如果我們以 **this.props.xxxx** 的方式來取得 props 資料的話，其實我們無法保證 showSuccessAlert 這個方法在任何時間點執行的結果都一致

可以看到，在 class component 中如果我們以 `this.props.xxxx` 的方式來取得 props 資料的話，其實我們**無法保證 `showSuccessAlert` 這個方法在任何時間點執行的結果都一致**。由於當 props 有更新時，React 就會 mutate `this` 物件，所以如果因為一些非同步的情況而導致執行 `showSuccessAlert` 方法時 `this.props` 的內容已經被 React 替換過的話，就會發生「錯誤的取得了最新的資料」的情況。

所以，這個問題的根源在於「**`this` 並不是一種保證 immutable 的固定資料**」，它隨時有可能被外力修改其內容，因此我們無法確保使用到了 `this` 的函式在不同時間點的執行結果會保持一致。在這種情況下，「由於 closure 的特性而記得某個函式外的變數資料」的行為其實是很不穩定的，因為你很難完全掌握所依賴的資料會何時在其他地方被隨意修改，自然也很難保證函式的執行結果會是固定、可預期的。

然而 function component 為什麼不會遇到這種問題？

```jsx
⚛ BuyProductButton.jsx

1  export default function BuyProductButton(props) {
2    const showSuccessAlert = () => {
3      alert(`購買商品「${props.productName}」成功！`);
4    };
5
6    const handleClick = () => {
7      setTimeout(
8        showSuccessAlert,
9        3000
10       );
11    };
12
13    // ...
14  }
```

> 在 function component 中，每次 render 之間的 props 資料都是獨立且永遠不變的快照。而 showSuccessAlert 方法在每次 render 時則都會重新產生一個該次 render 的專屬版本，依賴該次 render 的專屬 props。因此這個函式無論在何時何地被執行，它所記得的 props.productName 都永遠依舊是它產生時的那次 render 的版本

在 function component 中，props 與 state 都是透過注入的方式在每次 render 時重新取得的（props 是透過 component function 參數，state 是透過呼叫 **useState** 的回傳值），每次 render 之間的 props 與 state 資料都是獨立且永遠不變的快照。以這個範例來說，每次 render 時接收到的 **props** 參數都是不同的物件，所以當這個 component 以新的 props 資料進行 re-render 時，它也不會 mutate 上一次 render 時的那個 **props** 參數物件，而是會傳入一個全新的 **props** 參數物件。

而 **showSuccessAlert** 函式在 function component 的每次 render 時則都會重新產生一個該次 render 的專屬版本，依賴該次 render 版本的 props 快照。因此這個函式無論在何時何地被執行，它所記得的 **props.productName** 都永遠依舊是它產生時的那次 render 的版本。

所以 function component 之所以可以完美的解決這個問題，其關鍵就在於「一次 **render** 內的各種函式中以 **closure** 所記住並依賴的原始資料 **props** 與 **state** 都是 **immutable** 的，它們永遠不會發生改變」，此時這些函式的執行效果就反而變成了穩定且可預期的。這種行為能夠讓 **component** 裡的函式也變成單向資料流的一部分，也就是說「當原始資料發生改變時，函式的執行效果才會連帶發生改變」，包含 event handler 函式、effect 函式、cleanup 函式…等依賴於原始資料的函式皆是如此。

這也是為什麼本書一直不斷強調掌握 closure 特性對於學習 React 的重要性，因為它在 React 的資料流中幾乎是隨處可見！以上提及的這些設計與觀念並不是 React 本身的什麼獨創技術或黑魔法，只是依賴了 JavaScript 本身一直都有的基礎特性而已。

因此當一個函式內依賴的外部變數是 immutable 的時候，closure 的特性其實會是可靠又美好的，讓開發者對於資料流的感知變得更簡單直覺，因為函式的執行效果總是固定且可預期的。

> ※ **小提示**
>
> 此處得再次強調，「**function component 的 props 與 state 是 immutable 的**」這件事情其實是需要開發者人為去維持的。雖然 function component 本身的機制會將 render 中的資料視為 immutable 的快照，但是一旦遇到物件或陣列這種以參考形式存在的資料時，若是開發者不當的人為 mutate 操作就有可能導致資料的 immutable 被破壞。並且，這種 mutate 物件或陣列資料的操作不會被 React 所偵測到並報錯，而是有可能直接導致應用程式的資料流出錯，因此非常仰賴 React 開發者本身有意識的避免去 **mutate props 與 state** 資料，才能確保資料流的正確性以及可靠性。

章節重點觀念整理

▶ 在每一次的 render 之間的 props 與 state 都是獨立、不互相影響的快照值。

▶ 在每一次的 render 中的 props 與 state 快照值永遠都會保持不變，像是該次 component function 執行時的區域常數。

▶ Event handler 函式是以原始資料（props 與 state）快照延伸出來的另一種資料快照結果：

　■ 一次 render 產生的 event handler 函式中所讀取到的 props 與 state 資料是永遠固定不變的。

　■ 每次 component render 時都會重新產生其自己版本的 event handler 函式，對應存取到其自己版本的 props 與 state。

　■ 因此可以延伸這個概念為，每次 render 都有其自己版本的 event handler 函式。

▶ 一次 render 內的各種函式中以 closure 所記住並依賴的原始資料 props 與 state 都是 immutable 的，它們永遠不會發生改變，因此這些函式的執行效果是固定且可預期的，這使得 component 裡的函式也變成單向資料流的一部分。

章節重要觀念自我檢測

▶ React 會監聽資料的改變並自動觸發舊有畫面的修改嗎？為什麼？

▶ 為什麼每一次 render 中的 props 與 state 的值都是永遠不變的？

▶ 總結解釋「每次 render 都有其自己版本的 props 與 state」是什麼意思。

▶ 為什麼 component function 內所定義的 event handler 函式可以永遠記得那些存取到的 props 與 state 變數？

▶ component function 內所定義的 event handler 函式，在每次 render 之間是同一個函式個體嗎？為什麼？

▶ 總結解釋「每次 render 都有其自己版本的 event handler 函式」是什麼意思。

▶ 為什麼 immutable 資料以及 closure 是讓 component 裡的函式也變成單向資料流的一部分的重要關鍵？

參考資料

▶ https://overreacted.io/a-complete-guide-to-useeffect/

💡 **筆者思維分享**

你會發現在本章節的 component render 資料流連動概念中，JavaScript 函式本身的 closure 特性承擔了關鍵的角色。在使用到的資料會維持 immutable 的情況下，closure 的特性可以讓一個函式永遠存取到固定不變的資料內容。這樣基於在每次 render 中「props 與 state 快照資料永遠不變」以及「依賴這些快照資料來產生新的 event handler 函式」的設計，就能夠非常好的符合在前面章節中不斷強調的 React 核心思維與機制：**一律重繪**。

我們基於每次 render 版本的資料來重繪畫面，同時也重繪出新版的 event handler 函式，而這些函式也可能會綁定在畫面中的事件，因此就形成單向資料流的延伸連動關係：當原始資料發生更新時，就以當前新版本的資料重繪出新的 event handler 函式、重繪出新的畫面、甚至重繪出新的 effect 函式與 cleanup 函式（後續章節中會詳細講到這個部分）。

這些東西都可以被視為單向資料流中以原始資料延伸出的結果，維持這樣的關聯性能夠確保資料流的可預期性以及可靠性，我們只需要專注於原始資料的狀態更新，資料流就會因為重新 render 而自動產生連鎖反應並產生對應的結果。

React 中的副作用處理：effect 初探

useEffect 可能是 React 自從 hooks 時代以來，被世人誤解最深的一個 API，沒有之一。不只是初學者常對其感到困惑，即使在 hooks 已經推出了好幾年的今天，許多資深的 React 開發者都可能仍以錯誤的理解在使用它。

尤其是對於那些以前熟悉 class component 的開發者們（包括筆者我自己在內），其中應有非常多人都曾經嘗試在 function component 中以 useEffect 去模擬 class component的 componentDidMount 或 componentDidUpdate 等生命週期 API。不過事實上，這是對於 useEffect 的一種巨大誤解，useEffect **其實並不是 function component 的生命週期 API**。

在接下來的這個章節中，就讓我們延續著前幾個章節中 render 資料流的觀念，一起正確的重新認識 useEffect。

觀念回顧與複習

▶ Component function 會隨著 re-render 而不斷被重新執行，每次 render 時都會產生對應的畫面結構 React element。

▶ 在每一次的 render 之間的 props 與 state 都是獨立、不互相影響的快照，其值永遠都會保持不變，像是該次 component function 執行時的區域常數。

▶ 一次 render 內的各種函式中以 closure 所記住並依賴的原始資料 props 與 state 都是 immutable 的，因此這些函式的執行效果是固定且可預期的，這使得 component 裡的函式也變成單向資料流的一部份。

▶ Hooks 僅可以在 component function 內的頂層作用域被呼叫。

章節學習目標

▶ 了解什麼是副作用，以及為什麼我們需要 `useEffect` 來在 React component 中處理副作用。

▶ 了解 `useEffect` hook 的基本使用方式。

▶ 了解為什麼在 component function 中，每次 render 都擁有其自己版本的 effect 函式與 cleanup 函式。

5-1-1 什麼是 effect

在進入到 `useEffect` 之前，我們應該先從更本質的面向開始探究：什麼是「effect」？

程式設計中的 effect，全名為 side effect，通常中文會稱之為「副作用」。當一個函式除了回傳一個結果值之外，還會依賴或影響函式外某些系統狀態，又或是與外部環境產生互動時，我們就稱這個函式是帶有副作用的，例如修改函式外的全域變數、讀寫檔案、資料庫操作、網路請求…等等都是常見的副作用。

我們以一段 JavaScript 程式碼作為範例：

```
 1  let globalVariable = 0;
 2
 3  function calculateDouble(number) {
 4    globalVariable += 1;            →  在函式中修改了函式外部環境的變數
 5
 6    fetch(/* ... */).then((res) => {   →  在函式中發起了與函式外部環境的
 7      /* ... */                            互動：網路請求
 8    });
 9
10    document.getElementById('app').style.color = 'red';
11                                    →  在函式中發起了與函式外部環境的
12    return number * 2;                   互動：修改 DOM element
13  }
14
```

在這個範例中，`calculateDouble` 函式從命名、參數以及回傳值乍看之下，是一個將傳入的數字參數計算出雙倍後再回傳，非常簡單的函式。然而在函式內的流程中，除了以參數去計算回傳值之外，其實還做一些與函式的外部環境互動的處理，像是存取函式外的變數、發起網路請求、修改 DOM element 等，因此我們會認為這個函式是「有副作用的」。

副作用所帶來的負面影響

在程式設計中，一個函式中帶有副作用並不一定是絕對的壞事。在某些情境下，這些被認為是「副作用」的行為所帶來的影響與效果，反而才是該函式主要的執行作用。不過，比起沒有副作用的函式，帶有副作用的函式確實可能會造成一些負面的影響，舉例來說：

▶ 可預測性降低：

- 帶有副作用的函式通常會更難以預測其行為，因為它可能受到函式的外部狀態或變數的影響，而這些外部資料有可能被程式中任何其他地方所修改。同時，副作用也可能是主動去影響函式外部的環境。這些都使得程式的行為所造成的影響難以被控管，並可能導致未知的錯誤和不一致等問題。

▶ 測試困難：

- 帶有副作用的函式通常更難進行單元測試。由於副作用可能涉及外部資源或狀態，因此要模擬或隔離這些影響因素的測試環境會更為困難。

▶ 高耦合度：

- 副作用往往增加了系統各部分之間的耦合度。當一個函式依賴或影響外部狀態時，它就與那些狀態或資源緊密相關，這使得更改或重構程式變得更加困難。

▶ 難以維護和理解：

- 函式帶有副作用可能使程式變得更難維護和理解。當你閱讀或分析一個有副作用的函式時，你必須考慮程式中更多的上下文依賴關係和潛在影響，這可能使得程式的理解和修改更為困難。

▶ 優化限制：

- 副作用也可能限制編譯器或執行時系統進行優化的能力。沒有副作用的函式可以更容易的進行各種優化，像是快取計算結果、自動平行化或編譯時靜態處理；而帶有副作用的函式則限制了這些優化的可能性。

然而，在實際的程式設計中，副作用往往是很難完全避免的，因為我們仍時常會需要與函式外部的環境進行互動。因此，**許多程式語言或框架會提供特殊的工具來管理或隔離副作用**，以達到確保程式穩定執行的目的。

5-1-2 React component function 中的副作用

然而在副作用所帶來的負面影響中，有兩點是需要在此深入關注並探討的，並進一步延伸到 React component function 的情境：

函式多次執行所疊加造成的副作用影響難以預測

首先是當一個帶有副作用的函式**被多次重複執行時**，其造成的影響可能會多次被疊加，導致執行的後果變得非常難以預測與追蹤。以前文出現過的範例來說：

```
1   let globalVariable = 0;
2
3   function calculateDouble(number) {
4     globalVariable += 1;
5
6     fetch(/* ... */).then((res) => {
7       /* ... */
8     });
9
10    document.getElementById('app').style.color = 'red';
11
12    return number * 2;
13  }
14
```

每次這個函式被執行時，就會讓外部環境的 **globalVariable** 變數被 += 1

每次這個函式被執行時，就會發起一次新的網路請求

每次這個函式被執行時，就會修改一次該 DOM element

每當這個函式被執行一次時，就會讓外部環境的 `globalVariable` 變數的值上升，並發起一次新的網路請求，以及修改一次 DOM element。隨著執行次數的增加，這些副作用造成的效果就會不斷疊加累積。也就是說，**這個函式執行不同次數後所造成的影響與結果也是不同的**。因此當這個函式實際上會多次被執行，且我們並沒有辦法精準預期執行的總次數時，就會讓程式的可預測性降低，甚至導致運作邏輯上的錯誤。

而說到一個函式會不固定次數的多次執行，你是否覺得有種熟悉感？沒錯！在 React 中的 component function 就是符合這種情境的函式。當一個 component function 被 re-render 時，也就代表著該函式被重新執行了一次。因此當一個 **component function** 的 **render** 流程中包含了會造成副作用的處理時，就很可能會隨著後續不斷的 **re-render** 而讓這些副作用產生的影響不斷疊加，進而導致一些不可預期的問題。

副作用可能會拖慢甚至阻塞函式本身的計算流程

而副作用另外一個值得我們關注的問題，就是這些副作用的處理有可能會**拖慢、甚至阻塞函式本身的計算流程**。例如當我們在一個函式的運算中包含了一段 DOM 的操作：

```
1  function calculateDouble(number) {
2    document.getElementById('app')
3      .style.color = 'red';
4
5    return number * 2;
6  }
```

> 修改 **DOM element** 的動作本身會需要與瀏覽器環境互動。在這段修改 **DOM** 的處理完成之前，程式碼就無法往下執行

這個函式中修改 DOM element 的動作本身會需要與瀏覽器環境互動，而在這段處理完成之前，程式碼就無法往下繼續執行。這種情境會帶來一些問題，首先像是 DOM 操作這種行為並不是純粹的運算，而是與外部系統互動甚至連動瀏覽器的渲染引擎，因此這個操作本身就是較為耗時的。在函式中包含這種副作用操作會拖慢整個函式執行完成的所需時間。

以上面這個範例中的函式來說，「以參數 `number` 計算出雙倍的值」這個運算本身應該是非常快速的，然而由於函式中還包含了 DOM 操作這種處理，因此每次該函式執行時都必須等待 DOM 操作完成，才能夠取得回傳的計算結果。

另外，當函式中所包含的副作用操作發生非預期的錯誤時，也可能會導致函式直接中斷執行，無法繼續往下進行其他部分的運算並回傳結果。

而「拖慢甚至阻塞函式本身的計算流程」對於 React component function 來說也是絕對需要避免的事情。在本書前面介紹畫面管理機制的篇幅中，我們已經了解到 React 是透過一律重繪的機制來更新並管理畫面的，也就是透過 re-render component function 來重新產生對應新畫面的 React element。這意謂著如果我們在 component function 的 render 過程中包含了副作用的操作，**這些副作用的處理可能會拖慢、甚至阻塞 React element 的產生**，導致整體畫面更新的卡頓，進而影響前端應用程式的使用者體驗。

為什麼我們需要 `useEffect` 來處理副作用

從以上的解析中可以發現，**我們不應該在 component function 的 render 過程中直接進行會產生副作用的處理**。當一個 component function 的 render 流程中包含了會造成副作用的處理時，就很可能會隨著後續不斷的 re-render 而讓這些副作用產生影響不斷疊加，進而導致一些不可預期的問題。而這些副作用處理也可能會阻塞 component function 本身產生 React element 的過程，造成畫面更新的效能問題。

當一個 component 負責的職責僅限於以 props 或 state 產生對應畫面的 React element 時，那麼將其設計為完全沒有副作用的 component 是相當容易的。然而就如同前面所說，實際的程式設計開發中是很難完全避免副作用的，我們總會遇到某些 component 需要負責與外部的環境或系統進行互動，例如發起對於後端 API 的請求、監聽某些事件、存取 React 外部的狀態管理套件…等等行為。

所以為了解決這種需求，我們就必須使用 React 本身所提供的專用 API `useEffect` 來管理 component 中的副作用。

`useEffect` 能夠在管理 component 的副作用上幫助我們解決兩個重要的問題。首先是「清除或逆轉副作用造成的影響」。如同我們才剛提到的，如果 component function 中直接執行了會產生副作用的處理，那麼當 component function 隨著應用程式的狀態更新而多次 re-render 後，這些副作用的影響就會不斷產生並且疊加，且疊加的次數是不可預期的。因此，**當一個 component 隨著再次 render 而需要重複執行副作用時**，

其實應該要先將前一次 **render** 所產生的副作用影響給消除或是逆轉，以避免這種疊加所帶來的不可預期性。而當 component 不再出現於畫面之中時，也應該要將某些會造成持續性影響的副作用給消除。

`useEffect` 讓開發者能夠在 component function 中定義副作用的同時，也可以透過定義「cleanup 函式」來指定如何清除該副作用所造成的影響。Cleanup 函式會在每次副作用重新執行前以及 component unmount 時被執行，以避免副作用所造成的影響不斷疊加。

`useEffect` 另一個重要的用途則是「從 component render 的過程中隔離副作用的執行時機」。當我們在 component function 中直接執行副作用時，有可能會阻塞 component function 本身產生 React element 的過程，導致畫面更新的效能問題。而透過 `useEffect` 的話，就能夠將**副作用的處理隔離到每次的 render 流程完成之後才執行，以避免副作用的處理直接阻塞畫面的產生與更新**。

在掌握了副作用本身的概念以及與 React component 的關係之後，接下來就讓我們正式進入 `useEffect` 本身的解析。

5-1-3 useEffect 初探

React 設計並提供了專門在 component function 中管理副作用的 hooks API ——`useEffect`，它可以幫助我們在那些必須帶有副作用的 component 中很好的清除或逆轉副作用造成的影響，並且將副作用的執行隔離於畫面渲染的流程之外，以避免影響到畫面的更新。

接下來我們會先從較為表面的 hook 使用方法開始切入，接著在後續的篇章中再逐漸深入到背後觀念的理解。

useEffect

讓我們先來認識 `useEffect` 的基本使用方式。與其他 hook 相同，`useEffect` 是一種只能在 component function 中呼叫的特殊函式，可以在 component function 內定義一

個副作用的執行流程以及對應的副作用清除流程。我們先來看看 `useEffect` 的呼叫形式：

```
useEffect(effectFunction, dependencies?);
```

▶ `effectFunction`：

- 是一個函式，可以在裡面放置你所需要的副作用處理邏輯。而如果這個副作用所造成的影響是需要被清理或逆轉的話，你可以讓 `effectFunction` 這個函式本身回傳另一個包含清理副作用流程的 cleanup 函式。

- 會在 component 每次 render 完成且實際 DOM 被更新後被執行一次。每當一次 render 完成後，React 會先執行前一次 render 所對應的 cleanup 函式（如果有提供的話），然後才執行本次 render 的 effect 函式。

- Component unmount 時也會執行最後一次 render 的 cleanup 函式。

- 在本書接下來的描述中會以「effect 函式」來稱呼這個參數。

▶ `dependencies`：

- 是一個可選填的陣列參數。這個陣列應包含在 `effectFunction` 中所有依賴到的 component 資料項目，例如：props、state 或任何會受到資料流影響的延伸資料。

- 如果不提供 `dependencies` 陣列這個參數的話，`effectFunction` 預設會在每一次 render 之後都被執行一次。而如果有提供此參數的話，則 React 會在 re-render 時以 `Object.is` 方法來一一比較陣列中所有依賴項目的值與前一次 render 時的版本是否相同，如果都相同的話則會跳過執行本次 render 的 `effectFunction`。

光看這些 API 參數的描述可能還是很難想像實際上要怎麼使用，所以接下來會透過步驟拆解以及範例來幫助我們更好的理解 `useEffect` 的使用方式。當我們想在 component function 中以 `useEffect` 處理一段副作用時，大致上需要三個步驟：

1. 定義一個 effect 函式（也就是 `effectFunction` 參數）來處理副作用：

- **在預設情況下，這個 effect 函式會在每次 render 後都被執行一次。**

2. 加上 cleanup 函式來清理副作用（如果有需要的話）：

- 某些副作用的處理在隨著 component render 而多次執行之後會因為疊加造成預期之外的問題，就會需要撰寫 cleanup 函式來清除或逆轉副作用本身所造成的影響。

3. 指定 effect 函式的依賴陣列，以跳過某些不必要的副作用處理：

- 根據 effect 函式中會依賴的資料項目來定義依賴陣列，這可以幫助 **component 判斷在某些 render 時安全的跳過不必要的副作用處理**，來避免效能成本的浪費。

定義一個 effect 函式來處理副作用

讓我們透過一個簡單的範例來演示如何以 `useEffect` 定義並管理副作用的處理：

```
useEffect(
  () => {
    OrderAPI.subscribeStatus(props.id, handleOrderStatusChange);
  }
);
```

在這個範例中，我們定義了一個會根據 `props.id` 的值來訂閱訂單狀態更新的副作用，在 effect 函式中以 `props.id` 作為依賴資料來呼叫 `OrderAPI.subscribeStatus` 方法。當每次 id 為 `props.id` 的訂單其狀態發生變化時，就會自動呼叫 `handleOrderStatusChange` 這個 callback 函式來處理後續的商業邏輯。

當 component 經過首次的 render 完成之後，這個 effect 函式就會被實際執行，順利訂閱這個訂單的狀態。

加上 cleanup 函式來清理副作用（如果有需要的話）

上面範例中的副作用在 component 首次 render 後，會順利觸發副作用去訂閱 `props.id` 所對應的訂單狀態變化。然而當 component 再次 render 後，這個副作用將再次被觸發執行，此時就會再度發起一次訂單狀態的訂閱（無論 `props.id` 與前一次 render 相比是否不同），這會造成一些副作用效果不如預期的問題。

首先，隨著這個 component 不斷的被 re-render，這個訂閱行為的副作用就會不斷重複被執行，且**新的訂閱被註冊時，舊的訂閱並沒有對應的被取消**，最後就會造成當訂單發生狀態變化時，`handleOrderStatusChange` 這個 callback 函式會同時被執行多次。像這樣的副作用疊加影響顯然不是我們期待的效果。

另一個問題則是當 `props.id` 的值在新的 render 中與舊有 render 中的值不同時，代表著我們需要訂閱的訂單對象其實改變了，此時這個 component 就必須要取消針對舊 id 的訂閱，然後再發起對於新 id 的訂閱，以避免對於舊 id 的訂單訂閱事件仍然不斷的觸發。

最後一個問題是當這個 component 實例的生命週期結束，即將 unmount 時，也會需要透過處理 cleanup 來把當前的訂閱給取消掉，以避免 component 都已經 unmount 之後還持續觸發訂單的訂閱事件，進而導致 memory leak 以及效能浪費等問題。

？ 詞彙解釋

在程式設計中，「**memory leak（記憶體洩漏）**」是指當一段程式碼不再使用某些記憶體空間，但該段記憶體卻未被適時釋放，導致這部分記憶體無法被其他程式使用或重新分配的情況。長時間執行或反覆執行具有 memory leak 的程式可能導致系統可用的記憶體逐漸減少，進而影響系統效能或導致程式異常。避免記憶體洩漏是資源管理的重要課題，特別是在那些沒有自動垃圾回收的程式語言環境中。

雖然 JavaScript 語言本身有自動的垃圾回收機制，但是在正文的範例中如果沒有以 cleanup 函式將訂單狀態的訂閱給取消的話，就會導致在 component unmount 之後仍然持續的訂閱該訂單的狀態，並且在訂單狀態發生變化時不斷的觸發對應的 callback 函式。

這將會連帶導致程式必須持續佔用記憶體空間來存放這個 callback 函式，並且不斷的浪費效能去執行它。此時除非你將整個執行中的應用程式關閉並重新執行，否則這塊記憶體的佔用將會是持續性的，也就是發生了「記憶體洩漏」的情況。

因此在這個範例中，我們比較期待的行為應該是當新一次的訂閱發生前，舊有的訂閱會先被取消。此時我們就可以透過定義副作用的 cleanup 函式來滿足這個需求，在 effect 函式中回傳另一個函式來作為 cleanup 函式：

```
useEffect(
  () => {
    OrderAPI.subscribeStatus(props.id, handleChange);
    return () => {
      OrderAPI.unsubscribeStatus(props.id, handleChange);
    };
  }
);
```

在 effect 函式中回傳另一個函式作為 cleanup
函式，並在其中處理副作用的清除或逆轉

如此一來，每當新一次 effect 函式要被執行前，就會先執行前一次 render 版本的 cleanup 函式來清理前一次 render 所對應的副作用，然後才進行本次 render 所對應的副作用。

當然，並不一定所有的副作用都必須要處理對應的 cleanup。有些副作用的處理並不會產生疊加影響，而是會覆蓋掉前一次的影響結果；又或是該副作用所造成的影響根本並不需要被逆轉，此時就不一定需要定義該副作用的 cleanup 函式。

指定 effect 函式的依賴陣列，以跳過不必要的副作用處理

在我們正確的定義 cleanup 函式來清理副作用以避免造成疊加影響後，這個訂閱訂單狀態的副作用已經能夠正確的隨著 component render 的生命週期以及資料流運作了。每當 component 進行了一次 render 後，就會先執行該副作用在前一次 render 版本的 cleanup 函式來清除既有的訂閱，然後再執行本次 render 所對應的 effect 函式，來進行新一次的訂閱。這正確的符合我們對於商業邏輯的行為需求。

然而，你可能會發現一個在執行效果上雖然不影響正確性、但沒有那麼令人滿意的問題：當每次 component re-render 時，即使意義為「訂單是哪一張」的 **props.id** 資料與前一次 render 相比沒有任何不同，這個副作用處理流程仍然會重跑一次。這意謂著 component 將會取消訂閱後又馬上再次訂閱完全同一張訂單的狀態，這顯然是浪費效能、沒有必要的處理。

此時我們可以為這個副作用的 **useEffect** 呼叫加上 **dependencies** 參數，來指定這個 effect 函式中依賴了哪些資料流中的資料項目。當 React 發現 **dependencies** 陣列中所

指定的依賴資料與前一次 render 相比沒有不同時，就可以安全的跳過本次 render 的副作用處理：

```
useEffect(
  () => {
    OrderAPI.subscribeStatus(props.id, handleChange);
    return () => {
      OrderAPI.unsubscribeStatus(props.id, handleChange);
    };
  },
  [props.id]
);
```

在 useEffect 的第二個參數提供一個 dependencies 陣列，裡面包含這個 effect 函式中有依賴的資料流中的資料變數

　　如此一來，每當 component re-render 後，React 就會檢查前一次 render 時的 `dependencies` 陣列中所有項目是否都與本次 render 時的 `dependencies` 陣列項目完全相同（每一個項目都以 `Object.is` 方法一一比較），只要有任何一個依賴項目有所不同，React 就會認為這個副作用處理所依賴的資料的值與前一次 render 相比是不同的，資料流中的原始資料有所更新所以應該要「以新版的資料來重新處理一次副作用，以維持單向資料流的同步性」，於是就會照常在 render 後執行前一次 render 的 cleanup 函式以及本次 render 的 effect 函式。而如果 `dependencies` 中的所有項目的值都與前一次 render 時相同的話，React 就會認為這個副作用所依賴的所有資料都完全沒有發生任何更新，所以能夠「安全的跳過本次 render 所對應的副作用處理」。

　　因此在這個範例中，每當 component re-render 後，React 就會在執行副作用前先檢查前一次 render 的 `props.id` 與本次 render 時的 `props.id` 是否不同。如果比較的結果為不同的話，就會照常執行副作用的處理；而如果相同的話，則會跳過本次 render 的副作用處理。

> 😕 **常見誤解澄清**
>
> 需要特別注意的是，「**直接不提供 dependencies 參數**」與「**提供一個空陣列 []作為 dependencies 參數**」，**兩者的意義和執行效果是完全不同的。**前者代表的是維持 `useEffect` 的預設行為，也就是每次 render 後都會執行一次 effect 函式；而後者代表的是這個 effect 函式**沒有依賴任何資料**，component 可以在每次 re-render 時都安全的跳過 effect 函式的執行。

5-1-4 每次 render 都有其自己版本的 effect 函式

在了解了 `useEffect` 的基本使用方式後，我們想要回過頭來將其與前面章節所提及的 render 資料流概念進行融會貫通。在章節 4-3 中，我們曾解析過關於「每次 render 都有其自己版本的 props、state 以及 event handler 函式」這個 component render 的資料流概念，那麼如果是在 effect 函式中使用了 props 或 state 資料呢？

讓我們透過以下這個經典的副作用範例來解釋這個情境。在這個 component 中，每次 render 後會執行一個根據當前 count state 的值來更新瀏覽器 document title 的副作用處理：

```jsx
 1  import { useEffect } from 'react';
 2
 3  export default function Counter() {
 4    const [count, setCount] = useState(0);
 5
 6    useEffect(
 7      () => {
 8        document.title = `You clicked ${count} times`;
 9      }
10    );
11
12    return (
13      <div>
14        <p>You clicked {count} times</p>
15        <button onClick={() => setCount(count + 1)}>
16          Click me
17        </button>
18      </div>
19    );
20  }
```

> 這裡建立了一個新的 inline 函式來作為 effect 函式，其中使用並依賴了 count 變數來透過瀏覽器 API 更新瀏覽器頁面標題

類似的情況又出現了，當這個 effect 函式被實際執行時，它是怎麼知道 count 變數的值是什麼的呢？你會發現這裡的概念基本上與章節 4-3 中提到的 event handler 函式其實是相同的：

▶ count 變數是在目前的 render 中由 state 中取出的快照資料，代表了屬於該次 render 版本的 state 值，其值是永遠不變的。

▶ 我們呼叫 useEffect 時作為第一個參數的 **effect 函式是一個在每次 render 過程中都會重新被建立的函式**。這個函式中存取並依賴了本次 render 裡的 count 變數。

▶ 由於 closure 的特性，這個 effect 函式所記得的 count 變數永遠都會是該次 render 的版本。每次 render 中的 count 變數的值都不會因為後續的 re-render 而被修改，因為每次 render 都會擁有屬於自己版本的 count 變數，它們在不同次的 render 之間是獨立、互不影響的變數。

所以其實我們會為了每次 render 都建立一組新的、專屬版本的 effect 函式，它們會因為 closure 的特性而各自「捕捉」到該次 render 版本的 props 與 state 快照：

```jsx
⚛ Counter.jsx

1  import { useEffect } from 'react';
2
3  export default function Counter() {
4    const [count, setCount] = useState(0);
5
6    useEffect(
7      () => {
8        document.title = `You clicked ${count} times`;
9      }
10   );
11
12   return (
13     <div>
14       <p>You clicked {count} times</p>
15       <button onClick={() => setCount(count + 1)}>
16         Click me
17       </button>
18     </div>
19   );
20 }
```

> 此處傳入一個 inline 的函式給 useEffect 當作 effect 函式，因此每次 re-render 執行到這裡時都會產生一個新的 effect 函式。所以同一個 useEffect 的 effect 函式在多次 render 之間其實是不同的函式

我們一樣以模擬逐次 render 的方式來觀察這個概念：

```
// 在第一次 render 時
function Counter() {
  const count = 0;

  useEffect(
    // 在第一次 render 時建立的 effect 函式
    () => {
      document.title = `You clicked ${count} times`;
    }
  );
  // ...
}

// 經過一次事件呼叫了 setState，我們的 component function 再次被重新執行
function Counter() {
  const count = 1;

  useEffect(
    // 在第二次 render 時建立的 effect 函式
    () => {
      document.title = `You clicked ${count} times`;
    }
  );
  // ...
}

// 經過另一次事件呼叫了 setState，我們的 component function 又再次被重新執行
function Counter() {
  const count = 2;

  useEffect(
    // 在第三次 render 時建立的 effect 函式
    () => {
      document.title = `You clicked ${count} times`;
    }
  );
  // ...
}
```

可以觀察到，當 component 每次重新 render 時，就會重新產生一個全新的 effect 函式來作為呼叫 **useEffect** 時的第一個參數。每次 render 中的 effect 函式中都會使用並依賴了該次 render 版本的 **count** 變數來進行計算與操作，而 **count** 變數的內容在該次 render 中是永遠不變的，因此 effect 函式就會因為 closure 的特性而永遠取得對應該次 render 的固定 **count** 內容，來進行對應的 document title 操作。

因此從概念上來說，你可以想像 **effect** 函式也是 **render** 輸出結果的一部份，算是一次 **render** 結果的副產物（主要的產物是對應畫面的 React element）。這個概念的心智模型與 event handler 函式的情況類似，每個 effect 函式都是專屬於特定的一次 render，它們會因為 closure 特性而「記得」該次 render 版本的 props 與 state 快照資料。

為了確保我們有紮實的理解，讓我們透過同一個 counter 範例來回顧並模擬一下整個 component render 的流程：

首次 render 時

1. 從 `useState` 取得了 state 的目前值作為快照，也就是預設值 `0`。

2. 以 state 快照值來產生一個新的更新 state 的 event handler 函式 `() => setCount(0 + 1)`。

3. 以 state 快照值產生一個新的 effect 函式 `() => { document.title = 'You clicked 0 times' }`。

4. 以 state 快照值產生一份新的畫面 React element `<p>You clicked 0 times</p>`，並且將剛產生好的 event handler 函式綁定在畫面中的 `<button>` 上。

5. React 將 React element 轉換並繪製到實際 DOM 當中。

6. 實際執行剛剛在本次 render 時已經產生好的 effect 函式 `() => { document.title = 'You clicked 0 times' }`。

第二次 render 時

接著經過一次按鈕的點擊，執行了 `() => setCount(0 + 1)` 之後觸發 re-render：

1. 執行到 `useState` 時，React 在內部執行之前呼叫 `setState` 所留下的待計算動作，將 state 的值取代更新為 `0 + 1`，也就是 `1`。

2. 從 `useState` 取得了 state 的目前值作為快照，也就是剛更新好的值 `1`。

3. 以 state 快照值來產生一個新的更新 state 的 event handler 函式 `() => setCount(1 + 1)`。

4. 以 state 快照值產生一個新的 effect 函式 `() => { document.title = 'You clicked 1 times' }`。

5. 以 state 快照值產生一份新的畫面 React element `<p>You clicked 1 times</p>`，並且將剛產生好的 event handler 函式綁定在畫面中的 `<button>` 上。

6. React 將本次 render 新產生的 React element 與上一次 render 時產生的舊 React element 進行結構比較，並將其中的差異之處更新到對應的實際 DOM 當中。

7. 實際執行剛剛在本次 render 時已經產生好的 effect 函式 `() => { document.title = 'You clicked 1 times' }`。

5-1-5 每次 render 都有其自己版本的 cleanup 函式

　　某些副作用可能會需要透過定義 cleanup 函式來抵消或逆轉 effect 函式執行時所造成的影響，例如執行訂閱動作的副作用就會需要在 cleanup 進行取消訂閱的動作。我們同樣以章節中出現過的訂單狀態訂閱來作為範例：

```jsx
⚛ OrderDetail.jsx

1  import { useEffect } from 'react';
2  import OrderAPI from './OrderAPI';
3
4  export default function OrderDetail(props) {
5    const handleStatusChange = () => {
6      // ...
7    };
8
9    useEffect(
10     () => {
11       OrderAPI.subscribeStatus(props.id, handleStatusChange);
12       return () => {
13         OrderAPI.unsubscribeStatus(props.id, handleStatusChange);
14       };
15     }
16   );
17
18   // ...
19 }
```

> 在 effect 函式中依據 props.id 來訂閱了特定訂單的狀態變化監聽

> 在 cleanup 函式中依據 props.id 來取消訂閱該訂單的狀態變化監聽，以抵消副作用所造成的影響

在這個範例的 effect 函式中，會依據 `props.id` 來訂閱特定訂單的狀態變化，並且在對應的的 cleanup 函式中依據 `props.id` 來取消訂閱該訂單的狀態變化，以抵消副作用所造成的影響。

同樣的，讓我們透過模擬多次 render 的執行情況來幫助理解這個流程概念。假設首次 render 時 props 的內容是 { id: 1 }，然後第二次 render 時 props 的內容是 { id: 2 }：

```
// 第一次 render 時，props 是 { id: 1 }
useEffect(
  // 第一次 render 時產生的 effect 函式
  () => {
    OrderAPI.subscribeStatus(1, handleStatusChange);
    return () => {
      OrderAPI.unsubscribeStatus(1, handleStatusChange);
    };
  }
);
```

> 這是一個在每次 render 的 effect 函式中都重新產生的 cleanup 函式，以 closure 記得了這次 render 版本的 props 變數 { id: 1 }

```
// 第二次 render 時，props 是 { id: 2 }
useEffect(
  // 第二次 render 時產生的 effect 函式
  () => {
    OrderAPI.subscribeStatus(2, handleStatusChange);
    return () => {
      OrderAPI.unsubscribeStatus(2, handleStatusChange);
    };
  }
);
```

> 這是一個在每次 render 的 effect 函式中都重新產生的 cleanup 函式，以 closure 記得了這次 render 版本的 props 變數 { id: 2 }

在這裡我們先釐清一下 effect 函式與 cleanup 函式在 render 流程中發生的時間點與順序：

1. React 以本次 render 的 props 與 state 產生對應的畫面結構，也就是 React element。若不是首次 render 的話，則還會以前一次 render 的 React element 進行新舊比較，計算出其中的結構差異之處。

2. 瀏覽器完成實際畫面 DOM 的繪製或操作。

3. 為了清理前一次 render 的 effect 函式所造成的影響，執行前一次 render 版本的 cleanup 函式（如果有提供的話）。如果是首次 render 的話會跳過這個環節。

4. 執行本次 render 版本的 effect 函式。

從上面的流程中可以看到，其實 effect 函式會在瀏覽器更新完實際畫面（也就是 DOM 操作完成）之後才會被執行，這種設計能讓你的前端應用程式的效能更好，因為絕大部分的副作用處理其實都沒必要阻擋畫面的更新，所以大多情況下應該要讓瀏覽器的畫面處理更優先完成。

另外，你還會發現 cleanup 函式其實並不是在本次 render 的 effect 函式執行完成之後就會立刻執行，而是在下一次 render 的 effect 函式準備要執行前，才會執行前一次 render 版本的 cleanup 函式，所以我們可以將範例拆解成像這樣的細流：

▶ 首次 render 時，props 是 `{ id: 1 }`：

1. 以 props `{ id: 1 }` 產生對應的畫面 React element。

2. 瀏覽器完成實際畫面 DOM 的繪製，我們可以在瀏覽器中看到對應 props `{ id: 1 }` 的畫面結果。

3. 執行本次 render 對應 props 為 `{ id: 1 }` 的 effect 函式。

▶ 第二次 render 時，props 是 `{ id: 2 }`：

1. 以 props `{ id: 2 }` 產生對應的畫面 React element。

2. 瀏覽器完成實際畫面 DOM 的繪製，我們可以在瀏覽器中看到對應 props `{ id: 2 }` 的畫面結果。

3. 清理前一次 render 的 effect 函式的副作用：執行前一次 render 時 props 為 `{ id: 1 }` 的 cleanup 函式。

4. 執行本次 render 對應 props 為 `{ id: 2 }` 的 effect 函式。

所以當第二次 render 完成後，會先執行第一次 render 的 effect 函式中所產生的 cleanup 函式，然後才執行第二次 render 的 effect 函式。此時類似問題又來了，這個 cleanup 函式中所讀取到的 `props.id` 會是 `1` 還是最新值 `2` 呢？

相信在經歷過本書相關概念的多次洗禮之後，現在的你應該可以舉一反三的的思考了：cleanup 函式也是一次 component render 結果的一部份，它在每次的 render 都會被重新產生，並依賴該次 render 中的 props 與 state 快照。而這些 props 與 state 快照

的內容都是永遠不變的，因此無論這個 cleanup 函式多久之後才被執行，它所讀取到的 props 與 state 內容也永遠是固定不變的。

因此在這個範例中，雖然在第二次 render 後才會執行屬於第一次 render 的 effect 函式所對應的 cleanup 函式，但這個 cleanup 函式已經在第一次 render 時透過 closure 永遠的「記住」了屬於第一次 render 中的 props 快照 `{ id: 1 }`。

講到這邊，我們終於可以將關於 component render 資料流的篇幅做一個完整的觀念總結：

Component 的每次 render 都有其自己版本的 props 與 state 快照，它們的值是永遠不變的。而 render 中所定義產生的各種函式 —— 包括 event handler 函式、effect 函式、cleanup 函式…等等，都會透過 closure「捕捉並記住」該次 render 中的 props 與 state 快照，因此無論這些函式在多久之後才被執行，它所讀取到的 props 與 state 內容永遠是固定不變的。

到目前為止，我們已經對 useEffect 的基本概念以及使用方法有了初步的認識，然而在更深度的設計思想以及實戰使用的情境中，這個 hook 的背後有許多隱含且令人困惑的概念值得我們深入探討，因此接下來的章節中就讓我們更進一步探究這些面向。

章節重點觀念整理

▶ 副作用是指一個函式除了回傳結果值之外，還會與函式外部環境互動或產生其他影響，例如修改全域變數或進行網路請求。

▶ React 提供了 useEffect hook，來專為管理和隔離這些副作用，以避免以下問題：

■ 若在 component function 中直接執行副作用的處理，則當它隨著應用程式狀態更新而多次 re-render 後，這些副作用所造成的影響就會不斷疊加，且其疊加次數難以預期。

■ 直接在 component function 中執行副作用的處理可能會阻塞其產生 React element 的過程，導致畫面更新的卡頓而引發效能問題。

▶ 以 `useEffect` 來定義並管理一段副作用的主要步驟：

1. 定義一個 effect 函式來處理副作用：

   ■ 在預設情況下，這個 effect 函式在每次 render 後都會被執行一次。

2. 加上 cleanup 函式來清理副作用（如果有需要的話）：

   ■ 某些副作用的處理在隨著 component render 而多次執行之後會因為疊加而造成預期之外的問題，就需要撰寫 cleanup 函式來清除或逆轉副作用本身造成的影響。

3. 指定 effect 函式的依賴陣列，以跳過某些不必要的副作用處理：

   ■ 根據 effect 函式中會依賴的資料項目來定義依賴陣列，這可以幫助 component 判斷在某些 render 時安全的跳過不必要的副作用處理，以避免效能成本的浪費。

▶ Effect 函式與 cleanup 函式在 render 流程中發生的時間點與順序：

1. React 以本次 render 的 props 與 state 產生對應的畫面結構，也就是 React element。若不是首次 render 的話，則還會以前一次 render 的 React element 進行新舊比較，計算出其中的結構差異之處。

2. 瀏覽器完成實際畫面 DOM 的繪製或操作。

3. 為了清理前一次 render 的 effect 函式所造成的影響，執行前一次 render 版本的 cleanup 函式（如果有提供的話）。如果是首次 render 的話會跳過這個環節。

4. 執行本次 render 版本的 effect 函式。

▶ Component render 中所定義產生的各種函式 ── 包括 event handler 函式、effect 函式、cleanup 函式…等等，都會透過 closure「捕捉並記住」這次 render 中的 props 與 state 快照，因此無論這些函式在多久之後才被執行，它所讀取到的 props 與 state 內容永遠是固定不變的。

章節重要觀念自我檢測

▶ 什麼是副作用？為什麼我們需要透過 `useEffect` 在 React component function 中處理副作用？

▶ 以 `useEffect` 來處理一段副作用的三大步驟是什麼？

▶ 解釋「每次 render 都有其自己版本的 effect 與 cleanup 函式」是什麼意思。

▶ 一次 render 中的 effect 函式與 cleanup 函式會在什麼時間點被執行？

參考資料

▶ https://react.dev/reference/react/useEffect

▶ https://overreacted.io/a-complete-guide-to-useeffect/

useEffect 其實不是 function component 的生命週期 API

在上一個章節中，我們已經初步了解了副作用的概念以及如何以 `useEffect` hook 來管理 component function 中的副作用。而在 React 的社群中長年以來都流傳著一種很常見的說法：「`useEffect` 是 function component 的生命週期 API」，但事實上這是一種蠻大的誤解。在這個章節中，我們將會探討關於 `useEffect` 這個 API 其背後的設計概念，來幫助讀者對於它真正的用途有更清晰的認識。

觀念回顧與複習

▶ 副作用是指一個函式除了回傳結果值之外，還會與函式外部環境互動或產生其他影響。

▶ React 提供了 `useEffect` hook 作為管理和隔離這些副作用的 API。

▶ 以 `useEffect` 來定義並管理一段副作用的主要步驟：

　　1. 定義一個 effect 函式來處理副作用。**在預設情況下，這個 effect 函式會在每次 render 後都被執行一次。**

　　2. 加上 cleanup 函式來清理副作用（如果有需要的話）。

　　3. 指定 effect 函式對應的依賴陣列，以跳過某些不必要的副作用處理。

章節學習目標

▶ 了解 `useEffect` hook 的設計概念。

▶ 了解 `dependencies` 參數的正確用途。

▶ 了解為什麼 `useEffect` 不是 function component 的生命週期 API。

5-2-1 宣告式的同步化，而非生命週期 API

每當我們呼叫 `setState` 方法來更新資料時，React 就會以最新的資料重新 render component，並產生對應的 React element 畫面結果然後同步化到實際的 DOM。對於「將原始資料同步化到畫面結果」的概念來說，這個過程在「mount」或是「update」之間並沒有區別，都是在嘗試維持單向資料流的運作以及可靠性。

而在上一章中解析過的「每次 render 都有其自己的 effect 函式」其實也是這個概念的延伸。Effect 函式會在每次 render 時都被重新產生，並以 closure 的方式依賴屬於該次 render 版本的原始資料，因此我們其實可以延伸理解成：**useEffect** 的用途是「將原始資料同步化到畫面以外的副作用處理上」。例如在以下的範例中，component 在每次 render 時都會建立一個全新的 effect 函式，並且以 closure 依賴了該次 render 版本的 `count` state 快照值，來將這個資料同步化到瀏覽器的頁面標題上：

```jsx
import { useEffect } from 'react';

export default function App() {
  const [count, setCount] = useState(0);

  useEffect(
    () => {
      document.title = `You clicked ${count} times`;
    }
  );

  return (
    <button onClick={() => setCount(count + 1)}>
      Click me
    </button>
  );
}
```

App.jsx

> 這個 effect 函式會依賴 count 這個 state 資料來同步化到瀏覽器的頁面標題上

宣告式與指令式程式設計

在以上範例的這個同步化動作的副作用處理中，React 並不在乎現在是第一次 render（也就是 mount），還是第二次之後的 render（相較於 mount 的 update）。這個副作用在這兩種情況時的目標是一樣的，都是「以該次 render 版本的 `count` 原始資料同步化到瀏覽器的頁面標題上」。

這種概念在程式設計中被稱為「宣告式（declarative）」，意思是説，我們只關注**預期的結果是什麼模樣（也就是目的地），而不在乎過程中是如何一步一步走到結果**的。其實前面章節中介紹過的 Virtual DOM 概念以及 React element 就是 React 針對畫面管理的一種宣告式的設計：開發者不需要關心這次新舊畫面兩者之間的細節差異在哪，以及該如何更新實際的 DOM，我們只是透過產生新的 React element 來告訴 React 新畫面（也就是目的地）預期的模樣，至於最後 DOM 到底要操作哪邊才能滿足畫面更新的需求（也就是過程的細節），那是 React 自動會處理的事情，身為開發者的我們無需經手與操心。

相對於宣告式的風格，「指令式（imperative）」的概念則正好相反，著重於關心「如何達到目標的細節流程」，但是相對的，你就會很難直覺的觀察這些操作執行後的結果是否如預期。例如當你手動操作實際 DOM 來更新畫面時，必須非常清楚具體要修改 DOM 的哪些地方，並且一個步驟一個步驟疊加 DOM 的操作，不能有任何遺漏，才能讓結果是正確的。而只看程式碼時，其實你也很難直覺的想像執行後的結果預期上會是如何，因為最後的畫面結果是透過流程中的各種操作一起「疊加」累積而成的，可能需要實際執行看看才知道效果。

因此在對於「同步化的複雜度與精確度」要求更高的情境下，宣告式的風格其實會是更容易維護以及預期執行結果的方式，這也是為什麼目前主流的前端解決方案在畫面管理的開發體驗上都會以傾向宣告式的風格來設計，而 React 更是其中的佼佼者。

`useEffect` 其實也是以相同的概念所設計的，你應該以類似的想法來思考 React 中的副作用處理：`useEffect` **讓你根據 render 中的 props 和 state 資料來同步化那些與畫面無關的其他東西，也就是副作用的處理**。它並不關心這個副作用處理流程是在 mount 時還是 update 時執行，也不關心被重複執行了幾次，只要最後從原始資料同步化到副作用的結果是正確的就可以了。

因此正確來說，`useEffect` 其實並不是 function component 生命週期的 API。雖然說 effect 函式的執行時機確實與 class component 中的 `componentDidMount` 以及 `componentDidUpdate` 類似（不過其實有細微的區別），但 `useEffect` 設計的用途並不是讓你在 component 生命週期的特定時機來執行一個自定義的 callback 函式，而是有一種明確的指定用途 —— **將原始資料同步化到 React element 以外的東西上，也就是副作用處理**。並且，這個副作用處理無論隨著 render 重複執行了多少次，你的資料流以及程式邏輯都應該保持同步化且正常運作。

這確實是有點不同於大多數有 class component 經驗的開發者所熟悉的 mount / update / unmount 心智模型。因此如果你嘗試去控制 effect 函式只會在第一次的 **render** 才執行的話，其實是違反了 `useEffect` 本身的設計思維。當我們的 effect 函式的執行效果是依賴於「過程的執行時機」而不是「目的地為何」，則很容易寫出不可靠的副作用處理邏輯。

為什麼要以 `useEffect` 的資料流同步化取代生命週期 API

React 並沒有為 function component 設計任何的生命週期 API，取而代之的是以同步化概念處理副作用的 `useEffect` hook。為什麼 React 在 hooks 的設計中做出了這樣的決策，以往的 class component 暴露生命週期 API 給開發者的方式出了什麼問題？

首先，通常我們在 component 中會執行的副作用處理，絕大多數都是為了讓 React 內部的某些資料同步化到 React 外部的系統或狀態上。例如最常見的就是以某些參數去請求伺服器端的 API，並取回某些資料。當 component 被 unmount 時，我們可能需要清理或還原這些副作用處理所造成的影響：

```
componentDidMount() {
  OrderAPI.subscribeStatus(
    this.props.id,
    this.handleStatusChange
  );
}

componentWillUnmount() {
  OrderAPI.unsubscribeStatus(
    this.props.id,
    this.handleStatusChange
  );
}
```

在以上這個 class component 的範例中，我們以 `props.id` 在 `componentDidMount` 時訂閱指定訂單的狀態，並在 `componentWillUnmount` 取消這個訂單狀態的訂閱。看起來似乎一切都很好。

然而當 component 以新的 `this.props.id` 進行了 re-render 時，這個 component 將不會自動以新的 id 重新訂閱對應的訂單狀態資料，也不會正確的取消原本舊 id 的訂單狀態訂閱，進而導致 memory leak 等問題。而忘記正確的**處理** `componentDidUpdate` 正是 **class component** 中常見的 **bug** 來源。

```
componentDidMount() {
  OrderAPI.subscribeStatus(
    this.props.id,
    this.handleStatusChange
  );
}

componentDidUpdate(prevProps) {
  OrderAPI.unsubscribeStatus(
    prevProps.id,
    this.handleStatusChange
  );

  OrderAPI.subscribeStatus(
    this.props.id,
    this.handleStatusChange
  );
}
```

> 取消訂閱前一次 render 的 prevProps.id 所對應的訂單狀態

> 訂閱本次 render 的 props.id 所對應的訂單狀態

```
componentWillUnmount() {
  OrderAPI.unsubscribeStatus(
    this.props.id,
    this.handleStatusChange
  );
}
```

Class component 中原有的生命週期 API 設計，潛移默化的讓開發者養成習慣將「didMount」、「didUpdate」、「willUnmount」的處理情境拆開來思考。我們必須自己去考慮要在哪些特定的生命週期中做哪些動作，才能完整的組合出這個「以目前的 this.props.id 來訂閱訂單狀態」的持續同步化效果。只要我們遺漏處理了其中任何一個環節，component 的行為就會是有 bug 的。然而當應用程式日漸龐大的情況下，身為人類的我們通常很難完全沒有錯漏，這對開發者縝密的思維以及細心程度的要求非常高。

另外，上面這些寫在 class component 生命週期 API 裡的副作用處理流程也很難被重用並且與其他的副作用處理整合在一起。你可以想像如果有一個 component 同時要包含多種副作用的處理，而這些副作用都同時需要在 componentDidMount、componentDidUpdate、componentWillUnmount 生命週期 API 裡添加邏輯時，這些程式碼就非常容易打架並弄壞彼此。

而類似的邏輯在 function component 中其實只需要一個 useEffect 就能搞定，我們只要描述副作用的同步化邏輯，以及定義一段「清除這個副作用所造成影響」的 cleanup 處理，就能一次搞定 mount、update、unmount 等情境：

```
useEffect(() => {
  OrderAPI.subscribeStatus(props.id, handleChange);
  return () => {
    OrderAPI.unsubscribeStatus(props.id, handleChange);
  };
});
```

同時，由於它只是一段函式的呼叫，因此我們可以很輕易的將它抽出成一個自定義的 hook 來重用，而不會像 class component 的生命週期 API 那樣各種副作用處理之間互相干擾、難以管理。這樣重視「同步化的目標」而非「執行時機」的設計，讓我們在處理副作用時也能享受到「宣告式」風格的好處，這可以使身為開發者的我們能更好的專注在商業邏輯本身，而不是 component 的內部運作生命週期。

此外，這也是為什麼**副作用要在每次 render 後都執行**的主要原因。為了確保「**副作用會隨著資料流的變化而不斷重新執行對應的同步化**」，當每次 component 完成 render 後，就應該先執行前一次 render 的 cleanup 函式，然後再以目前 render 最新版本的資料重新執行一次 effect 函式。

5-2-2 Dependencies 是一種效能優化，而非執行時機的控制

預設情況下，component 在每一次 render 之後都應該執行屬於該次 render 版本的 effect 函式，以確保由資料流同步化到副作用處理的的正確性與完整性。然而，有時候 component 中發生更新的資料可能剛好與 effect 函式的依賴無關，此時觸發 re-render 後 effect 函式仍會再次被執行。這可能不是一個很理想的情況，讓我們來看看以下的範例：

```jsx
import { useEffect } from 'react';

export default function App(props) {
  const [count, setCount] = useState(0);

  useEffect(
    () => {
      document.title = `Hello ${props.name}`;
    }
  );

  return (
    <button onClick={() => setCount(count + 1)}>
      Click me
    </button>
  );
}
```

> 這個 effect 函式會依賴 props.name 資料來同步到瀏覽器的頁面標題上。當這個 component 由於呼叫 setCount 方法更新 state 而 re-render 時，即使 props.name 沒有任何變化，這個 effect 函式仍然會被重新執行

在以上的範例中，我們會以 `props.name` 在 effect 函式中進行同步化到瀏覽器頁面標題的處理。當我們點擊畫面中的按鈕時，這個 **component** 會由於呼叫了 **setCount** 方法更新 **state** 而 re-render，此時即使 `props.name` 的值與前一次 render 時相比沒有任

何的差異，這個 **effect** 函式仍然會被重新執行。雖然這個副作用的處理流程即使重複被執行多次仍能保持結果的正確，但是在依賴的原始資料沒有更新的情況下所做的同步化處理顯然是多餘的，應該是可以被跳過以節省效能成本。

我們可以透過提供 `useEffect` 的 `dependencies` 陣列參數來告訴 React，這個 effect 函式的同步化處理依賴於哪些資料，而如果這個陣列中記載的所有依賴資料都與上一次 render 時沒有差異，就代表沒有再次進行同步化的必要，因此 React 就可以**安全的跳過本次 render 的副作用處理**，來達到節省效能成本的目的：

```jsx
App.jsx
1   import { useEffect } from 'react';
2
3   export default function App(props) {
4     const [count, setCount] = useState(0);
5
6     useEffect(
7       () => {
8         document.title = `Hello ${props.name}`;
9       },
10      [props.name]
11    );
12
13    return (
14      <button onClick={() => setCount(count + 1)}>
15        Click me
16      </button>
17    );
18  }
```

> 在 useEffect 的 dependencies 參數提供一個陣列，其中包含了 effect 函式中所有依賴的資料。在這個 effect 函式中使用到了 props.name 這個變數資料，因此將其填入 dependencies 陣列中

在上面的範例中可以看到，由於 effect 函式中使用了 `props.name` 這個 component function 中的資料來進行副作用的處理，因此這個變數就是該副作用所依賴的資料項目。我們可以在 `useEffect` 的第二個參數 `dependencies` 提供一個陣列，並且在陣列中列出 effect 函式所依賴的所有資料項目，例如在這個範例中就是只有 `props.name` 這麼一個依賴。

當 component 首次 render 時，effect 函式固定會被執行以進行首次的副作用處理，並記憶首次 render 時 `dependencies` 陣列中所有項目的值（在這個副作用範例中也就是 `props.name` 的值）。而當 component 再次 render 時，由於我們有提供 `dependencies` 陣列給 `useEffect`，因此 React 不會直接執行 effect 函式，而是會先檢查本次 render

的 `dependencies` 陣列中所有項目的值與前一次 render 版本的 `dependencies` 陣列中所有項目的值是否完全相同。如果所有項目的值都完全相同的話，代表這個 effect 函式所依賴的所有資料與前一次 render 時相比完全沒有差異，因此 React 就會判斷可以安全的跳過本次 render 的 effect 函式執行。而如果比較之後有發現任何差異的話，則判斷這個 effect 函式所依賴的資料中有發生更新，就會照常執行本次 render 的 effect 函式。

也就是說，在這個範例中，每當 re-render 時，如果 `props.name` 的值與前一次 render 版本的 `props.name` 的值相同，則該次 render 後就會跳過 effect 函式的執行。而如果 `props.name` 的值與前一次 render 版本的 `props.name` 的值不同時，則會照常執行 effect 函式以再次處理 `document.title` 相關的副作用。

讓我們以流程描述來模擬一下這個範例情境：

▶ 首次 render 時，`props.name` 的值是 `'foo'`，state `count` 的值則是 `0`：

1. Render 出畫面 React element，瀏覽器完成實際畫面 DOM 的處理。

2. 執行本次 render 對應 `props.name` 的值為 `'foo'` 的 effect 函式。

3. 記憶這個 `useEffect` 的 `dependencies` 陣列中所有變數的值，也就是「`props.name` 的值為 `'foo'`」，以供下一次 render 時作為依賴比較的依據。

▶ 經過使用者的按鈕點擊觸發 `setCount` 方法，而引發第二次 render 時，`props.name` 的值沒有改變仍是 `'foo'`，state `count` 的值則是變成 `1`：

1. Render 出畫面 React element，瀏覽器完成實際畫面 DOM 的處理。

2. 檢查 `useEffect` 的 `dependencies` 陣列中所有項目的值（這個範例中只有 `props.name` 一個依賴），與前一次 render 時的版本是否全部相同（在之前的 render 時有記憶下來，所以可以拿出來比較）。

3. 前一次 render 版本的 `props.name` 與本次 render 版本的 `props.name` 皆為 `'foo'`，因此判定依賴資料與前一次 **render** 版本的值完全相同，所以跳過本次 **render** 的 **effect** 函式執行。

▶ 如果父 component re-render 而連帶引發第三次 render 時，假設 `props.name` 的值變為 `'bar'`，state `count` 的值則仍是 `1`：

1. Render 出畫面 React element，瀏覽器完成實際畫面 DOM 的處理。

2. 檢查 `useEffect` 的 `dependencies` 陣列中所有項目的值（這個範例中只有 `props.name` 一個依賴），與前一次 render 時的版本是否全部相同（在之前的 render 時有記憶下來，所以可以拿出來比較）。

3. 前一次 render 版本的 `props.name` 為 `'foo'`，而本次 render 版本的 `props.name` 為 `'bar'`，因此判定依賴資料與前一次 **render** 版本的值有所不同，所以應該照常執行本次 **render** 的 **effect** 函式。

4. 執行本次 render 對應 `props.name` 的值為 `'bar'` 的 effect 函式。

5. 記憶這個 `useEffect` 的 `dependencies` 陣列中所有變數的值，也就是「`props.name` 的值為 `'bar'`」，以供下一次 render 時作為依賴比較的依據。

副作用沒有任何依賴資料時的 dependencies

在某些情況下，你的副作用可能剛好沒有使用到任何的依賴資料。此時你仍然可以替你的 `useEffect` 提供一個 `dependencies` 陣列參數，只不過由於沒有任何依賴，所以這個陣列應該會是空的：

```jsx
App.jsx
1  import { useEffect } from 'react';
2
3  export default function App() {
4    useEffect(
5      () => {
6        document.title = `Hello world!`;
7      },
8      []
9    );
10
11   return (
12     <button onClick={() => setCount(count + 1)}>
13       Click me
14     </button>
15   );
16 }
```

> 這個副作用沒有任何的依賴資料，所以 dependencies 參數應填寫一個空陣列

當這個 component 首次 render 時，這個副作用會正常的執行。而當這個 component 每次 re-render 時，React 會認為這個副作用沒有依賴任何的資料，所以可以每次都安全的跳過副作用的處理。

需要特別注意的是，你只能在 **effect** 函式真的沒有任何依賴時才可以這樣填寫空陣列作為 `dependencies` 參數，你不應該因為希望 effect 函式只會執行一次而故意填寫空陣列給 `dependencies` 參數（這是一個很多人都會犯的錯誤）。填寫不誠實的 `dependencies` 陣列來欺騙 `useEffect` 會對你的程式碼可靠性帶來危害，在接下來的章節中也將會更深入探討這個問題。

Dependencies 是用來判斷「何時可以安全的跳過」，而不是指定「只有何時才會執行」

理解「dependencies 是一種效能優化手段，而非邏輯控制」是掌握 `useEffect` 相當重要的一環。Dependencies 是用來告訴 React 何時可以因為依賴的原始資料沒有更新而安全的「跳過」該次 **render** 的副作用處理，並不是用來「指定」effect 函式只會在特定的「生命週期」或「商業邏輯條件」下才執行。你應該要永遠誠實的根據實際的資料依賴情況來填寫 `dependencies` 陣列參數，而不是自作聰明的想透過欺騙 dependencies 來達到某些效果（像是明明有依賴卻填寫空陣列來模擬 `componentDidMount` 生命週期 API 的效果）。

對 `useEffect` 的 dependencies 撒謊，通常會導致我們的應用程式出現一些難以察覺與追蹤的 bug。如果你的 effect 函式多次執行會有問題的話，那你該做的事情應該是嘗試為這個 effect 函式撰寫有效的 cleanup 函式。而如果你的副作用處理希望在某些商業邏輯滿足的情況下才執行的話，你也應該自行在 effect 函式中去寫這些條件判斷，而不是直接依賴 dependencies 的跳過機制。

這個觀念的邏輯其實很簡單，因為 **dependencies** 這種「依賴沒更新時可以安全的跳過」機制其實並不等同於「依賴沒更新時就保證會跳過」的效果。「可以安全的跳過」嚴謹的意思是「如果跳過也不會造成任何問題，但即使因為某些原因所以放棄該次優化而不跳過、照常執行的話也不會有問題」。

所以如果程式碼中有副作用的設計是「嘗試以 dependencies 來控制 effect 函式只會在符合條件的特定 render 才執行」的話，其實等同於依賴了「dependencies 的資料沒更新時的 render 必定會跳過副作用處理」的前提。然而實際上這種行為根本就不是保

證的，這會導致當 dependencies 判斷可以安全的跳過該次 render 的副作用，但 React 卻因為一些其他原因而沒有真的跳過時，這些不夠安全的副作用邏輯可能就會意外的再次被執行而導致應用程式出錯。

由於 dependencies 是一種效能優化手段，因此你應該以效能優化的原則去思考這個問題：「即使沒有做這個效能優化的時候，應用程式也應該保持執行效果正常」。因此，想要確認副作用處理是否安全可靠的最有效辦法，就是**讓你的副作用處理即使根本沒提供 `dependencies` 參數以致於每次 render 後都會執行，仍然可以保持執行結果的正確性**。

所以當你在設計 effect 函式內的邏輯時，不應該考慮「這個 effect 函式會在哪幾次 render 時被執行」，而是即使每一次 render 時都會執行這個 effect 函式，其邏輯依然能正常運作。也就是說，副作用處理的重點不在於哪幾次的 render 會執行到 effect 函式，或是要經過幾次 render 才能完成這個副作用處理想做的事情，而是這段處理的執行結果能夠「完整的同步化原始資料的更新到副作用」就好。

Dependencies 沒有更新時「跳過執行副作用」的行為並不是絕對保證的

在前文中已經提及，`useEffect` 的 dependencies 只是一種效能優化，雖然在絕大多數情況下這個「跳過」的優化行為會如期發生，但是**並不是保證的**。在後續的章節中我們將會探討到，未來版本的 React 有可能會在即使依賴沒有發生任何更新的情況下，仍再次執行副作用的處理。因此如果你嘗試將副作用的 dependencies 作為效能優化以外的用途，例如模擬生命週期 API 或是依賴於「這段副作用會因為 dependencies 沒更新而一定會被跳過」的邏輯控制，這可能會讓你設計出來的副作用在可靠性與安全性方面有所危害。

章節重點觀念整理

▶ `useEffect` 是一種宣告式的同步化，而不是 function component 的生命週期 API：

　■ `useEffect` 讓你根據 render 中的 props 和 state 資料來同步化那些與畫面無關的其他東西，也就是副作用的處理。

- 這個副作用處理無論隨著 render 重複執行了多少次，你的資料流以及程式邏輯都應該保持同步化且正常運作。

- 如果你嘗試去控制 effect 函式只會在第一次的 render 才執行的話，其實是違反了 `useEffect` 本身的設計思維。

▶ 為什麼要以 `useEffect` 的資料流同步化取代生命週期 API：

- Class component 中原有的生命週期 API 設計，潛移默化的讓開發者養成習慣將「`didMount`」、「`didUpdate`」、「`willUnmount`」的處理情境拆開來思考。我們必須自己去考慮要在哪些特定的生命週期中做哪些動作，才能完整的組合出「從資料到副作用處理的同步化」效果，而這是非常容易遺漏或出錯的環節。

- 類似的邏輯在 function component 中其實只需要一個 `useEffect` 就能搞定，我們只要描述副作用的同步化邏輯，以及定義一段「清除這個副作用所造成影響」的 cleanup 處理，就能一次搞定 mount、update、unmount 等情境。

- Class component 中的副作用處理邏輯散落在各個生命週期 API 中，不利於抽成共用邏輯並套用到其他 component 中。

▶ Dependencies 是一種效能優化，而非條件邏輯控制：

- 我們可以透過提供 `useEffect` 的 `dependencies` 陣列參數來告訴 React，這個 effect 函式的同步化處理依賴於哪些資料，而如果這個陣列中記載的所有依賴資料都與上一次 render 時沒有差異，則代表沒有再次進行同步化的必要，因此 React 就可以安全的跳過本次 render 的副作用處理，來達到節省效能成本的目的。

- 只能在 **effect 函式真的沒有任何依賴時才可以填寫空陣列作為 `dependencies` 參數**，填寫不誠實的 dependencies 欺騙 `useEffect` 會對你的程式碼可靠性帶來危害。

- Dependencies 是用來告訴 React 何時可以因為依賴的原始資料沒有更新而安全的「跳過」本次 render 的副作用處理，而不是用來「指定」effect 函式只會在特定的生命週期或商業邏輯條件下才執行。你應該要永遠誠實的根據實際的資料依賴情況來填寫 `dependencies` 陣列參數。

- 想要確認副作用處理是否安全可靠的最有效辦法，就是讓你的 `useEffect` 即使不填寫 `dependencies` 參數而每次 render 後都會重新執行副作用的處理，仍然可以保持其結果的正確性。

章節重要觀念自我檢測

▶ `useEffect` 是 function component 的生命週期 API 嗎？為什麼？

▶ 為什麼 React 要以 `useEffect` 的資料流同步化這種設計來取代生命週期 API？

▶ `useEffect` 的 `dependencies` 機制的設計目的與用途是什麼？

▶ 我們可以用 `dependencies` 參數來模擬 function component 生命週期 API 的效果嗎？

參考資料

▶ https://react.dev/reference/react/useEffect

▶ https://overreacted.io/a-complete-guide-to-useeffect/

> 💡 **筆者思維分享**
>
> `useEffect` 也是 React 中另一個最令人困惑、誤解的概念之一。即使是在 hooks 已經推出了好幾年後的今天，也仍有許多 React 開發者（其中不乏有一定經驗的人）是以錯誤的方式在理解以及使用 `useEffect` 這個 API。
>
> 這與幾個原因有關聯。首先，在過去 class component 的設計中，副作用必須在 class component 本身所提供的生命週期 API 中處理，例如 `componentDidMount`、`componentDidUpdate`、`componentWillUnmount`。然而到了 function component 與 hooks 的時代，React 並沒有提供對應的生命週期 API，而是提供了一個「執行時機似乎有點像」的 hooks API `useEffect`。這很自然的導致絕大多數過去有 class component 開發經驗的開發者們，會以「`useEffect` 就是 function component 的生命週期 API」的思維來理解這個東西。
>
> 而另外一個原因則是，早期舊版的 React 官方文件中，甚至曾出現過「可以用 `useEffect` 模擬 class component 的生命週期 API」的描述，這種說法最早的目的可能是為了讓當時全世界大量有 class component 經驗的開發者能夠更平滑的遷移到 function component 與 hooks 上，然而它在概念上的不準確且大量傳播也助長了 React 社群長期以來都充斥這種錯誤甚至有危害的理解。不過在後來的新版文件中官方移除了這種說法，因為它是不正確且容易誤導人的。
>
> 這也是為什麼著名的前 React 核心團隊開發者 Dan Abramov 在他的部落格上寫了一篇史詩巨作「A Complete Guide to useEffect」，詳細闡述了 `useEffect` 真正的設計思維以及正確的觀念理解。

維護資料流的連動 ： 不要欺騙 hooks 的 dependencies

在上一章關於 `useEffect` 的解析中，我們已經了解到 dependencies 是一種效能的優化手段，而不是用來模擬 function component 的生命週期。對 `useEffect` 的 dependencies 撒謊通常會導致我們的應用程式出現一些難以察覺與追蹤的 bug，因為**這會使得副作用在某些明明有依賴到的資料發生更新時，卻錯誤的跳過了應該要連動執行的同步化動作**。

幾乎任何有 class component 經驗的 React 開發者，可能都曾經嘗試要欺騙 `useEffect` 的 dependencies（包含筆者我自己剛學 hooks 時也曾這樣做過），你可能會覺得「我只想要在 component mount 時執行一次這個 effect 函式」。當你的 effect 函式重複執行時會造成一些「疊加」而非「覆蓋」的影響時，多次執行這個 effect 函式確實有可能對應用程式的正確性造成問題，然而，這個問題的解法並不是以空陣列來欺騙 dependencies 去「模擬 `componentDidMount` 的效果」，而是有更理想的解決手段。在這個章節中，我們將深入這個部分進行探討。

觀念回顧與複習

▶ `useEffect` 是一種宣告式的同步化，而不是 function component 的生命週期 API。

▶ 在預設情況下，以 `useEffect` 定義的副作用處理會在每次 render 後都被執行一次。

▶ `useEffect` 的 dependencies 是一種效能優化，而非條件邏輯控制。Dependencies 是用來告訴 React 何時可以因為依賴的原始資料沒有更新而安全的「跳過」本次副作用的同步化處理，並不是用來「指定」effect 函式只會在特定的生命週期或商業邏輯條件下才執行。

▶ Dependencies 沒有更新而「跳過該次 render 的副作用處理」的行為並不是絕對保證的。

▶ 在每一次 render 中的 props 與 state 快照值永遠都會保持不變，像是該次 component function 執行時的區域常數。

章節學習目標

▶ 了解如果我們欺騙 `useEffect` 的 dependencies 會造成什麼問題。

▶ 了解如何透過安全的手段讓 effect 函式對於需要的依賴自給自足。

▶ 了解如何讓函式參與到 component 的資料流連動之中。

5-3-1 欺騙 dependencies 會造成什麼問題

　　欺騙 `useEffect` 的 dependencies 可能會對程式的可靠性造成危害，讓我們透過以下的範例來展開探討。這個範例中的副作用嘗試讓畫面上的數字每經過一秒就會自動 +1 一次，且不斷的往上累加：

⚛ **Counter.jsx**

```jsx
1   import { useState, useEffect } from 'react';
2
3   export default function Counter() {
4     const [count, setCount] = useState(0);
5
6     useEffect(
7       () => {
8         const id = setInterval(
9           () => {
10            setCount(count + 1);
11          },
12          1000
13        );
14
15        return () => clearInterval(id);
16      },
17      []
18    );
19
20    return <h1>{count}</h1>;
21  }
```

Demo 原始碼連結

https://codesandbox.io/s/yyg46f?file=/src/Counter.jsx

　　不過實際上這個範例是有問題的，它只會增加一次之後數字就不動了。你看出問題是出在哪裡了嗎？

　　在這個範例中，你可能會有這樣的思考脈絡：「我想要定時自動重複執行更新 counter state 資料的動作，為此我們需要設置一次 `setInterval` 來讓它自動的不斷執行 `setCount` 的呼叫，所以我希望只會觸發一次這個 effect 函式來執行 `setInterval`，也只會在 unmount 時做一次 `clearInterval`。而如果給 `dependencies` 參數一個空陣列 `[]` 的話，就能讓它只會在 mount 以及 unmount 時才執行 effect 函式跟 cleanup 函式了！」

　　即使這個 effect 函式明明就依賴了 `count` 這個 state 資料，但我們卻以 `[]` 作為 `dependencies` 參數來欺騙了 React，這樣自作聰明的行為讓我們付出了代價。

　　讓我們以模擬逐次 render 的方式來看看問題到底出在哪裡：

```
// 在第一次 render 時，count state 的值是 0
function Counter() {
  const count = 0;

  // ...
  useEffect(
    () => {
      const id = setInterval(
        () => {
          setCount(count + 1);
        },
        1000
      );

      return () => clearInterval(id);
    },
    []
  );
  // ...
}
```

> 從 **useState** 取出的值，並將其放到新宣告的 **count** 變數，是一個值永遠不會改變的常數

> **count** 的值在這次的 render 中固定會是 0，因此這裡 setInterval callback 中每秒做的事其實永遠都會固定是 setCount(0 + 1)，也就是 setCount(1)

```
// 接下來每一次因為 setInterval 中的 setCount 而觸發 re-render 時，
// count state 的值都會是 1
function Counter() {
  const count = 1;

  // ...
  useEffect(
    () => {
      const id = setInterval(
        () => {
          setCount(count + 1);
        },
        1000
      );

      return () => clearInterval(id);
    },
    []
  );
  // ...
}
```

> 從第二次 render 開始，這個 effect 函式雖然有被產生卻會一直被跳過而沒有執行。這是因為我們以空陣列的 dependencies 來欺騙 React 這個副作用沒有依賴於任何資料

當這個 component 第一次 render 時，`count` 的值是 `0`。根據我們在前面章節中曾解析過的「每次 render 都有其自己的 state 值，它們是永遠不會改變的快照」可以推論出，這個 `count` 的值永遠不會改變，因此在對應的 effect 函式中 `setInterval` callback 裡每秒做的 `setCount(count + 1)`，其實永遠都固定會是 `setCount(0 + 1)`，也就是 `setCount(1)`。

> **⚛ 小提示**
>
> 如果你不明白或是忘記了「每次 render 都有其自己的 state 值，它們是永遠不會改變的快照」是什麼意思，建議可以先複習章節「**4-3 每次 render 都有自己的 props、state 與 event handler 函式**」後，再回過頭來繼續學習本章節。

當第二次 render 時，`count` 的值是 `1`，因此新的 effect 函式中 `setInterval` callback 裡的 `setCount(count + 1)` 會等同於 `setCount(1 + 1)`，也就是 `setCount(2)`。然而，由於這個 `useEffect` 的 `dependencies` 參數是 `[]`，所以 effect 函式在接下來每一次 render 中都不斷的被 React 判斷為可以跳過，而不會重新設定 `setInterval`。因此即使在新的 render 中我們以新的 state 值來建立了新的 effect 函式以及對應的 `setInterval` callback，但是這個副作用處理卻再也沒有機會被執行到。

　　最後的結果就是，這個副作用的處理在首次 render 執行過一次之後就不再執行，因此後續每秒所處理的行為就變成了固定是 `setCount(1)`，也就是從 0 跳到 1 之後就不再累加的錯誤執行結果。

　　我們欺騙了 React 這個副作用沒有依賴於任何資料流中的值，但事實上每一次 render 中的 effect 函式都各自依賴了每次 render 中的 `count` 值，而像這樣子因為欺騙 dependencies 所連帶導致的問題，有時候是很難想像並察覺的。面對這種情況時，更好的處理方式應該是永遠誠實的填寫 dependencies，然後以其他方式排除那些 effect 函式重複執行時會有的問題。

　　讓我們來看看如何透過誠實的填寫 dependencies 來修正這個範例的問題：

⚛ **Counter.jsx**

```jsx
1  import { useState, useEffect } from 'react';
2
3  export default function Counter() {
4    const [count, setCount] = useState(0);
5
6    useEffect(
7      () => {
8        const id = setInterval(
9          () => {
10           setCount(count + 1);
11         },
12         1000
13       );
14
15       return () => clearInterval(id);
16     },
17     [count]
18   );
19
20   return <h1>{count}</h1>;
21 }
```

根據 effect 函式實際的資料依賴來誠實填寫 dependencies 參數

🔗 **Demo 原始碼連結**

https://codesandbox.io/s/rz2w9j?file=/src/Counter.jsx

在誠實的填寫 dependencies 之後，你會發現執行效果被正確的修復，現在 count state 的值會正確的每秒不斷往上疊加。讓我們一樣以模擬逐次 render 的方式來演示這個流程：

```javascript
// 在第一次 render 時，count state 的值是 0
function Counter() {
  const count = 0;

  // ...
  useEffect(
    () => {
      const id = setInterval(
        () => {
          setCount(count + 1);
        },
        1000
      );

      return () => clearInterval(id);
    },
    [count]
  );
  // ...
}
```

count 的值在這次的 render 中固定會是 0，因此這裡 setInterval callback 每秒做的事其實永遠都會固定是 setCount(0 + 1)，也就是 setCount(1)

這裡等同於填寫了 [0]，這個 dependencies 項目的值會被 React 記錄下來，以供後續的 render 時進行新舊比較

```javascript
// 在第二次 render 時，count state 的值是 1
function Counter() {
  const count = 1;

  // ...
  useEffect(
    () => {
      const id = setInterval(
        () => {
          setCount(count + 1);
        },
        1000
      );

      return () => clearInterval(id);
    },
    [count]
  );
  // ...
}
```

count 的值在這次的 render 中固定會是 1，因此這裡 setInterval callback 每秒做的事其實永遠都會固定是 setCount(1+ 1)，也就是 setCount(2)

這裡等同於填寫了 [1]。React 會先逐一檢查 dependencies 裡面的項目與前一次 render 時是否全部相同，所以這裡會比較本次 render 時此處的值 1 與前一次 render 時對應的值 0。最後由於判定值有所不同，所以副作用會照常執行而不會被跳過

當我們誠實的將每次 render 時的 count 變數填寫到 dependencies 陣列時，由於每次 render 時的 count 值並不相同，所以每次 render 時的 dependencies 陣列內容都會與上一次的 render 有所不同，進而導致副作用的處理每次都會照常執行而不會被跳過。並且，由於我們有定義好適當的 cleanup 函式來清理副作用，所以每次 effect 函式被重新執行之前，都會先執行前一次 render 的 cleanup 函式。讓我們以細節步驟來展開這段執行流程：

1. 當第一次 render 時，count 的值是 0：

   ▪ effect 函式中的 setInterval callback 裡的處理固定是 setCount(0 + 1)，也就是 setCount(1)。

   ▪ 誠實的填寫了 dependencies 參數來告訴 React 這個 effect 函式的依賴了 count 變數：

      ◉ 由於 count 變數的值在這次的 render 中固定會是 0，因此 dependencies 填寫的 [count] 其實就等同於 [0]。

      ◉ React 會將 dependencies 陣列中的值記錄下來，以供後續的 render 進行新舊比較。

2. 第一次 render 時設定的 setInterval callback 自動被執行而觸發 setCount(1)，導致 re-render。

3. 當第二次 render 時，count 的值是 1：

   ▪ 由於 count 變數的值在這次的 render 中固定會是 1，因此 dependencies 填寫的 [count] 其實就等同於 [1]。

   ▪ React 會逐一比較 dependencies 陣列中的所有項目值都與上一次 render 時的版本是否都相同。本次 render 時的 dependencies 陣列為 [1]，而上一次 render 時的 dependencies 陣列則為 [0]，逐一比較時發現 0 與 1 不相等，因此判定這個副作用依賴的資料有所更新，所以本次 render 時的該副作用處理應照常執行而不會被跳過。

   ▪ 在執行本次 render 版本的 effect 函式之前，會先執行上一次 render 版本的 cleanup 函式：執行 clearInterval 來清理上一次 render 時所設定的 setInterval。

- 執行本次 render 版本的 effect 函式，以新的 count state 值來設定新的 `setInterval`，callback 內容是 `setCount(1 + 1)`，也就是 `setCount(2)`。

4. 後續的每次 render 都以此類推：

- 在每一次新的 render 時，由於 `dependencies` 陣列中的值（也就是每次 render 時各自的 `count` 變數值）都會與上一次的不同，所以都不會跳過副作用的處理，而是會照常執行。

- 每次 render 時都會先執行前一次 render 版本的 cleanup 函式，透過 `clearInterval` 清理前一次 render 所設定的 `setInterval`，然後才執行本次 render 新版的 effect 函式來重新設定依賴新版 count state 值的新 `setInterval`。

在誠實的將每次 render 時的 `count` 變數填寫到 `dependencies` 陣列後，這個範例的執行效果就能夠被正確的修復，我們提供了符合實際情況的依賴清單來讓 React 正確的判斷副作用的同步化該如何處理。

然而你會發現，雖然這樣寫可以修正問題，並且也沒有欺騙 dependencies，但每當 count state 因為 `setCount` 被呼叫而更新並觸發 re-render 時，我們的 `setInterval` 就會被清除掉再然後再次重新設定。因此，每個 `setInterval` 其實都只存活了一秒後就會被清除並重新設定一個新版的。

這可能不是我們想要的理想效果，既然使用了 `setInterval` 來處理特定的定時任務，那麼理想上的效果應該是只需要設定一次即可。接下來就讓我們來延伸探討更好的解決方法，來做到不欺騙 dependencies 的同時也避免重複設定 `setInterval`。

5-3-2 讓 effect 函式對於依賴的資料自給自足

我們應該永遠對 **dependencies** 保持誠實，這是一個無論在任何情況下都應該維持的原則，沒有任何例外。然而當我們遇到了像上一個範例那種情況時，應該嘗試調整 effect 函式的寫法，讓它不再需要依賴一個會在不同的 render 之間頻繁更新的值。我

們仍然要永遠保持對 dependencies 誠實，但可以透過一些安全的手段盡量減少依賴的項目，也就是「讓 effect 函式對於依賴的資料自給自足」。

　　讓我們繼續延伸前文的 counter 範例。我們希望讓這個 effect 函式不再依賴 count 變數，以避免 setInterval 頻繁的重新設定與清除，這樣就能在保持誠實的前提之下安全的將 count 變數從 dependencies 陣列中移除。

　　為此，我們首先得先觀察，這個 effect 函式為什麼會需要依賴 count 變數？

⚛ **Counter.jsx**

```
1   import { useState, useEffect } from 'react';
2
3   export default function Counter() {
4     const [count, setCount] = useState(0);
5
6     useEffect(
7       () => {
8         const id = setInterval(
9           () => {
10            setCount(count + 1);
11          },
12          1000
13        );
14
15        return () => clearInterval(id);
16      },
17      [count]
18    );
19
20    return <h1>{count}</h1>;
21  }
```

> 在 effect 函式中，為了呼叫 setCount 時做到「以當前值做延伸計算」的效果，因此依賴了 count 變數，讓我們必須將它誠實的填寫到 dependencies 陣列中

　　看起來我們只是為了呼叫 **setCount** 方法時做到「以當前值做延伸計算」的行為，所以才依賴了 count 變數，但即使我們不依賴於 count 變數，其實也能夠達成這個操作。如果你還記得的話，我們曾在前面的章節「**3-2 深入理解 batch update 與 updater function**」中介紹過：當我們想要根據既有的 state 值延伸計算並更新 state 時，其實可以透過 updater function 來呼叫 **setState** 方法：

⚛ **Counter.jsx**

```
1  import { useState, useEffect } from 'react';
2
3  export default function Counter() {
4    const [count, setCount] = useState(0);
5
6    useEffect(
7      () => {
8        const id = setInterval(
9          () => {
10           setCount(prevCount => prevCount + 1);
11         },
12         1000
13       );
14
15       return () => clearInterval(id);
16     },
17     []
18   );
19
20   return <h1>{count}</h1>;
21 }
```

> 以 **updater function** 來計算出新的 **state** 值，不需要依賴 count 變數

> 這個 **effect** 函式中不再依賴 count 變數，因此可以安全的將其從 dependencies 陣列中移除

🔗 **Demo 原始碼連結**

https://codesandbox.io/s/k6zzf7?file=/src/Counter.jsx

　　在替換成 updater function 之後，我們的 effect 函式就不再依賴於 `count` 變數了，可以安全的將它從 dependencies 中移除！並且從執行結果來看，由於不再依賴於 `count` 變數，React 可以在第一次執行副作用之後，安全的跳過後續 render 的副作用處理，以避免不斷的清除又重複設定 `setInterval`。

將資料本身的值與操作解耦

在上述範例的原有寫法中，`count` 變數確實是 effect 函式必要的依賴資料，但其實這只是為了算出 `count + 1` 是多少之後再丟回給 `setCount` 方法而已。然而，React 內部其實一直都知道這個 state 目前的值是多少，因此我們其實只需要告訴 React「我想要讓這個 state 以目前的值增加 1」這個操作就好。這其實就是 `setCount(prevCount => prevCount + 1)` 這個 updater function 的邏輯意義，你可以想像它傳給了 React 一份「更新資料的操作流程表」，然後請 React 內部自己按照這份流程表去更新資料。

這樣的設計能夠將「資料本身的值」與「操作資料的流程」兩者進行解耦，我們就不需要在副作用的處理中去依賴當前的 state 值來進行計算，而是只描述「更新資料的流程」就好，也就是一個 updater function。

透過以 updater function 來呼叫 `setState` 方法，我們就能安全的移除 effect 函式對於 state 值的依賴，達到「自給自足」的效果，同時仍保持了對 dependencies 的誠實。

> **？ 詞彙解釋**
>
> 「解耦（decoupling）」在程式設計中是指降低不同元件、模塊或處理流程之間的依賴性。這樣做可以使它們之間更獨立，方便維護和擴充。

5-3-3 函式型別的依賴

一種常見的誤解是認為函式不應該填寫在 `dependencies` 陣列中。我們來觀察這個範例：

```jsx
SearchResults.jsx

1  import { useState, useEffect } from 'react';
2
3  export default function SearchResults() {
4    const [query, setQuery] = useState('react');
5
6    async function fetchData() {
7      const result = await fetch(
8        `https://foo.com/api/search?query=${query}`,
9      );
10     // ...
11   }
12
13   useEffect(
14     () => {
15       fetchData();
16     },
17     []
18   );
19
20   // ...
21 }
```

> dependencies 不誠實，effect 函式中使用到了外部的變數「fetchData」

以上的範例中，我們在 component 裡定義了一個 `fetchData` 函式，這個函式依賴了 `query` 這個從 state 取出的資料變數，而 `fetchData` 函式本身又被 effect 函式所使用到。按照 `useEffect` 的 `dependencies` 陣列填寫的原則來說，`fetchData` 函式是定義於 effect 函式之外，我們應該要將其填寫到 `dependencies` 陣列之中。

在這個 component 中，這個副作用處理的流程是「根據 `query` 資料作為參數來呼叫 API 請求」。因此當 `setQuery` 方法被呼叫而更新 state 並 re-render 時，照理來說，這個副作用的處理應該要重新被執行，以反應新的資料所對應的同步化動作。

然而如果我們沒有誠實的將 `fetchData` 函式填寫到 `useEffect` 的 `dependencies` 陣列中的話，當 re-render 發生且 `query` 與前一次 render 相比有所不同時，React 也會誤以為這個副作用沒有依賴於任何資料，因此可以安全的跳過執行，進而導致這個「由資料同步化到副作用處理」的連動反應失效。

此時我們的第一直覺反應可能是，那我就把這個 `fetchData` 誠實的寫進 `dependencies` 陣列之中，應該就可以解決了？

```jsx
SearchResults.jsx

1   import { useState, useEffect } from 'react';
2
3   export default function SearchResults() {
4     const [query, setQuery] = useState('react');
5
6     async function fetchData() {
7       const result = await fetch(
8         `https://foo.com/api/search?query=${query}`,
9       );
10      // ...
11    }
12
13    useEffect(
14      () => {
15        fetchData();
16      },
17      [fetchData]
18    );
19
20    // ...
21  }
```

> **Dependencies 誠實，但是其效能優化永遠都會失敗，因為 fetchData 函式是一個在每次 render 時都會重新產生的新函式，所以每次 render 時的值都不同**

如此一來確實可以讓「`query` 變數連動 API 請求的副作用處理」的連動恢復正常運作，然而這會產生另一個問題：在以上範例中，`useEffect` 的 dependencies 效能優化永遠都會失敗，effect 函式會在每次 render 後都被執行，即使 `query` 的值與前一次 render 相比沒有任何不同。

這樣的效能優化效果，甚至比沒有提供 `dependencies` 參數時還要糟糕 —— 畢竟比較依賴項目的動作還是得花費效能成本。而之所以會有這樣的問題，是由於我們將這個 `fetchData` 函式宣告在 component function 中，因此 `fetchData` 函式在每次 render 時都會被重新產生，所以在 `dependencies` 的比較中也就每次都判定依賴發生更新，會照常重新執行副作用的處理而不會跳過，進而導致效能優化的失敗。

因此，當我們的 effect 函式依賴了另一個定義於 component function 中的函式，卻又沒有做特別的處理時，就有可能會導致 dependencies 的效能優化永遠無效。這個問題的解決方法並不是欺騙 dependencies，接下來就會介紹幾種應對的方法：

把函式定義移到 effect 函式裡

承接前文的範例，如果你只在一個 effect 函式中使用到某個自定義的函式，其實可以把該自定義函式直接寫進 effect 函式裡：

```jsx
import { useState, useEffect } from 'react';

export default function SearchResults() {
  const [query, setQuery] = useState('react');

  useEffect(
    () => {
      async function fetchData() {
        const result = await fetch(
          `https://foo.com/api/search?query=${query}`,
        );
        // ...
      }

      fetchData();
    },
    [query]
  );

  // ...
}
```

> 把 fetchData 函式定義移到 effect 函式中。如此一來 fetchData 函式就只有在 effect 函式有被執行到時才會被重新產生

> 這裡的 dependencies 是誠實的

將 `fetchData` 函式的定義搬進 effect 函式中，如此一來 `fetchData` 函式就只有在 effect 函式有被執行到時才會被重新產生，且 `fetchData` 函式就不再是 effect 函式的一個依賴，effect 函式此時會改為依賴存在於 effect 函式外部的 `query` 變數。

小提示

此處需要特別提醒的是，**effect 函式（也就是 `useEffect` 的第一個參數）不可以是一個 async function**。因此當你需要在副作用中處理 promise 時，你必須先在 effect 函式中宣告一個 async function，才能在這個 async function 內部使用 `await` 語法，而不能直接將整個 effect 函式宣告成 async function。當然，你也可以改以 `promise.then()` 來處理。

但我不想將這個函式放進 effect 函式裡

有時候我們可能會不想要把函式直接定義在 effect 函式中，比如說當同 component 的不同副作用處理中都需要呼叫該函式時，我們希望可以重用它：

⚛ SearchResults.jsx

```
1   import { useState, useEffect } from 'react';
2
3   export default function SearchResults() {
4     async function fetchData(query) {
5       const result = await fetch(
6         `https://foo.com/api/search?query=${query}`,
7       );
8
9       // ...
10    }
11
12    useEffect(
13      () => {
14        fetchData('react').then(result => { /* 用資料進行某些操作 */ });
15      },
16      //
17      [fetchData]
18    );
19
20    useEffect(
21      () => {
22        fetchData('vue').then(result => { /* 用資料進行某些操作 */ });
23      },
24      [fetchData]
25    );
26
27    // ...
28  }
```

> Dependencies 誠實，但是 fetchData 函式在每次 render 時都會被重新產生，因此這個副作用的 dependencies 效能優化完全沒有效果

> Dependencies 誠實，但是 fetchData 函式在每次 render 時都會被重新產生，因此這個副作用的 dependencies 效能優化完全沒有效果

同樣的，這個範例中由於 `fetchData` 函式在每次 render 時都會被重新產生，因此在將 `fetchData` 填進 `dependencies` 陣列後，雖然我們對它誠實了，但這個效能優化永遠都會是失敗的。

⚛ 解決方案一：把跟 component 資料流無關的流程抽到 component 外部

如果一個函式的內容沒有直接依賴於 component function 內的任何 props、state 或相關衍生資料的話，你其實可以將其移動到 component 的外面：

```jsx
import { useState, useEffect } from 'react';

async function fetchData(query) {
  const result = await axios(
    `https://foo.com/api/search?query=${query}`,
  );

  // ...
}

export default function SearchResults() {
  useEffect(
    () => {
      fetchData('react').then(result => { /* 用資料進行某些操作 */ });
    },
    //
    []
  );

  useEffect(
    () => {
      fetchData('vue').then(result => { /* 用資料進行某些操作 */ });
    },
    []
  );

  // ...
}
```

Dependencies 誠實，因為 fetchData 是一個定義在 component function 外部，永遠不會改變的函式

Dependencies 誠實，因為 fetchData 是一個定義在 component function 外部，永遠不會改變的函式

此時我們就可以不用將 `fetchData` 函式列在副作用的 `dependencies` 陣列中，因為它並不是定義在 component function 當中，因此並不會隨著每次 render 而被重新產生，其值永遠都會是不變的。所以精確來說，只有那些「在不同次的 render 之間有可能值會不同的資料」才需要被填寫到 `dependencies` 陣列中（例如 props、state 或相關的

衍生函式）。換句話說，當一個資料的值在不同的 render 之間永遠是相同、固定不變的，就可以安全的不填寫到 `dependencies` 陣列之中。

⚛️ 解決方案二：把 `useEffect` 依賴的函式以 `useCallback` 包起來

你應該優先嘗試前面介紹的將函式抽到 component 外的做法。不過有時候你的函式有可能會依賴許多 component 中的資料，此時如果嘗試將函式抽到 component function 外部的話，反而會需要傳遞過多的參數，讓程式碼的可讀性下降。

當遇到這種情況時，我們仍然會希望將依賴了 props、state 的函式定義在 component function 之中。然而當 component 中有副作用依賴了這個函式時，就會造成前面曾提及的 dependencies 效能優化失效的問題。

該問題的本質是因為在這個 component 資料流的「資料 ⇒ 函式 ⇒ 副作用」依賴鏈關係中，「函式」這個節點無法正確的反應資料的更新與否；這是因為無論函式所依賴的資料值是否有所更新，函式在每次 render 時都會被重新產生。這連帶導致副作用也無從判斷源頭的資料是否有所更新，因為副作用所直接依賴的函式在每次 render 時都被判定為發生了改變，所以 React 會在後續的每次 render 中都持續的判定無法安全跳過副作用的處理，也就讓效能的優化徹底失效。

所幸，React 其實有內建的配套措施可以幫助我們解決這個問題 —— `useCallback` hook。

`useCallback` 是資料流中連動反應的一環，可以幫助我們將不同 render 之間的資料變化正確的連動反應到函式身上。這聽起來似乎很抽象，接下來就以比較白話的方式來解釋 `useCallback` 的行為以及實際用途。

```
const cachedFn = useCallback(fn, dependencies);
```

`useCallback` 會接收兩個必填的參數：第一個參數是一個函式，通常我們會傳遞一個依賴了 component 內資料（例如 props、state）的函式；第二個參數則是 `dependencies` 陣列，這個參數與 `useEffect` 的 `dependencies` 參數概念類似，不過有所不同的是，在 `useCallback` 中這是一個必填的參數。

舉例來說，如果我們的 component 中定義了一個依賴於 `props.rows` 資料的 `fetchData` 函式，我們可以將其以 `useCallback` 包起來，並誠實的填寫其依賴：

```jsx
import { useEffect, useCallback } from 'react';

export default function SearchResults(props) {
  const fetchData = useCallback(
    async (query) => {
      const result = await fetch(
        `https://foo.com/api/search?query=${query}&rows=${props.rows}`,
      );

      // ...
    },
    [props.rows]
  );

  // ...

}
```

> Dependencies 誠實，這個函式中依賴了 props.rows 資料。當 props.rows 的值與前一次 render 版本的值相同時，useCallback 就會回傳前一次 render 時所產生的那個 fetchData 函式。而當 props.rows 的值與前一次 render 版本的值不同時，則會回傳本次 render 所產生的 fetchData 函式

當 component 第一次 render 時，`useCallback` 會接受你所傳入的函式以及 `dependencies` 陣列並記憶起來，然後再將你傳入的這個函式原封不動的回傳。而當後續 re-render 時，`useCallback` 會將新的 `dependencies` 陣列當中的所有依賴項目與前一次 render 時的版本進行比較，如果全部都相同的話則會忽略本次 render 新傳入的函式，轉而回傳前一次 render 時所記憶起來的舊版函式。而如果有任何依賴項目被判定為不同的話，則會將本次 render 新傳入的函式以及 `dependencies` 陣列記憶起來覆蓋舊的版本，然後再將新傳入的函式原封不動的回傳。

在這個範例中，`fetchData` 函式依賴了 `props.rows` 資料，因此我們將 `props.rows` 填寫到 `useCallback` 的 `dependencies` 陣列當中。當每次 component re-render 時，如果 `props.rows` 的值與前一次 render 版本的值相同的話，`useCallback` 就會回傳前一次 render 時所產生的那個 `fetchData` 函式；而當 `props.rows` 的值與前一次 render 版本的值不同時，則會回傳本次 render 所產生的 `fetchData` 函式。

你會發現 `useCallback` 的這個行為其實就是在解決我們上述提到的問題：將 render 之間的資料流變化正確的連動反應到函式身上。也就是說，當資料在 render 之間發生

改變時，則依賴該資料的函式才會跟著發生改變。而當資料在 render 之間沒有發生改變時，則依賴該資料的函式就不會發生改變，會維持與前一次 render 是同一個函式。

如此一來，我們就能修補「資料 ⇒ 函式 ⇒ 副作用」這個資料流依賴鏈之中的漏洞，讓副作用的環節也能正確的感知到源頭資料是否在 render 之間發生改變，進而正確的判斷是否可以安全的跳過該次 render 的副作用處理，以達到效能優化的效果。

⚛ **SearchResults.jsx**

```jsx
1  import { useEffect, useCallback } from 'react';
2
3  export default function SearchResults(props) {
4    const fetchData = useCallback(
5      async (query) => {
6        const result = await fetch(
7          `https://foo.com/api/search?query=${query}&rows=${props.rows}`,
8        );
9
10       // ...
11     },
12     [props.rows]
13   );
14
15   useEffect(
16     () => {
17       fetchData('react').then(result => { /* 用資料進行某些操作 */ });
18     },
19     //
20     [fetchData]
21   );
22
23   useEffect(
24     () => {
25       fetchData('vue').then(resu
26     },
27     [fetchData]
28   );
29
30   // ...
31 }
```

> **Dependencies 誠實，這個函式中依賴了 props.rows 資料**

> **Dependencies 誠實，且只有當 props.rows 與前一次 render 不同時，fetchData 函式才會發生改變，連帶的此時副作用才會再次被執行。而如果 props.rows 與前一次 render 相比沒有改變時，useCallback 就會回傳與前一次 render 相同的 fetchData 函式，連帶的此時副作用就會判定依賴的 fetchData 沒有改變，進而跳過該次 render 的副作用處理。因此這裡的 dependencies 效能優化可以正常發揮效果**

在上面這個範例裡，我們將 `fetchData` 函式直接定義在 component 中，函式裡依賴了 `props.rows` 資料，且 `fetchData` 函式會在 effect 函式中被呼叫。如果我們沒有使用 `useCallback` 將 `fetchData` 包起來的話，副作用就會因為 `fetchData` 在每次 render

時都不同而永遠優化失敗；而如果我們將 `fetchData` 以 `useCallback` 包起來的話，這個函式就能夠正確反應來源資料的更新，來參與到資料流的依賴鏈當中。

在加上 `useCallback` 之後，只有當 `props.rows` 的值與前一次 render 不同時，`fetchData` 函式才會發生改變，連帶的此時副作用處理才會再次被執行。而如果 `props.rows` 與前一次 render 相比沒有改變時，`useCallback` 就會回傳與前一次 render 相同的 `fetchData` 函式，連帶的此時副作用就會判定依賴的 `fetchData` 沒有改變，進而跳過該次 render 的副作用處理。這裡的 dependencies 效能優化之所以可以正常發揮效果，關鍵在於身為開發者的我們正確且誠實的維護了依賴鏈，讓 React 能夠根據資料流的變化來正確的產生後續的連鎖反應。

> ❀ **小提示**
>
> 我們並不需要預設將所有 **component** 內的函式都以 `useCallback` 包起來，而是當這個函式會被使用在 effect 函式中，或是作為 props 傳遞到以 `React.memo` 包起來的 component 時，再使用 `useCallback` 就好。「**5-6 useCallback 與 useMemo 的正確使用時機**」章節中將會針對這個議題有更詳細的解析。

以上的範例與解析為我們更明確的展現出了一個概念：

函式在 function component 與 hooks 中是屬於資料流的一部分。

在 `useCallback` 的輔助之下，只要我們正確的填寫依賴，函式完全可以參與到資料流之中。如果函式所依賴的資料有更新的話，函式才會跟著改變；而如果依賴的資料沒有更新的話，它會保持與前一次 render 時是相同的函式。這能夠幫助其他需要判斷資料流變化的機制也能夠正確的連動運作，例如 `useEffect` 的 dependencies 效能優化、`React.memo` 的畫面渲染優化等等。

5-3-4 以 linter 來輔助填寫 dependencies

在目前為止的章節中，解析了為什麼應該永遠對 hooks 的 dependencies 保持誠實，以及一些安全的減少或調整依賴的方法。然而，即使我們有意對 dependencies 保持誠實，但實際開發時總還是會遇到有所遺漏的時候。同時，有些值永遠不會改變的變數

就算定義在 effect 函式的外部，也可能不用填寫到 `dependencies` 陣列之中，這一點同樣需要開發者進行判斷，以維持對於 dependencies 的誠實，並避免填寫多餘的依賴項目。

不過慶幸的是，React 官方有提供專門幫助開發者偵測甚至自動修正 hooks dependencies 的輔助 linter 工具，能夠幫助我們在開發階段就透過程式碼的靜態分析來提前找出問題並給予提示，非常推薦所有的 React 開發者使用。

📖 延伸閱讀

eslint-plugin-react-hooks

https://www.npmjs.com/package/eslint-plugin-react-hooks

這套適用於 ESLint 的 React hooks linter 規則已經內建於 Create React App 或 Next.js 等整合好的開發環境之中，如果你是以這些工具來建立開發環境，則應該可以直接使用而不需要另外設定 linter 環境。當然，如果你熟悉 ESLint 相關的環境設定的話，也可以自行安裝這套 React hooks linter 規則。

另外，我們同時也需要在程式碼編輯器中安裝對應的 ESLint plugin，這樣才能在 dependencies 有問題時看到 linter 提示的警告以及使用對應的自動修復功能。例如使用 VS Code 來進行開發的話，就需要安裝以下的 VS Code plugin：

📖 延伸閱讀

VS Code plugin - ESLint

https://marketplace.visualstudio.com/items?itemName=dbaeumer.
vscode-eslint

當 linter 在我們的程式碼中發現了 hooks dependencies 陣列有缺少或是多餘的依賴時，就會在該處標示警告，當滑鼠移上去時就能夠看到它提示的輔助判斷，告知我們這裡漏填或多填了哪些依賴：

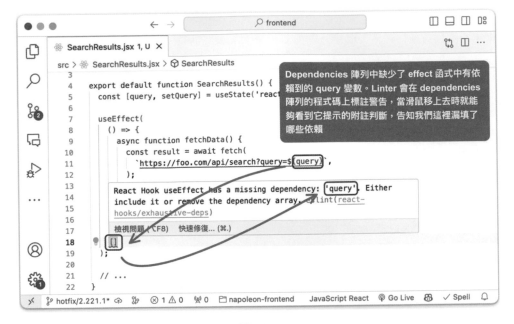

圖 5-3-1

不僅如此，我們還可以使用其快速修復的功能幫助我們自動調整 `dependencies` 陣列的內容：

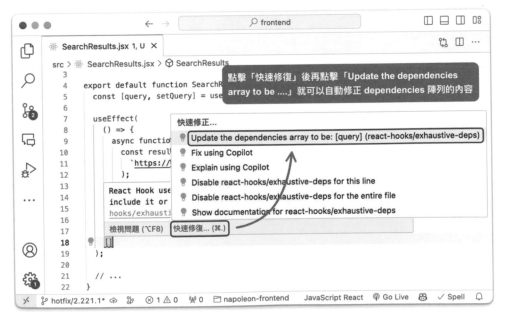

圖 5-3-2

有了 linter 工具的輔助，能夠讓身為開發者的我們更輕鬆、正確的維護 hooks 的依賴鏈，確保資料流連鎖反應的可靠性。

> ※ 小提示
>
> Linter 規則身為輔助的工具，其檢查出的警告提示是有辦法被設定成忽略的。然而誠如我們在本章中一再強調的，維持對 dependencies 的誠實對於資料流連動的正確性有非常大的影響，欺騙 dependencies 會導致許多 bug 以及潛在問題的產生，因此強力推薦你維持啟用 **hooks dependencies** 的 **linter** 規則檢查，並且總是按照其提示修正你的 `dependencies` 陣列。

5-3-5 Effect dependencies 常見的錯誤用法

我們在目前為止的篇幅中一再強調一個概念：`useEffect` 的用途是將資料同步化到畫面渲染以外的副作用處理，而不是 **function component** 的生命週期 **API**。`useEffect` 的 dependencies 是一種「跳過某些不必要的執行」的效能優化，而不是用來控制 effect 函式發生在特定的 component 生命週期或特定的商業邏輯條件滿足時。

更重要的是，**dependencies** 作為一種效能優化手段，其「跳過副作用」的行為並不是保證的。即使依賴的資料在 re-render 時與前一次 render 相比沒有任何的不同，effect 函式仍有可能會在你意想不到的時候再次被執行。

你或許有過這種想法：「如果我們將 `dependencies` 參數填上 `[]` 的話，effect 函式就只會被執行一次，然後永遠不會再被執行」：

```jsx
App.jsx

1   import { useState, useEffect } from 'react';
2
3   export default function App() {
4     const [count, setCount] = useState(0);
5
6     useEffect(
7       () => {
8         console.log('effect start');
9         setCount((prevCount) => prevCount + 1);
10      },
11      []
12    );
13
14    return <div>{count}</div>;
15  }
```

即使 dependencies 是空陣列，這個 effect 函式在 React 18 中仍可能會執行兩次

而實際上，這個範例中的 effect 函式在 React 18 中有可能會在 **mount 時被執行兩次**，你可以自己到這個 CodeSanbox 試試看：

🔗 **Demo 原始碼連結**

https://codesandbox.io/s/74tldf?file=/src/App.jsx

這是一個 React 18 的 breaking change，不過只有在嚴格模式以及開發環境版本的 React 中才會發生。你可能會感到詫異為什麼會有這樣的改動，這其實是為了 React 未來版本的規劃所提前引入的輔助檢查機制。關於這個議題的細節，將會於下一個章節 5-4 中再深入探討。

而如同前文曾經提到的，hooks 的 dependencies 只是一種效能優化，而並沒有保證這個「跳過」的行為一定會發生。未來 React 有可能會在即使依賴的資料沒有發生任何更新的情況下，仍重新執行副作用的處理，因此如果你嘗試將副作用的 dependencies 作為效能優化以外的用途，例如模擬生命週期 API 或是依賴於「這段副作用因為 dependencies 所以一定會被跳過」的邏輯控制，這可能會對你設計出來的副作用在可靠性與安全性方面造成危害。

所以這裡要再次鄭重強調的是：**對 dependencies 誠實不只是一種推薦的最佳實踐**，而是為了保護你的程式碼的可靠性而必須遵循的規範。如果你嘗試逆流而行，在未來版本的 **React** 中，你的副作用處理的程式碼很有可能真的會壞掉，導致應用程式出現非預期的錯誤。

> **? 詞彙解釋**
>
> 在程式設計中，「**最佳實踐（best practice）**」指的是在特定議題中一種被廣泛接受和推薦的方法或準則，旨在解決某一特定問題或達成某一特定目標的最有效方式。這些實踐通常源於多年的經驗累積和專家共識，並且經過了時間的考驗。遵循最佳實踐不僅能提高程式碼的品質和可維護性，也有助於避免常見的錯誤和陷阱。然而，最佳實踐不是一成不變的規則，它們可能會隨著技術發展和新的理解而演變。

常見誤用一：在 function component 中模擬 ComponentDidMount

你不應該嘗試以 `useEffect` 搭配不誠實的 dependencies 去模擬 class component 中生命週期 API 的效果。事實上，**function component 與 hooks** 本身並沒有直接提供任何的生命週期 **API** 給開發者使用。有了資料流連動同步化到副作用的設計，即使不仰賴 component 的生命週期 API，在絕大多數情況下也還是能夠滿足商業邏輯的開發需求。

因此從現在開始，你應該嘗試拋開 component 生命週期 API 的心智模型，不要以「在 component 的某個生命週期的特定時機去做特定操作來疊加達到效果」這種指令式程式設計的思維來考慮副作用的處理，而是應該以「由來源資料透過資料流的連動反應來同步化到副作用處理，且無論這個副作用的處理被重複執行多少次，應用程式的行為都會保持正確」的方式來思考。

然而，當你真的需要副作用在 component 的生命週期中只執行一次時該怎麼辦呢？這個問題的答案其實非常簡單，就跟你平時寫其他程式時的思路一樣：自己手動寫一段判斷式邏輯即可。

我們可以透過 `useRef` hook 維護一個簡單的布林值 flag 來做到這個效果：

```jsx
App.jsx

1  import { useState, useEffect, useRef } from 'react';
2
3  export default function App() {
4    const [count, setCount] = useState(0);
5    const isEffectCalledRef = useRef(false);
6
7    useEffect(
8      () => {
9        if (!isEffectCalledRef.current) {
10         isEffectCalledRef.current = true;
11         console.log('effect start');
12         setCount((prevCount) => prevCount + 1);
13       }
14     },
15     []
16   );
17
18   return <div>{count}</div>;
19 }
```

> 即使 dependencies 是空陣列，這個 effect 函式在 React 18 的嚴格模式且為開發環境的版本中仍會被執行兩次。但是 if 條件式裡面的內容有 flag 擋住所以只有機會被執行到一次

在加上以 `useRef` 實作的 flag 判斷之後，雖然這個 effect 函式有可能會被執行不只一次，但由於我們真正要執行的邏輯內容被判斷 flag 的條件式給包起來了，因此無論這個 effect 函式會被執行多少次，這段條件式內的商業邏輯仍不會有機會被重新執行。你可以到以下的 CodeSanbox 觀察這個效果：

🔗 **Demo 原始碼連結**

https://codesandbox.io/s/qwy3jl?file=/src/App.jsx

`useRef` 除了可以用來儲存實際 DOM element 之外，其實也很適合用來儲存與畫面沒有連動關係的跨 render 資料。這個範例中我們以 `isEffectCalledRef` 來儲存布林值當作一個 flag，預設值會是 `false`，並且用於在 effect 函式中去做條件判斷。當 `isEffectCalledRef.current` 的值是 `false` 時，就會執行我們的商業邏輯，並且將 `isEffectCalledRef.current` 的值改成 `true`。

useRef 所保存的值是可以跨 render 存取的。當我們第一次執行這個 effect 函式時，isEffectCalledRef.current 的值是 false，所以會順利的執行我們的商業邏輯；而之後當這個 effect 函式再次被執行時，isEffectCalledRef.current 已經是 true，所以就會被擋在條件式之外。如此一來，即使 effect 函式會被多次執行，我們真正的商業邏輯也不會被再次執行。

你會發現這完全無關乎 dependencies，即使我們將這個 useEffect 的 dependencies 參數直接拿掉，使其在每次 render 後都會重新執行一次 effect 函式，這段副作用處理也不會因此出錯。**唯一影響 dependencies 該怎麼填的只有 effect 函式實際的資料依賴情況，而不應該受到副作用處理希望的執行時機影響，你應該自己撰寫條件式來控制商業邏輯的執行時機**，以確保程式中的副作用處理的可靠性。

常見誤用二：以 dependencies 來判斷副作用處理在特定資料發生更新時的執行時機

useEffect 另一種常見的 dependencies 誤用就是嘗試以其來判斷副作用處理在特定資料發生更新時的執行時機，讓我們來看看一個錯誤示範。

這個範例的 component 中有兩種 state 資料：count 與 todos，我們希望設計一段副作用的處理：當 component 首次 render 時或是在 re-render 中發現 todos 資料與前一次 render 的版本有所不同時，另一個 count state 的值就要自動執行 +1 的更新：

⚛ **App.jsx**

```
1  import { useState, useEffect } from 'react';
2
3  export default function App() {
4    const [count, setCount] = useState(0);
5    const [todos, setTodos] = useState(['foo', 'bar']);
6
7    useEffect(
8      () => {
9        setCount(prevCount => prevCount + 1);
10     },
11     [todos]
12   );
13
14   // ...
15 }
```

> Dependencies 不誠實，在陣列中填寫了 effect 函式裡其實並未依賴到的變數 todos

在這個錯誤示範當中，我們嘗試欺騙 dependencies 這個 effect 函式有依賴於 todos 變數，想藉此來達成「只有當 todos 資料發生更新時才會執行這段副作用的處理」的效果。

然而，這樣做並不是完全可靠的。如同我們前面提及的，在未來版本的 React 中，即使依賴資料與前一次 render 相比沒有任何不同，在某些情況下 effect 函式仍可能會再次被執行，這在本範例中可能就會導致非預期的額外 setCount 呼叫。永遠要記得，當我們欺騙 dependencies 時，很有可能遲早會在某個時刻付出代價。無論在何種情況下，我們都應該對 dependencies 保持誠實，以維護資料流連動的正確性與可靠性。

那麼應該怎麼寫才能正確的處理以上範例的需求呢？同樣的非常單純，也就是自行去撰寫「將本次 render 的資料與前一次 render 的資料相比，如果有所不同才執行商業邏輯」的判斷即可：

App.jsx

```
1  import { useState, useEffect, useRef } from 'react';
2
3  export default function App() {
4    const [count, setCount] = useState(0);
5    const [todos, setTodos] = useState(['foo', 'bar']);
6    const prevTodosRef = useRef();
7
8    useEffect(
9      () => {
10       if (prevTodosRef.current !== todos) {
11         setCount(prevCount => prevCount + 1);
12       }
13     },
14     [todos]
15   );
16
17   useEffect(
18     () => {
19       prevTodosRef.current = todos;
20     },
21     [todos]
22   );
23
24   // ...
25  }
```

比較前一次 render 時的 todos 資料與本次 render 時的 todos 資料，當兩者有所不同時才會執行 setCount 的邏輯

Dependencies 誠實，effect 函式中依賴了 todos 變數來做條件式判斷

在其它副作用處理完成之後，將本次 render 的 todos 資料以 prevTodosRef 記憶起來，以供下一次 render 時進行比較

同樣的，我們可以透過 `useRef` 來記憶前一次 render 的某個值，這樣我們就能在 effect 函式中踏踏實實的自行撰寫條件式邏輯，來判斷資料與前一次 render 版本的比較，而不是錯誤的依賴用途本應僅限於效能優化的 dependencies。

章節重點觀念整理

▶ 欺騙 dependencies 會使得副作用在某些明明有依賴到的資料發生更新時，卻錯誤的跳過了應該要連動執行的同步化動作。

▶ 我們應始終對 **dependencies** 保持誠實，這是一個必須遵循、沒有例外的原則，以確保程式碼的可靠性。否則在未來版本的 React 中，你的副作用處理的程式碼很有可能真的會壞掉，導致應用程式出現非預期的錯誤。

▶ 我們可以透過 updater function 來呼叫 `setState` 方法，以避免 effect 函式需要依賴於 props 或 state 資料來計算衍生值。

▶ 只有那些「在不同次的 render 之間有可能值會不同的資料」才需要被填寫到 hooks 的 `dependencies` 陣列中（例如 props、state 或相關的衍生函式）；而當一個資料的值在不同的 render 之間永遠是相同、固定不變的，就可以安全的不填寫到 `dependencies` 陣列之中。

▶ 函式在 **function component** 與 **hooks** 中是屬於資料流的一部份。在 `useCallback` 的輔助之下，只要我們正確的填寫依賴，函式完全可以參與到資料流之中。如果函式所依賴的資料有更新的話，函式才會跟著改變；而如果依賴的資料沒有發生更新的話，它會保持與前一次 render 時是相同的函式。這能夠幫助其他需要判斷資料流變化的機制也能夠正確的連動運作，例如 `useEffect` 的 dependencies 效能優化、`React.memo` 的畫面渲染優化等等。

▶ 唯一影響 dependencies 該怎麼填的只有 effect 函式實際的資料依賴情況，而不應該受到副作用處理希望的執行時機影響，你應該自己撰寫條件式來控制商業邏輯的執行時機。

章節重要觀念自我檢測

▶ 如果我們欺騙 `useEffect` 的 dependencies 會造成什麼問題？

▶ 「函式在 function component 與 hooks 中是屬於資料流的一部份」是什麼意思？
我們如何讓函式參與到 component 的資料流連動之中？

▶ 當我們希望控制副作用處理的邏輯會在特定的時機或條件滿足時才執行，應該如
何做到？

參考資料

▶ https://overreacted.io/a-complete-guide-to-useeffect/

React 18 的 effect 函式在 mount 時為何會執行兩次？

前面的章節中詳細的解析了 `useEffect` 正確的概念以及用法，也再三強調了 `useEffect` 的用途是將資料同步化到副作用的處理，且 dependencies 是一種「跳過某些不必要的副作用處理」的效能優化。

`useEffect` 的 dependencies 作為一種效能優化，其跳過副作用的行為不是邏輯保證的，effect 函式有可能會在你意想不到的時候重新再次被執行。因此，對 dependencies 誠實不只是一種推薦的最佳實踐，而是為了保護你的程式碼的可靠性而必須遵循的規範。如果你嘗試逆流而行，在未來版本的 React 中你的副作用處理的程式碼很有可能真的會壞掉，導致應用程式出現非預期的錯誤。接下來我們就從 React 18 中的行為改動來深入這個議題。

觀念回顧與複習

▶ `useEffect` 的 dependencies 作為一種效能優化，其跳過副作用處理的行為不是邏輯保證的。

▶ 對 dependencies 誠實不只是一種推薦的最佳實踐，而是為了保護你的程式碼的可靠性而必須遵循的規範。

章節學習目標

▶ 了解為什麼 React 18 的 effect 函式在 mount 時會自動被執行兩次。

▶ 了解 reusable state 是什麼，以及如何提早改善我們的副作用程式碼來為其做好準備。

5-4-1 React 18 的 effect 函式在 mount 時為何會執行兩次？

你或許有過這種想法：「如果我們將 `dependencies` 參數填上 `[]` 的話，effect 函式就只會被執行一次，然後永遠不會再被執行」：

```jsx
⚛ App.jsx

1  import { useState, useEffect } from 'react';
2
3  export default function App() {
4    const [count, setCount] = useState(0);
5
6    useEffect(
7      () => {
8        console.log('effect start');
9        setCount((prevCount) => prevCount + 1);
10     },
11     []
12   );
13
14   return <div>{count}</div>;
15 }
```

> 即使 dependencies 是空陣列，這個 effect 函式在 React 18 中仍可能會執行兩次

而實際上，這個範例中的 effect 函式在 React 18 中有可能會在 mount 時被執行兩次，你可以自己到這個 CodeSandbox 試試看：

> 🔗 **Demo 原始碼連結**
>
> 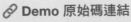 https://codesandbox.io/s/74tldf?file=/src/App.jsx
>
>

這是一個 React 18 的 breaking change，不過只有在啟用嚴格模式且開發環境版本的 React 中才會發生；當沒有啟用嚴格模式，或是 React 為 production 正式環境的版本時，則不會有這個行為。你可以透過像是以下範例的程式碼來啟用嚴格模式：

```js
JS  index.js

1  import { StrictMode } from 'react';
2  import ReactDOM from "react-dom/client";
3  import App from './App';
4
5  const root = ReactDOM.createRoot(
6    document.getElementById("root-container")
7  );
8
9  root.render(
10   <StrictMode>
11     <App />
12   </StrictMode>
13 );
```

將 <StrictMode> 包著整個應用
程式的頂層，以啟用嚴格模式

你可能會對於 React 18 的這個改動感到有些詫異，開發時跟正式上線時的 effect 執行次數不一樣不是很奇怪嗎？其實，這個改動的主要目的是為了幫助開發者「檢查到不夠安全可靠的副作用處理」，而要解釋為何需要這種相對嚴格的檢查，我們得介紹 React 在未來版本規劃中的一個全新概念：reusable state。

? 詞彙解釋

在 React 中，「**嚴格模式（strict mode）**」是一個用來檢測潛在問題的開發工具。當你將應用程式套用嚴格模式時，React 會以一些特殊的行為處理來檢查你的程式碼是否具有足夠的彈性與可靠性，例如自動執行兩次 `setState` 方法的 updater function、自動 mount 兩次 component、警告使用過時的 API 等問題。這是一個在開發階段中用於提前發現和解決問題的輔助工具，但它不會影響 production 正式環境的程式碼。

5-4-2 Reusable state

React 在未來版本的規劃中，有許多新功能都基於一個對專案程式碼的共同要求，就是「你的 **component** 必須要設計得有足夠的彈性來多次 **mount** 與 **unmount** 也不**會壞掉**」。在大多數的情況下，我們的 component 在畫面渲染的部分都是相當宣告式

的，不會有太大問題；然而如果 component 中的副作用處理在多次重複執行的情況下就會壞掉的話，則無法滿足這個要求。

其實已經有一個我們很常使用的功能包含了這種要求與特性，就是「Fast Refresh」，或是有些人習慣以「hot module replacement」稱呼它。這個功能常見於 React 的開發環境當中，像是 Create React App 或是 Next.js 都有內置這個工具。Fast Refresh 的效果其實就是當你在開發編輯你的 component 程式碼時，每當你一存檔，瀏覽器就可以在不重新整理頁面的情況下即時套用 component 程式碼的變動，而這個動作其實就會在你每次存檔時嘗試 unmount 你的 component，然後再次立即以新版的 component 程式碼重新 mount 它，並且過程中會保留 component 的 state，令其不會因為 unmount 被清除。

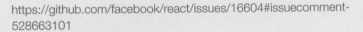

📗 **延伸閱讀**

關於 React Fast Refresh

https://github.com/facebook/react/issues/16604#issuecomment-528663101

在 React 未來的計劃中，有許多的新功能與特性都會需要你的 React 程式碼滿足這個要求與彈性才能正常的運作。例如一個名為「Offscreen API」的新功能，讓 React 可以在畫面切換時保留 component 的 state 以及對應的實際 DOM element，把他們暫時隱藏起來而不是真的移除它們。而當這個 **component** 有再次顯示的需要時，就能以之前留下來的 **state** 狀態再次 **mount**，以利於我們在頻繁的畫面切換時提升效能。

這種能夠保留 component 的 state 狀態以便需要時快速還原並再次 mount 的概念，就是「**reusable state**」。這種行為意謂著在 React 未來的版本中，component 有可能會「**在生命週期裡 mount 與 unmount 不止一次**」。當然，每當再次 mount 時，component 就會再次執行副作用的處理，也就是說**在未來版本的 React 中，即使依賴的資料沒有發生更新，effect 函式仍有可能會再次被執行**。

然而，有鑒於前面篇章中提及過的，在 hooks 推出以來，至今還是有非常多開發者仍以不安全的方式在設計副作用處理，而這些 component 在重複 mount 的情況下就可能會壞掉。所以為了確保你的 **component** 能支援上述的特性，副作用的處理就必須要設計的有足夠的彈性，滿足「**無論被重複執行多少次也不會壞掉**」的目標。

　　因此，為了替未來這些嚴格要求副作用處理彈性的新功能及早做準備，React 才在 18 版的嚴格模式中添加了這個模擬「**mount ⇒ unmount ⇒ mount**」流程的行為，所以你才會看到 component 在 mount 時自動的連續發起「**執行 effect 函式 ⇒ 執行 cleanup 函式 ⇒ 執行 effect 函式**」的動作。這其實就是以模擬多次 mount 的行為，來幫助開發者檢查 component 中的副作用設計是否滿足這個彈性的要求。

　　當然，如果你的 React 專案中仍有一些彈性設計不足的副作用處理，你或許可以考慮在升上 React 18 之後暫時不要啟用嚴格模式以避免開發上的困擾。不過為了讓你的 React 專案在未來也能夠享受這些全新架構與功能所帶來的好處，我們應該從今天起有意識的提醒自己，要開始用更安全可靠的方式來設計 component 中的副作用處理，並視情況漸漸的調整專案中既有的程式碼，替未來及早做準備。

　　這種思維的轉換確實不是一件容易的事情，不過一旦你能夠將這些脈絡與觀念漸漸內化到你的心智模型中，就能夠開始在實戰中創造出直覺且品質可靠的程式碼。

📖 **延伸閱讀**

Adding Reusable State to StrictMode

https://github.com/reactwg/react-18/discussions/19

章節重點觀念整理

▶ 在 React 18 的嚴格模式且為開發環境的版本中，component 會自動模擬「mount ⇒ unmount ⇒ mount」的行為，以幫助開發者檢查副作用處理的設計是否安全且足夠彈性。

▶ Reusable state 是指在未來版本的 React 中，從畫面中移除 component 之後，仍然可以保留其 state 狀態以便需要時重新 mount 後再次還原 state。

▶ 由於 reusable state 的特性，在未來版本的 React 中，即使依賴的資料沒有發生更新，effect 函式仍有可能會被再次執行。

▶ 為了確保你的 component 能支援這種會多次執行 effect 函式的情境，副作用的處理就必須要設計得有足夠的彈性，滿足「無論被重複執行多少次也不會壞掉」的目標。

章節重要觀念自我檢測

▶ 為什麼在 React 18 的嚴格模式且為開發環境的版本中，component 的 effect 函式會在 mount 時自動被執行兩次？

▶ Reusable state 是什麼？為了滿足 reusable state 對於程式碼彈性的要求，我們應該讓副作用處理的設計滿足什麼目標？

參考資料

▶ https://github.com/reactwg/react-18/discussions/19

副作用處理的常見情境設計技巧

在前面章節中已經解析了「將副作用設計成即使多次執行也能保持正確」的重要性。如果你還對這個觀念不是很熟悉的話,非常建議先閱讀前面幾個章節中關於 `useEffect` 的深度解析。而在這個 `useEffect` 相關主題的最後一個章節中,將介紹以及分享一些常見情境的副作用處理設計技巧,幫助大家在實戰中能夠更能得心應手的應對。

觀念回顧與複習

▶ 我們應始終對 dependencies 保持誠實,這是一個必須遵循的原則。

▶ 副作用處理的理想效果是其造成的影響為可逆的,且無論執行多少次都不會壞掉。

章節學習目標

▶ 了解 React 中副作用處理的常見問題以及設計技巧。

副作用處理的理想效果是**其造成的影響為可逆的**,且**無論執行多少次都不會壞掉**。這邊我們可以先大致列出一些常見的副作用設計問題:

▶ 疊加性質而非覆蓋性質的操作:

■ 當副作用處理的影響是會隨著執行越多次不斷疊加而非覆蓋時,如果沒有設計適當的 cleanup 函式來做相關的取消或逆轉處理,就有可能在多次重複執行後結果不如預期。

▶ Race condition（競態條件）問題：

- 當副作用的處理涉及到非同步的後續影響時，副作用被多次執行的順序不一定與非同步事件的回應順序相同，而導致 race condition 的問題。

▶ Memory leak 問題：

- 當一個副作用會啟動持續性的監聽類工作（例如註冊某個事件的訂閱），但是沒有處理對應的取消訂閱時，就有可能在 component unmount 之後仍持續監聽，導致 memory leak 的問題。

　　一般來說，這些問題的解決方案就是為副作用實作適當的 cleanup 函式。Cleanup 函式應該要負責停止或抵銷 effect 函式中所造成的影響，以保證你的副作用處理即使在被多次重複執行的情況下，仍然能正常運作，並且不會造成 memory leak 的問題。

5-5-1 Fetch 請求伺服器端 API

呼叫 fetch 來請求一個後端的 API 或許是 React 的實務開發中最常遇到的副作用處理：

⚛ UserProfile.jsx

```jsx
1  import { useState, useEffect } from 'react';
2  import fetchUserData from './fetchUserData';
3
4  export default function UserProfile(props) {
5    const [userData, setUserData] = useState(null);
6
7    useEffect(
8      () => {
9        async function startFetching() {
10         const data = await fetchUserData(props.userId);
11         setUserData(data);
12       }
13
14       startFetching();
15     },
16     [props.userId]
17   );
18
19   // ...
20 }
```

　　這個範例中的副作用 dependencies 是誠實的，當 `props.userId` 在 re-render 時與前一次 render 相比有所不同，也能夠正確的重新再執行一次副作用的處理。不過由於 `fetchUserData` 的動作是非同步的，它會進行一次後端 API 的網路請求，並且回傳一個 promise，因此當這個 effect 函式短時間內被連續執行時，先被觸發的 fetch 並不一定比後被觸發的 fetch 要更早回傳結果，就會造成 race condition 的問題。

？ 詞彙解釋

在程式設計中，「**race condition（競態條件）**」是指有多個操作的相對時間順序會影響程式存取資源的行為，而可能會導致不預期的結果。

這通常會發生在多個操作同時在短時間內執行或存取同一份資源的時候。在這種情況下，由於不同的操作可能會近乎同時發生而難以預期哪一個會先完成，最後導致有時候會出現非預期的結果。例如，在多人使用的網站服務上，如果有兩個使用者同時嘗試修改同一個資料，就可能產生 race condition。為了解決這個問題，開發者會使用一些特定的措施來確保一切操作會按照既定的規則順序進行，以避免每次執行的結果不是穩定的。

　　更白話來說，意思就是如果我們在短時間內打同一支後端 API 兩次，先打的那一次其實並不保證一定會比後打的那一次更早回傳結果，因為 API 回傳的時間長短會取決於每次打 API 時的網路狀態或是伺服器端的處理速度，並不會是固定的。

　　而如果真的遇到第二次的 API 請求比第一次的 API 請求還要更快回傳的情況，對應了最新資料的第二次請求結果就會先以 `setUserData` 保存起來，然後對應了較舊資料的第一次請求結果因為較晚回傳，則又會以 `setUserData` 將資料給覆蓋上去，導致最後 state 所留下的資料結果並不是最新一次的 API 請求結果，而是比較舊的那一次。

　　我們以上面的範例來解釋細節流程：

1. 當 component 第一次 render 時，`props.userId` 的值是 `1`：

   ■ 執行本次 render 的 effect 函式：

     ◉ 執行 `fetchUserData(1)`。

     ◉ 由於是非同步處理，因此結果不會立刻回傳，還不會執行到 `setUserData` 方法。

2. 在剛剛的 `fetchUserData(1)` 的非同步事件還沒回傳結果前，component 就由父 component 傳入新的 props 連帶 re-render。

3. 當 component 第二次 render 時，`props.userId` 的值是 2：

   ■ 進行 dependencies 的比較檢查，發現本次 render 的 `props.userId` 為 2，與前一次 render 的 1 不同，因此應該重新執行副作用處理。

   ■ 執行本次 render 的 effect 函式：

     ◉ 執行 `fetchUserData(2)`。

     ◉ 由於是非同步處理，因此結果不會立刻回傳，還不會執行到 `setUserData` 方法。

4. 過了一段時間後，`fetchUserData(2)` 的非同步事件率先完成並回傳結果：

   ■ 執行 `setUserData(/* userId 為 2 的資料 */)`。

5. 又過了一段時間後，`fetchUserData(1)` 的非同步事件才終於完成並回傳結果：

   ■ 執行 `setUserData(/* userId 為 1 的資料 */)`。

由於 `fetchUserData(1)` 的結果較晚才回傳，因此也較晚執行對應的 `setUserData` 動作，所以雖然我們的副作用處理會正確的在 `props.userId` 更新時再次進行，但是最後 state 中留下的資料結果卻有可能反而是比較舊的請求結果。

要處理這種 fetch 的 race condition 的問題，通常能以 abort fetch 或忽略舊的請求結果來解決。在此介紹以一個簡單的 flag 就能解決的方法：

⚛ **UserProfile.jsx**

```jsx
1  import { useState, useEffect } from 'react';
2  import fetchUserData from './fetchUserData';
3
4  export default function UserProfile(props) {
5    const [userData, setUserData] = useState(null);
6
7    useEffect(
8      () => {
9        let ignoreResult = false;
10
11       async function startFetching() {
12         const data = await fetchUserData(props.userId);
13         if (!ignoreResult) {
14           setUserData(data);
15         }
16       }
17
```

> 為每一次 render 的 effect 函式都宣告一個 flag 來記憶，是否需要忽略本次 fetch 返回的結果

> 當 ignoreResult 為 false 時才會真正將返回的資料存到 state 中，否則就直接忽略

```
18        startFetching();
19
20        return () => {
21          ignoreResult = true;
22        };
23      },
24      [props.userId]
25    );
26
27    // ...
28  }
```

當處理 cleanup 時，將 ignoreResult 改為 true。如此一來當再次執行副作用時就會先將前一次 effect 函式的 flag 更新，以阻擋舊的請求資料事後才覆蓋上去的可能性

這個解法的原理非常簡單，就是讓每次 render 的 effect 函式本身都記得自己「是否應該忽略 fetch 結果」的 flag。在每次 render 的 effect 函式中，這個 flag 變數 `ignoreResult` 的值預設會是 `false`，所以每次 effect 函式預設情況下會正常將 API 回傳的結果以 `setUserData` 方法儲存起來。而當發生了 re-render 時，新一次 render 的 effect 函式在執行前就會先執行前一次 render 版本的 cleanup 函式，如此一來就會將前一次 effect 函式中的 `ignoreResult` 改成 `true`。

在這樣的處理後，即使比較前面的 fetch 更晚才回傳結果，也會因為 `ignoreResult` 被改成了 `true` 而不會進行 `setUserData` 的動作。我們同樣以細節流程來說明：

1. 當 component 第一次 render 時，`props.userId` 的值是 `1`：

   ■ 執行本次 render 的 effect 函式：

     ◉ 宣告 `ignoreResult`（第一次 render 的 effect 函式裡的）為 `false`。

     ◉ 執行 `fetchUserData(1)`。

     ◉ 由於是非同步處理，因此結果不會立刻回傳，還不會執行到 `setUserData` 方法。

2. 在剛剛的 `fetchUserData(1)` 的非同步事件還沒回傳結果前，component 就由父 component 傳入新的 props 連帶 re-render。

3. 當 component 第二次 render 時，`props.userId` 的值是 `2`：

   ■ 進行 dependencies 比較檢查，發現本次 render 的 `props.userId` 為 `2`，與前一次 render 的 `1` 不同，因此應該重新執行副作用處理。

   ■ 先執行前一次 render 版本的 cleanup 函式：

     ◉ 更新 `ignoreResult`（第一次 render 的 effect 函式裡的）為 `true`。

- 執行本次 render 的 effect 函式：

  - 宣告 `ignoreResult`（第二次 render 的 effect 函式裡的）為 `false`。

  - 執行 `fetchUserData(2)`。

  - 由於是非同步處理，因此結果不會立刻回傳，還不會執行到 `setUserData` 方法。

4. 過了一段時間後，`fetchUserData(2)` 的非同步事件率先完成並回傳結果：

   - 由於第二次 render 的 effect 函式裡的 `ignoreResult` 仍是 `false`，所以會順利執行 `setUserData(/* userId 為 2 的資料 */)`。

5. 又過了一段時間後，`fetchUserData(1)` 的非同步事件才終於完成並回傳結果：

   - 由於第一次 render 的 effect 函式裡的 `ignoreResult` 為 `true`，所以會忽略回傳結果不做任何處理。

此外，這個更新 flag 值的 cleanup 函式也會在 unmount 時執行，這樣就能夠很好的避免「fetch 在 component 已經 unmount 後才回傳結果時仍會呼叫 `setUserData` 方法，導致 React 發生錯誤」的問題。

第三方套件解決方案

不過，關於請求 API 的情境需求，在實務上最推薦的解決方案其實還是使用主流的第三方套件。這些熱門的第三方套件通常都已經幫我們內建處理好以上的 race condition 問題，甚至還內建了快取機制、效能調校等實用的功能。你可以參考以下幾個熱門的套件資訊：

📖 **延伸閱讀**

React Query 官方文件

https://tanstack.com/query/latest/docs/react/installation

📖 **延伸閱讀**

SWR 官方文件

https://swr.vercel.app/

📖 延伸閱讀

React apollo 官方文件

https://www.apollographql.com/docs/react/

5-5-2 控制外部套件

有時候我們會在 React 專案中使用一些並非以 React 建構的外部套件，此時我們需要透過設計適當的副作用處理來與第三方套件進行互動和溝通。

外部套件的初始化

舉例來說，如果我們想要與第三方的地圖 API 進行串接，通常會需要先將其功能在應用程式中進行初始化：

⚛ **App.jsx**

```jsx
1  import { useEffect, useRef } from 'react';
2  import { createMapManager } from 'fake-map-sdk';
3
4  export default function App() {
5    const mapManagerRef = useRef(null);
6
7    useEffect(
8      () => {
9        if (!mapManagerRef.current) {
10         mapManagerRef.current = createMapManager();
11       }
12     },
13     []
14   );
15
16   // ...
17 }
```

我們以自己撰寫的條件式邏輯來確保 **mapManager** 的初始化動作不會被重複執行。即使這個 effect 函式被重複執行多少次，這個效果也不會壞掉

這裡是因為真的沒有任何資料流的依賴才填空陣列，而不是為了以 **dependencies** 控制 effect 函式只會被執行一次

在以上範例中，我們以自己撰寫的條件式邏輯來確保 map manager 的初始化動作不會被重複執行。即使這個 effect 函式被重複執行多少次，這個效果也不會壞掉。

在理想的做法中，我們會希望盡量把初始化的流程放到 React 應用程式的頂層 component 中，或甚至是在頂層 component 之外，以確保它在整個應用程式中只會執行一次，避免在多個 component 中都分別產生自己的 map manager。因此，通常會建議在整個專案中盡可能的減少重複的外部套件的初始化動作，甚至是只初始化一次就好。

將資料流同步化到外部套件中

而與外部套件的互動之中，有時候我們也真的需要將 React component 內的資料向外部套件進行同步化。舉例來說，我們透過 component state 來紀錄地圖顯示的縮放程度，每當 state 與前一次 render 的版本相比有所不同時，就會執行同步化到 map manager 的處理：

```jsx
// MapViewer.jsx
1  import { useState, useEffect } from 'react';
2
3  export default function MapViewer({ mapManager }) {
4    const [zoomLevel, setZoomLevel] = useState(1);
5
6    useEffect(
7      () => {
8        mapManager.setZoomLevel(zoomLevel);
9      },
10     [zoomLevel]
11   );
12
13   // ...
14 }
```

> 這個 zoomLevel state 可以由使用者操作介面來控制其值

> 將由 React 維護的 zoomLevel 值同步到外部套件的 mapManager 之中，以真正控制地圖套件顯示的縮放程度

而如果 `zoomLevel` 更新得太頻繁、連帶導致副作用處理的效能問題的話，你也可以考慮再另外加上 throttle 等效能調校的處理。

> **？ 詞彙解釋**
>
> 在程式設計中，「**throttle**」是一種限制某個動作太頻繁發生的方法。這通常用於
> 重視效能或資源有限的情況，例如瀏覽器中的滾動和或視窗大小調整的事件，或
> 者網路 API 請求的頻率限制。當一個事件或函式頻繁被觸發時，throttle 可以確
> 保它在設定的時間間隔內只被執行一次，這樣做可以避免過度消耗資源，並提高應
> 用程式的效能與穩定性。

5-5-3 監聽或訂閱事件

訂閱 DOM 事件或是自定義的事件也是一種常見的副作用處理：

⚛ App.jsx

```jsx
import { useEffect } from 'react';

export default function App() {
  const handleScroll = () => {
    // do something...
  };

  useEffect(
    () => {
      window.addEventListener('scroll', handleScroll);

      // ✗ 這裡應該要實作對應的 cleanup 函式來取消事件訂閱
    },
    []
  );

  // ...
}
```

　　而如果我們沒有在 cleanup 函式中處理對應的取消訂閱動作，那這個訂閱就會在
component 已經 unmount 後仍持續運作，造成 memory leak 的問題。為副作用造成
的影響撰寫適當的 cleanup 函式來進行消除或逆轉，才能使副作用的設計足夠安全可
靠：

```jsx
App.jsx
1  import { useEffect } from 'react';
2
3  export default function App() {
4    const handleScroll = () => {
5      // do something...
6    };
7
8    useEffect(
9      () => {
10       window.addEventListener('scroll', handleScroll);
11
12       return () => {
13         window.removeEventListener('scroll', handleScroll);
14       };
15     },
16     []
17   );
18
19   // ...
20 }
```

在 cleanup 函式中處理事件的訂閱取消

`setTimeout` 與 `setInterval` 也是同理，如果沒有在 cleanup 函式中處理取消註冊的動作的話，它們就可能會在 component unmount 後仍嘗試執行 callback 函式，進而造成 memory leak 的問題。

```jsx
Counter.jsx
1  import { useState, useEffect } from 'react';
2
3  export default function Counter() {
4    const [count, setCount] = useState(0);
5
6    useEffect(
7      () => {
8        const id = setInterval(
9          () => {
10           setCount(prevCount => prevCount + 1);
11         },
12         1000
13       );
```

```
14
15       return () => clearInterval(id);
16     },
17     []
18   );
19
20   return <h1>{count}</h1>;
21 }
```

在 cleanup 函式中取消 interval 的事件

5-5-4　不應該是副作用處理：使用者的操作所觸發的事情

在某些情境下，即使你嘗試撰寫 cleanup 函式也沒有辦法清除 effect 函式所造成的影響，例如在 effect 函式中去打 API 告訴後端你要結帳購買一個產品。這種副作用操作影響的層面擴及到伺服器端甚至是資料庫，因此你無法透過撰寫 cleanup 函式去逆轉這個影響。這種情況的真正問題在於，我們不應該把某些對應「使用者操作行為」的處理放在 effect 函式中，令其隨著 render 而被自動多次執行：

App.jsx

```jsx
1  import { useEffect } from 'react';
2
3  export default function App() {
4    useEffect(
5      () => {
6        fetch('/api/buy', { method: 'POST' });
7      },
8      []
9    );
10
11   // ...
12 }
```

✕ 應該被寫在使用者觸發的事件中，而不是隨著 render 自動執行的 effect 中

我們應該把它放在使用者自己觸發的事件中，例如使用者點擊了一個「送出購買」的按鈕：

⚛ App.jsx

☑ 結帳購買的動作會由使用者進行操作後才對應觸發一次

```
1  export default function App() {
2    const handleClick = () => {
3      fetch('/api/buy', { method: 'POST' });
4    };
5
6    return (
7      <button onClick={handleClick}>Buy</button>
8    );
9  }
```

章節重點觀念整理

▶ 副作用處理的理想效果是其造成的影響為可逆的，且無論執行多少次都不會壞掉。

▶ 常見的副作用設計問題：

■ 疊加性質而非覆蓋性質的操作：

◉ 當副作用處理的影響是會隨著執行越多次而不斷疊加而非覆蓋時，如果沒有設計適當的 cleanup 函式來做相關的取消或逆轉處理，就有可能在多次重複執行後結果不如預期。

■ Race condition 問題：

◉ 當副作用的的處理涉及到非同步的後續影響時，副作用被多次執行的順序不一定與非同步事件的回應順序相同，而導致 race condition 的問題。

■ Memory leak 問題：

◉ 當一個副作用會啟動持續性的監聽類工作（例如註冊某個事件的訂閱），但是沒有處理對應的取消訂閱時，就有可能在 component unmount 之後仍持續監聽，導致 memory leak 的問題。

▶ 可以透過設計 flag，或使用第三方的套件來處理請求伺服器端 API 的情境。

▶ 我們應盡量將外部套件的初始化放在 React 應用程式的頂層或甚至在 React 之外，以確保整個應用程式中只初始化一次，避免在多個 component 中重複初始化。

▶ 我們不應該把某些對應「使用者操作行為」的動作放在 effect 函式中，令其隨著 render 而被自動多次執行。

章節重要觀念自我檢測

▶ 我們如何解決副作用設計中「疊加性質而非覆蓋性質的操作」的問題？

▶ 我們如何解決副作用設計中「race condition」的問題？

▶ 我們如何解決副作用設計中「memory leak」的問題？

參考資料

▶ https://react.dev/learn/synchronizing-with-effects

▶ https://react.dev/learn/you-might-not-need-an-effect

階段性觀念累積回顧

在過去的幾個章節中，本書以大量的篇幅從各種角度全面的解析了 useEffect 的核心觀念、設計脈絡以及正確的使用方式，到這邊也算是告一個段落了。最後在此整理一下其中的重點精華觀念：

▶ 副作用是什麼：

■ 副作用是指一個函式除了回傳結果值之外，還會與函式外部環境互動或產生其他影響，例如修改全域變數或進行網路請求。

▶ useEffect 的正確用途：

■ useEffect 用於處理將資料同步化到畫面渲染以外的事物，也就是副作用的處理。

■ React 根本沒有提供 function component 的生命週期 API，useEffect 也不能用於對應 function component 的生命週期 API。

▶ 副作用的處理是隨著每次 render 後都會自動觸發的：

■ 預設情況下，每一次 render 後都應該執行屬於該 render 的 effect 函式，來確保同步化的正確性與完整性。

▶ Dependencies 是一種效能優化，而非條件邏輯控制：

■ 我們可以透過提供 `useEffect` 的 `dependencies` 陣列參數來告訴 React，這個 effect 函式的同步化處理依賴於哪些資料。而如果這個陣列中記載的所有依賴資料都與上一次 render 時沒有差異，就代表沒有再次進行同步化的必要，因此 React 就可以安全的跳過本次 render 的副作用處理，來達到節省效能成本的目的。

■ Dependencies 是一種「跳過某些不必要的副作用處理」的效能優化，而不是用於控制 effect 函式發生在特定的 component 生命週期或特定的商業邏輯時機。

■ 唯一影響 dependencies 該怎麼填的只有 effect 函式實際的資料依賴情況，而不應該受到副作用處理希望的執行時機影響，你應該自己撰寫條件式來控制商業邏輯的執行時機。

■ 只能在 effect 函式真的沒有任何依賴時才可以填寫空陣列作為 `dependencies` 參數，填寫不誠實的 dependencies 欺騙 `useEffect` 會對你的程式碼可靠性帶來危害。

■ 欺騙 dependencies 會使得副作用在某些明明有依賴到的資料發生更新時，卻錯誤的跳過了應該要連動執行的同步化動作。你應該要永遠誠實的根據實際的資料依賴情況來填寫 `dependencies` 陣列參數，**這是一個必須遵循且沒有例外的原則。**

■ 想要確認副作用處理是否安全可靠的最有效辦法，就是讓你的 `useEffect` 即使不填寫 `dependencies` 參數而每次 render 後都會重新執行副作用的處理，仍然可以保持其結果的正確性。

▶ 副作用應設計成即使多次重複執行也有保持行為正確的彈性：

■ 確保你的副作用處理無論隨著 render 重新執行了多少次，其結果都應該保持資料流同步化的完整性與正確性。

■ 在 React 18 的嚴格模式且為開發環境版本時，component 會自動模擬「mount ⇒ unmount ⇒ mount」的行為，以幫助開發者檢查副作用處理的設計是否安全且足夠彈性。

■ 如果副作用在多次執行後會有問題，應優先考慮實作對應的 cleanup 函式來消除或逆轉 effect 函式所造成的影響。

▶ 函式在 function component 與 hooks 中是屬於資料流的一部份。在 `useCallback` 的輔助之下，只要我們正確的填寫依賴，函式完全可以參與到資料流之中。

useCallback 與 useMemo 的正確使用時機

除了最核心的 `useState` 與 `useEffect` 以外，在 React 中最常被我們使用到的內建 hooks 應該就屬 `useCallback` 以及 `useMemo` 了。然而，它們到底應該在什麼情境下才需要被使用，一直都是許多 React 開發者感到疑惑的事情。在這個章節中，我們將會深入的探討它們正確的用途以及適當的使用時機。

觀念回顧與複習

▶ 函式在 function component 與 hooks 中是屬於資料流的一部份。

▶ 我們可以透過提供 `useEffect` 的 `dependencies` 陣列參數來告訴 React，這個 effect 函式的同步化處理依賴於哪些資料。如果這個陣列中記載的所有依賴資料都與上一次 render 時沒有差異，就代表沒有再次進行同步化的必要，因此 React 就可以安全的跳過本次 render 的副作用處理，來達到效能優化的目的。

章節學習目標

▶ 了解 `useCallback` 與 `useMemo` 正確的用途以及適當的使用時機。

5-6-1 useCallback 深入解析

我們先從更常被使用到的 `useCallback` 說起。在前面的章節中曾初步介紹過 `useCallback` 的用途，而此處則會以獨立的篇幅，從零開始更完整的解析這個 hook。

可能與許多人的直覺不同，其實 `useCallback` 這個 **hook** 本身的效果並不是效能優化，單就使用了 `useCallback` 這件事來說反而會使得效能變得更慢。不過雖然其自身

的效果並不是效能優化，但是它的行為卻能協助 React 中其他的效能優化手段保持正常運作。這是怎麼一回事呢？讓我們先來觀察看看 `useCallback` 的呼叫方式：

```
const cachedFn = useCallback(fn, dependencies);
```

與其他 hooks 相同，`useCallback` 只能在 component function 內的頂層呼叫。`useCallback` 會接收兩個必填的參數。第一個參數是一個函式，通常我們會傳遞一個依賴了 component 內資料（例如 props、state）的函式。第二個參數則是 `dependencies` 陣列，這個參數與 `useEffect` 的 `dependencies` 參數概念類似，不過有所不同的是，在 `useCallback` 中這是一個必填的參數。

舉例來說，我們會像這樣去呼叫一次 `useCallback`：

```
App.jsx
1  import { useCallback } from 'react';
2
3  export default function App() {
4    const doSomething = useCallback(
5      () => {
6        console.log(props.foo);
7      },
8      [props.foo]
9    );
10
11   // ...
12 }
```

> 這裡在每次 render 時都會先 inline 建立一個函式，然後才作為參數傳給 useCallbcak

當 component 第一次 render 時，`useCallback` 會接受你所傳入的函式以及 `dependencies` 陣列並記憶起來作為快取，然後再將你傳入的這個函式原封不動的回傳。而當後續的 re-render 時，`useCallback` 會將新的 `dependencies` 陣列當中的所有依賴項目的值與前一次 render 時的版本進行比較，如果全部都相同的話則會忽略本次 render 新傳入的函式，轉而回傳前一次 render 時所記憶起來的舊版函式。而如果有任何依賴項目的值被判定為不同的話，則會將本次 render 新傳入的函式以及 `dependencies` 陣列記憶起來覆蓋舊的版本，然後再將新傳入的函式原封不動的回傳。

然而從上面的範例程式碼中可以發現，這個 component function 在每次 render 的過程中都會先 inline 建立一個函式，然後才作為參數傳給 `useCallback`，所以我們其實**並不會因為使用了 `useCallback` 而節省了「不必要的函式產生」**。

這就是為什麼上面說 `useCallback` 本身其實並不能提供效能優化的效果，反而甚至效能會變慢，因為它既無法避免每次 render 時重新產生函式，且 dependencies 的比較動作也是需要花費效能成本的（不過這個效能成本通常是小到可以接受並忽略的）。

那上述 `useCallback` 這種對函式進行快取的行為，真正的用途到底是什麼呢？以概念層面來解釋的話，它其實是用於協助「**讓我們的函式能夠反應資料流的變化**」，接下來就讓我們以兩種最常見的實際情境來進行解析。

▎維持 hooks 依賴鏈的連動反應

當我們今天有一個定義在 component 中的函式會在 effect 函式中被呼叫時，這個函式也會被判定為副作用的依賴項目：

⚛ **SearchResults.jsx**

```
1  import { useState, useEffect } from 'react';
2
3  export default function SearchResults() {
4    const [query, setQuery] = useState('react');
5
6    async function fetchData() {
7      const result = await fetch(
8        `https://foo.com/api/search?query=${query}`,
9      );
10     // ...
11   }
12
13   useEffect(
14     () => {
15       fetchData();
16     },
17     [fetchData]
18   );
19
20   // ...
21 }
```

Dependencies 誠實，但是其效能優化會永遠都會失敗，因為 fetchData 函式是一個在每次 render 時都會重新產生的新函式，所以每次 render 時的值都不同

然而在以上範例中，`useEffect` 的 dependencies 效能優化永遠都會失敗，effect 函式會在每次 render 後都再次被執行，即使 `query` 的值與前一次 render 時相比沒有任何不同。

這樣的效能優化效果甚至比沒有提供 `useEffect` 的 `dependencies` 參數時還要糟糕 —— 畢竟比較依賴項目的動作還是需要花費效能成本。而之所以會有這樣的問題，是由於我們將這個 `fetchData` 函式宣告在 component function 中，因此 `fetchData` 函式在每次 render 時都會被重新產生，所以在 dependencies 的比較中也就每次都判定依賴發生更新，會照常重新執行副作用而不會跳過，進而導致效能優化的失敗。

該問題的本質是因為在這個 component 資料流的「資料 ⇒ 函式 ⇒ 副作用」依賴鏈關係中，「函式」這個節點無法正確的反應資料的更新與否；這是因為無論函式所依賴的資料值是否有所更新，函式在每次 render 時都會被重新產生。這連帶導致副作用也無從判斷源頭的資料是否有發生更新，因為副作用所直接依賴的函式在每次 render 時都被判定為發生了改變，所以 React 會在後續的每次 render 中都持續的判定無法安全的跳過副作用的執行，也就讓效能的優化徹底失效。這使得副作用的處理喪失了「對資料流變化的正確感知能力」。

不過令人慶幸的是，`useCallback` 就是為了解決這個問題而存在的，`useCallback` 的行為可以做到「讓資料流的變化連動反應到函式的變化」的效果。讓我們延續以上的範例來觀察這個概念：

⚛ SearchResults.jsx

```jsx
1  import { useState, useEffect, useCallback } from 'react';
2
3  export default function SearchResults() {
4    const [query, setQuery] = useState('react');
5
6    const fetchData = useCallback(
7      async () => {
8        const result = await fetch(
9          `https://foo.com/api/search?query=${query}`,
10       );
11       // ...
12     },
13     [query]
14   );
15
```

> Dependencies 誠實，這個函式中依賴了 query 這個變數資料

```
16
17      useEffect(
18        () => {
19          fetchData();
20        },
21        [fetchData]
22      );
23
24      // ...
25    }
```

> Dependencies 誠實，且只有當 query 與前一次 render 不同時，fetchData 函式才會發生改變，連帶的此時這個副作用才會再次被執行。而如果 query 與前一次 render 相比沒有改變時，useCallback 就會回傳與前一次 render 相同的 fetchData 函式，連帶的此時副作用就會判定依賴的 fetchData 沒有改變，進而跳過該次 render 的副作用處理。因此這裡的 dependencies 效能優化可以正常發揮效果

在這個範例中，fetchData 函式依賴了 query 這個變數資料，因此我們將 query 填寫到 useCallback 的 dependencies 陣列當中。當 query 的值與前一次 render 版本的值相同時，useCallback 就會回傳前一次 render 時所產生的那個 fetchData 函式。而只有當 query 的值與前一次 render 版本的值不同時，則會回傳本次 render 所產生的 fetchData 函式。

這意謂著只有當 query 的值與前一次 render 的版本不同時，fetchData 函式才會發生改變，連帶的此時這個副作用處理才會再次被執行。而如果 query 與前一次 render 相比沒有改變，useCallback 就會回傳與前一次 render 相同的 fetchData 函式，連帶的此時副作用就會判定依賴的 fetchData 沒有改變，進而跳過該次 render 的副作用處理。因此這裡的 dependencies 效能優化可以正常發揮效果。

在 useCallback 的輔助之下，只要我們正確的填寫依賴來維護依賴鏈其中每一個環節的連動，函式完全可以參與到資料流之中，並且連帶的使得像是副作用 dependencies 這種需要感知資料流的機制能夠正確的運作。

📖 **延伸閱讀**

useCallback() API 官方文件

https://react.dev/reference/react/useCallback

配合 `memo`：快取 component render 的畫面結果並重用以節省效能成本

在 React 中，除了 `useEffect` 有「當依賴的資料沒有更新時則跳過處理」的效能優化手段，component render 畫面結果的動作本身其實也有類似的效能優化手段，也就是 React 內建的 `memo` 方法：

```
1   import { memo } from 'react';
2
3   function Child(props) {
4     return (
5       <>
6         <div>Hello, {props.name}</div>
7         <button onClick={props.showAlert}>
8           alert
9         </button>
10      </>
11    );
12  }
13
14  const MemoizedChild = memo(Child);
```

> 以 **memo** 方法來為 **Child** 這個 component 進行包裝加工，產生 **MemoizedChild** 這個加工過的新 **component**

`memo` 方法是一種 React 內建提供的 higher order component。當一個 component 在 props 相同的時候預計都會 render 出相同的畫面結果時，你可以將其以 `memo` 方法進行加工，產生出來的新 component 就會透過快取 render 結果來達到效能優化的效果。

這意謂著如果這個 component 在 re-render 時，其 props 與前一次 render 時的 props 內容完全相同的話，React 就會跳過本次 render 的流程，直接回傳已經快取過的前一次 render 結果（也就是 React element）。所以這其實也是一種資料流的變動感知，透過 props 的資料檢查來幫助 component 判斷是否可以跳過畫面 render 的處理，以達到節省效能成本的目的。

在 React 中,「**higher order component**(簡稱 HOC)」指的是一種經過特殊設計的函式。這種函式通常會接受一個 component 作為參數,然後回傳一個加工過的全新 component。這就像一個 component 的加工廠:你把一個普通的 component 輸入進去,它會在經過加工處理後,輸出一個更強大、具有額外功能或資料的 component,這讓我們能夠更輕易的擴充和重用 component 邏輯。

然而 `memo` 其實與 `useEffect` 一樣都會遇到類似的問題:當我們以 `memo()` 加工過的 component,其 props 中包含函式型別的屬性,且該函式在每次 render 時都不同的話,則 `memo` 方法的效能優化效果永遠都不會成功發揮作用:

```jsx
import { memo } from 'react';

function Child(props) {
  return (
    <>
      <div>Hello, {props.name}</div>
      <button onClick={props.showAlert}>
        alert
      </button>
    </>
  );
}

const MemoizedChild = memo(Child);

function Parent() {
  const showAlert = () => alert('hi');

  return (
    <MemoizedChild
      name="zet"
      showAlert={showAlert}
    />
  );
}
```

> showAlert 是一個在每次 render 都會重新產生的函式,因此每次 render 時都會不同。這會導致 MemoizedChild component 的 memo 最佳化永遠失敗

在這個範例中,由於 `Parent` component 裡的 `showAlert` 是一個在每次 render 時都會被重新產生的函式,因此每次 render 時都會不同。然而 `showAlert` 函式會作為 prop 傳給子 component `MemoizedChild`,這會導致每當 re-render 的過程中 `MemoizedChild` 的 memo 機制進行 props 比較時,都必定會判定 `showAlert` prop 與前一次 render 時的

值不同，所以無法使用快取並跳過畫面的 render。這意謂著 `MemoizedChild` component 的 memo 優化永遠都會是失敗的。

但是我們不用為此擔心，沒錯！此時 `useCallback` 又可以幫助我們解決這種情況了：

```javascript
import { memo, useCallback } from 'react';

function Child(props) {
  return (
    <>
      <div>Hello, {props.name}</div>
      <button onClick={props.showAlert}>
        alert
      </button>
    </>
  );
}

const MemoizedChild = memo(Child);

function Parent() {
  const showAlert = useCallback(
    () => alert('hi'),
    []
  );

  return (
    <MemoizedChild
      name="zet"
      showAlert={showAlert}
    />
  );
}
```

> 將函式以 **useCallback** 給包起來，如此一來 showAlert 就不會每次 render 時都不同值

在將 `showAlert` 函式透過 `useCallback` 包起來並加上誠實的 dependencies 後，這個函式也能參與到資料流的變化感知當中，並協助 memo 機制也能正確的感知到資料流的變動了。

📖 延伸閱讀

memo() API 官方文件

https://react.dev/reference/react/memo

總結來說，當一個 component 裡的函式有被 effect 函式所呼叫，或是會透過 prop 來傳給一個 memo 過的子 component 時，就會建議將這個函式以 `useCallback` 給包起來。同時別忘了一定要保持對應的 dependencies 是誠實的，才能確保依賴鏈中的每一個環節都對資料流的變化有正確的感知能力。

5-6-2 useMemo 深入解析

接下來讓我們談談與 `useCallback` 有點類似的 `useMemo`。其實 `useMemo` 的用途與使用情境都跟 `useCallback` 是差不多的，差別在於我們通常會以 `useMemo` 來快取陣列或物件類型的資料，此外 `useMemo` 本身也真正能用於節省計算的效能成本。

> 😤 **常見誤解澄清**
>
> React 內建所提供的 `memo` 方法與 `useMemo` hook 是不同的 API，兩者並沒有什麼直接的關聯。不過這兩者可以在某些情境搭配使用來達到效能優化的效果，接下來的內文篇幅中將會有相關的介紹。

▌維持 hooks 依賴鏈的連動反應

與 `useCallback` 相同的是，`useMemo` 也能夠幫助我們在 hooks 依賴鏈以及 `memo` 等情境的資料流感知，配合達到效能優化的效果：

```
1  import { memo, useEffct } from 'react';
2
3  function Child(props) {
4    return (
5      <>
6        <div>Hello, {props.name}</div>
7        {props.numbers.map(num => (
8          <p>{num}</p>
9        ))}
10     </>
11   );
12 }
13
14 const MemoizedChild = memo(Child);
```

```
15
16   function Parent() {
17     const numbers = [1, 2, 3];
18
19     useEffect(
20       () => console.log(numbers),
21       [numbers]
22     );
23
24     return (
25       <MemoizedChild
26         name="zet"
27         numbers={numbers}
28       />
29     );
30   }
```

> 副作用的 **dependencies** 誠實，但效能優化的效果永遠都會失效，因為 numbers 陣列在每次 render 時都是全新的不同陣列

> **MemoizedChild** 的 render 效能優化效果永遠都會失效，因為 numbers 陣列在每次 render 時都是全新的不同陣列

在這個範例中，雖然副作用的 dependencies 誠實，但效能優化的效果永遠都會失效，因為 `numbers` 陣列在每次 render 時都是全新的不同陣列。同樣的，`MemoizedChild` component 的 render 效能優化效果也永遠都會失效，也是因為 `numbers` 陣列在每次 render 時都是全新的不同陣列。

透過 `useMemo` 處理之後，就能解決這種問題：

```
1    import { memo, useEffct, useMemo } from 'react';
2
3    function Child(props) {
4      return (
5        <>
6          <div>Hello, {props.name}</div>
7          {props.numbers.map(num => (
8            <p>{num}</p>
9          ))}
10       </>
11     );
12   }
13
14   const MemoizedChild = memo(Child);
15
16   function Parent() {
17     const numbers = useMemo(
18       () => [1, 2, 3],
19       []
20     );
21
```

> 將陣列資料以 **useMemo** 進行快取，如此一來 numbers 陣列就不會每次 render 時都不同值

```
22    useEffect(
23      () => console.log(numbers),
24      [numbers]
25    );
26
27    return (
28      <MemoizedChild
29        name="zet"
30        numbers={numbers}
31      />
32    );
33  }
```

節省計算複雜資料的效能

另外不同於 `useCallback` 的是，**useMemo** 本身也可以用於節省計算複雜資料的效能成本：

```
const memoizedValue = useMemo(
  () => computeExpensiveValue(a, b),
  [a, b]
);
```

當每次 `useMemo` 的 dependencies 中的依賴資料有所更新時，我們傳給 `useMemo` 的計算函式才會被再次執行，否則就會跳過本次的計算並直接回傳之前曾算好的快取結果。

因此整體來說，當一個 component render 時才產生的陣列或物件資料有被 effect 函式所依賴，或是會透過 prop 來傳給一個 memo 過的子 component 時，就會建議將這個資料的產生以 `useMemo` 處理。當然，當資料計算的耗時或效能成本較高時，也可以用 `useMemo` 的快取行為來幫助你跳過不必要的重複計算。同時別忘了一定要保持對應的 dependencies 是誠實的，才能保證資料流連動效果的可靠性。

> 📖 **延伸閱讀**
>
> **useMemo() API 官方文件**
>
> https://react.dev/reference/react/useMemo

章節重點觀念整理

▶ 在 component 的首次 render 時，`useCallback` 會將傳入的函式和依賴項目陣列進行快取。如果在後續的 re-render 中，這些依賴項目沒有更新，則 `useCallback` 會回傳先前快取的函式；若依賴項目有發生更新，則 `useCallback` 會更新快取並回傳新的函式。這樣可以確保函式在依賴項目沒有更新的情況下保持不變。

▶ 在 `useCallback` 的輔助之下，只要我們正確的填寫依賴，函式完全可以參與到資料流之中。這能夠幫助其他需要判斷資料流變化的機制也能夠正確的連動運作，例如 `useEffect` 的 dependencies 效能優化、`memo` 的畫面渲染優化等等。

▶ useMemo 與 `useCallback` 的用途類似，只是通常是用於快取陣列或物件等資料：

■ `useMemo` 也能夠幫助我們在 hooks 依賴鏈以及 `memo` 等情境的資料流感知，配合達到效能優化的效果。

■ `useMemo` 本身也可以用於節省計算複雜資料的效能成本。

章節重要觀念自我檢測

▶ `useCallback` 正確的用途以及適當的使用時機是什麼？

▶ `useMemo` 正確的用途以及適當的使用時機是什麼？

參考資料

▶ https://medium.com/ichef/什麼時候該使用-usememo-跟-usecallback-a3c1cd0eb520

5-7 Hooks 的運作原理與設計思維

React hooks 從 2019 年初推出以來也經過了幾年的時間,它以非常快的速度就發展成為 React 開發方式的絕對主流選擇,搭配 function component 的設計,讓資料流的可預期性以及邏輯重用性上比起以往 class component 的開發方式都有顯著的提升。

雖然 hooks 的 API 都十分的簡潔易用,但是相信大多數人都對其抱有過一些疑惑:hooks 的運作原理到底是什麼?`useState` 中的資料到底是保存在哪裡?為什麼 hooks 不可以寫在條件式或迴圈中?而在本章節中,將會針對這些問題進行一次深入的探討,幫助大家了解 hooks 的運作原理以及背後的設計思維。

觀念回顧與複習

▶ Component function 本身是描述特徵和行為的藍圖,而根據這個藍圖產生的實際個體,被稱為實例。每個實例都有其獨立的狀態,並不會受到相同藍圖的其他實例的影響。

▶ Hooks 僅可以在 component function 內的頂層作用域被呼叫。

章節學習目標

▶ 了解 hooks 的資料本體到底存放在何處。

▶ 了解為什麼 hooks 的運作是依賴於固定的呼叫順序。

▶ 了解 hooks 如何透過順序式的資料結構設計來避免巢狀呼叫時的鑽石問題。

5-7-1 Hooks 的資料本體到底存放在何處

在進入 hooks 運作原理的解析之前，我們得先來探討一個你或許也疑惑過的問題：你是否曾想過 component 的 state 資料實際上到底存放在哪裡？

```
1  import { useState } from 'react';
2
3  function Counter() {
4    const [count, setCount] = useState(0);
5
6    return (
7      <div>
8        <h1>{count}</h1>
9        <button onClick={() => setCount(count + 1)}>
10         +1
11       </button>
12     </div>
13   )
14 }
15
16 function App() {
17   return (
18     <>
19       <Counter />
20       <Counter />
21     </>
22   );
23 }
```

> 這個 local state 的值真正保存的地方在哪裡？

> 這兩個 React element 在 React 內部機制中分別對應到不同的 component 實例，它們的 count state 是獨立、不互相影響的

如上面範例的 `Counter` component 中定義了一個 count state，當我們每次去呼叫 `setCount` 來更新 state 並進行 re-render 時，就可以從 `useState` 取得更新後的新 state 值。

然而我們從 `useState` 取出來的值只是專屬於該次 render 的快照值，那麼這個 state 資料的「本體」到底是被儲存在哪裡？而當我們的 `App` component 在畫面中渲染了多個 `<Counter />` 時，它們分別的 count state 顯然也是獨立、不會互相影響的。

其實在 React 所設計的畫面管理機制當中，除了以 React element 來描述「某個歷史時刻的畫面結構」，其實還有另一種用來儲存「最新狀態資料的畫面節點」資料，它

在 React 的內部機制中被稱為「**fiber node**」。一個 fiber node 內容的結構大致上長得如圖 5-7-1 中所示：

```
▼ FiberNode 🛈
    actualDuration: 1.6000000014901161
    actualStartTime: 810.9000000022352
    alternate: null
  ▶ child: FiberNode {tag: 5, key: null, elementType: 'h1', type: 'h1', stateNode: h1, …}
    childLanes: 0
    deletions: null
    dependencies: null
  ▶ elementType: f Bar()
    flags: 1
    index: 0
    key: null
    lanes: 0
  ▶ memoizedProps: {}
  ▶ memoizedState: {memoizedState: 9527, baseState: 9527, baseQueue: null, queue: {…}, next: null}
    mode: 3
  ▶ pendingProps: {}
    ref: null
  ▶ return: FiberNode {tag: 1, key: null, stateNode: App, elementType: f, type: f, …}
    selfBaseDuration: 0.5999999977648258
    sibling: null
    stateNode: null
    subtreeFlags: 1048576
    tag: 0
    treeBaseDuration: 0.8000000007450581
  ▶ type: f Bar()
    updateQueue: null
  ▶ _debugHookTypes: ['useState']
    _debugNeedsRemount: false
  ▶ _debugOwner: FiberNode {tag: 1, key: null, stateNode: App, elementType: f, type: f, …}
    _debugSource: undefined
  ▶ [[Prototype]]: Object
```

圖 5-7-1

你可能會想問：它跟 React element 的關係以及區別是什麼？具體來說，fiber node 的工作是負責保存並維護目前 **React 應用程式的最新狀態資料**，整個應用程式之中只會存在一份；而 React element 則是 render 流程的產物，用於**描述某個歷史時刻的畫面結構**，會隨著不斷 re-render 而不斷重新產生好幾份。

與 React element 「一經建立就不會再被修改，是在表達特定歷史時刻」不同的是，fiber node 是在表達「最新的狀態」，因此會不斷的被更新修改以維護最新的狀態資料。

因此每當你的 React 應用程式啟動了 reconciliation 時，reconciler 就會負責去調度 component 的 render 並將資料的改動更新到 fiber node 裡，接著將該次 render 出來的 React element 與前一次 render 的 React element 進行比較，並移交 renderer 處理實際 DOM 的操作更新。因此，fiber node 其實才是 React 應用程式的心臟，作為核心的最

新應用程式狀態與畫面結構的本體；而 React element 只是每次 render 時用來描述某個歷史時刻畫面結構的一種可拋棄式產物。

Fiber node 並不是從 hooks 時代才開始出現的，而是早在 class component 時代就已經存在。無論是以 class component 的方式宣告的 state，或是以 function component 配合 `useState` 宣告的 state，其實一樣都會存放在 fiber node 中。另外像是連續呼叫 `setState` 方法時的待執行計算佇列，也會被暫存在這裡。

當我們在畫面結構中某處首次 render 出一個 component 類型的 React element 時，React 就會在整個應用程式的 fiber node 樹中的對應位置建立一個新的 component 實例，並在裡面存放 component 中各種 hooks 的相關最新狀態資料。因此精確來說，**一個 component 實例就是指一個 fiber node**。舉例來說，當我們在一個 component 中呼叫 `useState` 時，就可以在 fiber node 的內容裡看到 state 資料被存放在其中，如圖 5-7-2 中所示：

```jsx App.jsx
1  import { useState } from 'react';
2
3  export default function App() {
4    const [count, setCount] = useState(100);
5
6    // ...
7  }
```

```
▼memoizedState:
    baseQueue: null
    baseState: 100
    memoizedState: 100
    next: null
  ▶ queue: {pending: null, interleaved: null, lanes: 0, dispatch: f, lastRenderedReducer: f, …}
```

圖 5-7-2

當我們呼叫 `setCount` 方法並觸發 re-render 後，這個 fiber node 中的資料本體就真的會被覆蓋更新。因此，每當我們的 component 再次 render 並經過 `useState` 時，其實是嘗試將那個瞬間的 state 值「捕捉」起來並作為快照，以保證 function component 在每次 render 中取出的 state 值都是永遠不變的。

那當我們在 component 中呼叫多個 `useState` 的情況呢？

```jsx
import { useState } from 'react';

export default function App() {
  const [count, setCount] = useState(100);
  const [count2, setCount2] = useState(200);
  const [count3, setCount3] = useState(300);

  // ...
}
```

```
▼memoizedState:
   baseQueue: null
   baseState: 100
   memoizedState: 100
 ▼next:
    baseQueue: null
    baseState: 200
    memoizedState: 200
  ▼next:
     baseQueue: null
     baseState: 300
     memoizedState: 300
     next: null
   ▶ queue: {pending: null, interleaved: null, lanes: 0, dispatch: f, lastRenderedReducer: f, …}
   ▶ [[Prototype]]: Object
  ▶ queue: {pending: null, interleaved: null, lanes: 0, dispatch: f, lastRenderedReducer: f, …}
  ▶ [[Prototype]]: Object
 ▶ queue: {pending: null, interleaved: null, lanes: 0, dispatch: f, lastRenderedReducer: f, …}
```

圖 5-7-3

在觀察圖 5-7-3 之後，你會發現第二個 state 的資料居然是放在第一個 state 裡面，而第三個 state 的資料放在第二個 state 裡面。這其實涉及了 hooks 的核心設計原理，也會在接下來的篇幅中進一步解析。

5-7-2 為什麼 hooks 的運作是依賴於固定的呼叫順序

在認識了 React 核心的狀態存放資料 fiber node 之後，接下來就讓我們進入到 hooks 的原理。相信有接觸過 hooks 的開發者們一定都清楚它有一個重要的規則：我們只能**在 component function 內的頂層作用域呼叫 hooks**，而不能在條件式或迴圈裡等地方呼叫。那麼為什麼會有這樣的限制呢？

讓我們透過 hooks 的實際使用來一窺端倪。當我們在一個 function component 中去呼叫多次 `useState` 時，大概會長得像這樣：

```jsx
import { useState } from 'react';

export default function App() {
  const [count, setCount] = useState(100);
  const [name, setName] = useState('default name');
  const [flag, setFlag] = useState(false);

  // ...
}
```

這好像是一段再常見不過的 component function 程式碼。不過，此處讓我們來思考一個也許你沒有認真想過的問題：這段程式碼中我們有「**告訴或提供 React 這三個 state 分別的命名**」嗎？

你可能會說，當然有啊！這段程式碼中不是有把它們分別命名為 `count`、`name` 以及 `flag` 嗎？但其實當你仔細觀察程式碼後，就會發現 `useState` 回傳的其實是一個陣列，是我們在 `useState` 回傳了之後才以陣列解構的方式重新命名為指定的變數名稱。也就是說，這段 component 程式碼其實等同於：

```jsx
1  import { useState } from 'react';
2
3  export default function App() {
4    const state1Returns = useState(0);
5    const count = state1Returns[0];
6    const setCount = state1Returns[1];
7
8    const state2Returns = useState('');
9    const name = state2Returns[0];
10   const setName = state2Returns[1];
11
12   const state3Returns = useState(false);
13   const flag = state3Returns[0];
14   const setFlag = state3Returns[1];
15
16   // ...
17 }
```

> 🜂 App.jsx

我們在呼叫 `useState` 時只提供了唯一的一個參數 —— 這個 state 的預設值，而沒有提供任何其他參數。

然而若我們並沒有告知 React 每個 state 的自定義名稱或 key 之類的資訊，那麼 React 的內部是怎麼區分這些 state 資料的存放的？讓我們到實際的 fiber node 中一探究竟：

```
▼ memoizedState:
    baseQueue: null
    baseState: 100
    memoizedState: 100
  ▼ next:
      baseQueue: null
      baseState: "default name"
      memoizedState: "default name"
    ▼ next:
        baseQueue: null
        baseState: false
        memoizedState: false
        next: null
```

圖 5-7-4

你會發現 fiber node 內部是以「一個 state 連著下一個 state」這種 linked list 的方式在存放這些狀態資料的，如圖 5-7-4 中所示。從這個結構我們可以觀察到，hooks 其實是以**呼叫順序**作為其區分並存放資料的依據。因此當你在 component 中呼叫多個 hooks 時，它們會依照你呼叫的順序依序關聯存放：

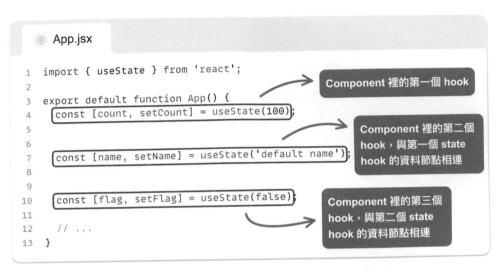

在 fiber node 中，第一層存放的會是第一個 hook 的資料，然後你可以在其中透過連結找到第二個 hook 的資料，並且又可以在第二個 hook 的資料中透過連結往下找到第三個 hook 的資料。這種資料結構的設計意謂著，如果我們在某次 render 中跳過了某個 hook 的呼叫，有可能會導致在其後面呼叫的所有 hook 無法與前一次 render 時的 hook 做正確的對應：

```jsx
App.jsx
1   import { useState } from 'react';
2
3   export default function App() {
4       const [flag, setFlag] = useState(false);
5
6       if (!flag) {
7           const [foo, setFoo] = useState('foo');
8       }
9
10      const [bar, setBar] = useState('bar');
11      const [fizz, setFizz] = useState('fizz');
12
```

故意將其中一次 hook 呼叫包在條件式當中

```
13      const handleClick = () => {
14        setFlag(true);
15      };
16
17      return (
18        <button onClick={handleClick}>click me</button>
19      );
20    }
```

在上面的範例中，當我們點擊按鈕時並觸發 re-render 時，第七行的 `const [foo, setFoo] = useState('foo')` hook 呼叫會因為 `flag` 是 `true` 而被跳過，此時就會發生後面的 bar state 以及 fizz state 的 hook 錯誤的與前一次 render 中的其他 hook 對應，導致兩次的 render 之間 hooks 呼叫順序無法對應的問題：

圖 5-7-5 Hooks 在不同 render 之間順序無法對應

此時 React 就會因為發現這次 render 中呼叫的 hook 總數量與前一次不同，而檢查到這個問題並報錯。這就是為什麼 component 中的所有 hook 都必須保證在每次 render 皆會被呼叫到，一旦有某個 **hook** 的呼叫在某次 **render** 被跳過，其後續的所有 **hook** 的順序都會跟著跳號，導致 **React** 內部在存取狀態資料時會有錯置的問題。

至此我們可以做個總結：React 之所以制定了 hooks 的呼叫規則，是為了讓 component 中的 hook 被呼叫的順序在每次 render 之間都是維持固定不變的，以保證內部的狀態資料存取機制正確運作。

> **❓ 詞彙解釋**
>
> **Linked list**（鏈結串列）是一種程式設計中的資料結構，由一連串「節點」組成。每個節點包含資料和指向下一個節點的「指標」。這與陣列不同，因為陣列是連續的資料塊，而鏈結串列不需要連續的記憶體空間，所以更適用於記憶體有限的狀況。

那我該怎麼安全的讓 hooks 不再被執行到

不過，有時候我們還是會希望讓某些不再需要的 hooks 停止被執行到。由於 hooks 必須保持在每一次的 component render 中都有被呼叫到，因此**唯一可以合法的讓 hooks 不再運作的方法，其實就是去 unmount 包含了這些 hooks 的 component**：

```
1  function Foo() {
2    useEffect(() => { // ... });
3  }
4
5  function App() {
6    const [isFoo, setIsFoo] = useState(true);
7
8    return isFoo ? <Foo /> : <Bar />;
9  }
```

在以上範例中，當 `isFoo` 從 `true` 更新為 `false` 時，`<Foo />` 所對應的 component 實例就會被 unmount，如此一來 `Foo` component 內的副作用處理也就不會再隨著 `App` component 的 re-render 而被執行到。

至此我們已經了解到 hooks 的狀態資料是依照呼叫順序去存放的，因此我們必須要維持呼叫順序的固定才能保證這個機制的正常運作。然而有一個更深入的問題是，React 為什麼要將 hooks 設計成以順序性來呼叫，而不是設計成自定義 key 之類的方式？接下來就讓我們進一步解析 hooks API 的設計思維。

5-7-3 Hooks 的誕生是為了解決什麼問題

在深入 hooks 的設計脈絡之前，我們得先來談談 hooks 的誕生究竟是為了解決什麼問題。首先，**React 打從一開始的目標就是要將 hooks 設計成綁定配合 function component 使用**。這是因為在一律重繪的渲染策略之下，原本 class component 這種偏物件導向的設計會造成很多概念上的衝突，例如 class component 裡的成員方法無法參與資料流的變化、`this.props`、`this.state` 在非同步事件中可能錯誤的拿到最新資料之類的等等問題⋯在本書前面的章節中有許多深入的介紹，這邊就不再贅述太多。

為了能夠更貼近一律重繪、immutable 等核心設計的概念，React 決定往更加靠攏函數式程式設計的方向去發展。在有了 function component 之後，React 還必須設計一套全新的機制與 API 來解決幾個重要的問題。

讓 function component 擁有狀態

Function component 能夠讓 React 的每次 render 獨立不互相干擾，你不再需要擔心非同步事件從 `this.props` 讀取資料可能導致的問題。然而畫面管理在本質上是難以完全避免擁有「狀態資料」的，且一個 component 中還可能同時有多種狀態資料。此外，這個 API 還得滿足支援多種狀態相互引用傳值的需求，且又要避免命名衝突等問題。我們需要一個有足夠的彈性來與開發者互動、同時又能在 React 內部維護 fiber node 的 API 設計。

Component 之間的邏輯重用

讓不同的 component 之間重用邏輯一直是前端的開發當中相當重要的需求，不過事實上，在整個 class component 的時代，React 從來沒有推出過官方的 component 邏輯重用 API。這是因為在 class component 的寫法中，state 與生命週期 API 都必須在 component 中才能定義，而無法獨立於 component 之外去定義。此外，同一個功能你可能會需要在許多生命週期 API 都放入邏輯，因此其實也很難把它們抽出來在多個 component 之間共用。

在 class component 的時代中，也有許多由社群提出的設計模式來繞圈解決邏輯重用的問題，主流的像是 higher order component 以及 render props，不過它們都無法完美的解決所有問題，仍然有命名衝突、依賴不透明…等等缺陷。

5-7-4 Hooks API 的設計思維與脈絡

Hooks 的目標，是想要配合 function component 設計一套能夠定義、管理狀態並且方便共用邏輯的 API，同時解決幾個過去的方案會遇到的問題：

▶ 避免命名衝突。

▶ 依賴透明，被重用的不同邏輯們之間可以自由拆分、組合與呼叫。

▶ 避免污染 render 出的 React element 結構會包含一些與實際畫面無關的東西。

為此，hooks API 採用了一些設計思路來嘗試解決以上問題，接下來讓我們深入展開探討。

以函式作為載體

當我們想重用一個功能的邏輯或流程，以 component 作為定義載體的方式（像是 higher order component）可能會遇到一些問題，例如兩段為了重用邏輯而寫的 component，裡面都有名為 `name` 的 prop，此時如果將它們同時套用到同一個 component 身上，就有可能遇到命名衝突問題。另外，這樣做也會讓這兩段邏輯之間無法彈性的互動，只能是 A 覆蓋 B 或是 B 覆蓋 A，兩者擇一。

因此能讓邏輯與流程能夠以最大的彈性被拆分與呼叫的形式，仍然是函式。函式可以自由的設計參數與回傳值，也能很好的自由拆分與組合，這是 hooks API 都被設計成函式的一個主要原因。

並且由於 hooks 的呼叫是在 component function 的 render 過程中發生的，也就是函式的執行過程，所以這些狀態與邏輯的定義載體不一定要是 component，而可以是獨立的自定義 hook 函式。因此無論你在一個 component 中呼叫了多少 hooks，都不會污染到 render 出來的 React element 結構，這能讓與畫面渲染無關的邏輯與畫面本身分離，提升 component 程式碼的可讀性。

依賴於固定的呼叫順序

然而，以函式的形式定義流程與邏輯雖然很直覺方便，但是定義狀態資料則有點微妙。如果一個用來定義狀態資料的 hook 在某次 render 時有呼叫，但卻在其他次的 render 時沒有呼叫，那這到底代表什麼意思？是這個狀態再也用不到了，應該直接移除？如果後面的 render 中再次出現的話，那之前 render 時保存的資料應該還在嗎？從各種角度上來說，這都相當不直覺且很容易讓人誤解其行為。為此，React 要求 component 裡的所有 hooks 在每一次 render 時都會以固定的順序被呼叫到，以保證內部的狀態資料存取機制正確運作。

命名衝突問題

那麼 React 為什麼要將 hooks 設計成以這種順序性方式來儲存並區別資料呢？大多數人的第一直覺應該是會想要以一個唯一的 key 來定義並區別不同的資料：

```
const [name, setName] = useState('name', '');
const [surname, setSurname] = useState('surname', '');
const [width, setWidth] = useState('width', 0);
```

> ✕ 注意，這不是真實的 hooks API，只是假想的 API 設計：
> useState(key, initialState)

然而這種基於自定義 key 的設計會有個難以避免的問題 —— **命名衝突**。

你無法在同一個 component 裡呼叫兩次 key 皆為 `'name'` 的 `useState`。如果你的這些狀態與邏輯僅定義在一個 component 裡的話，這種情況可能還在可控制的範圍內，畢竟你可以自己在 component 中避免重名。然而，如果還要考慮到重用問題的話，每當你在自定義 hook 內定義 state，就可能導致重用了這個自定義 hook 的 component 壞掉 —— 因為在 component 內有可能也定義了相同 key 的 state。

而依賴呼叫順序的方式，基本上就是讓 hooks 的 key 都是一種順序性的 index，如果這個 hook 在 render 中是第三個被呼叫的 hook，那只要它在往後的 render 中也一直維持是第三個被呼叫的 hook，我們就能保持這個機制運作正常。

鑽石問題

基於 key 來命名的 hooks 設計也會導致一個在程式設計領域中惡名昭彰的問題 —— **鑽石問題**，又被稱為**多重繼承問題**或**菱形繼承問題**。這其實是命名衝突問題的延伸進階版，讓我們以一個範例來解釋。

在以下的範例中，我們想要在遊戲資料裡定義「玩家」以及「怪物」兩種類型，而它們兩者都有「位置座標」這種相同的資料概念，我們想要重用這個部分：

```js
// hooks.js
1  function usePosition() {
2    const [x, setX] = useState('positionX', 0);
3
4
5    const [y, setY] = useState('positionY', 0);
6
7    return { x, setX, y, setY };
8  }
9
10 export function usePlayer() {
11   const posotion = usePosition();
12
13   // ...其他 player 才會有的資料或方法
14
15   return { ....., posotion };
16 }
17
18 export function useMonster() {
19   const posotion = usePosition();
20
21   // ...其他 monster 才會有的資料或方法
22
23   return { ....., posotion };
24 }
```

> ✕ 注意，這裡是假想的 hooks API，指定這個 hook 的 key 為 'positionX'

> ✕ 注意，這裡是假想的 hooks API，指定這個 hook 的 key 為 'positionX'

> 在這兩個 hooks 中都各自呼叫了 usePosition

在上面這段 React 程式碼中，`usePlayer` 與 `useMonster` 這兩個自定義 hook 的內部都重用到 `usePosition` 這個自定義 hook，而 `usePosition` 裡面以 key 的方式定義了兩種 state `positionX` 以及 `positionY`。

而此時當我們的 `GameApp` component 中同時呼叫了 `usePlayer` 以及 `useMonster` 這兩種 hook 時，鑽石問題就產生了：

```jsx
⚛ GameApp.jsx

1  import { usePlayer, useMonster } from './hooks';
2
3  export default function GameApp() {
4    const player = usePlayer();
5    const moneter = useMonster();
6
7    // ...
8  }
```

當我們同時在一個 component 中去呼叫 `usePosition` 兩次時，它們兩者會分別在 component 裡都嘗試註冊名為 `positionX` 與 `positionY` 的 hook，這會導致命名衝突問題，如圖 5-7-6 中所示：

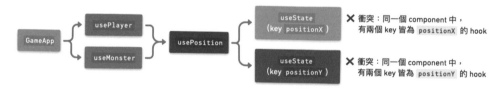

圖 **5-7-6** 鑽石問題

而如果是基於 hooks 在 component 裡的固定呼叫順序，則可以很自然的解決了這個問題，如圖 5-7-7 中所示：

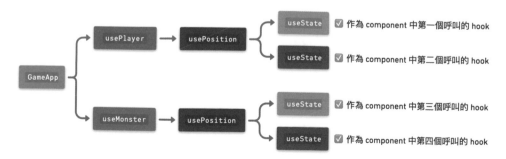

圖 **5-7-7** 以順序性函式呼叫的設計來解決鑽石問題

　　純粹的函式呼叫並不會產生鑽石問題，它們會自然的形成樹狀結構。而 component 只需要以這些自定義 hook 在層層呼叫所展開後的**整體呼叫順序**，來區分並追蹤 hooks 的狀態資料即可，這樣的設計能讓我們可以向命名衝突的惡夢說再見。

章節重點觀念整理

▶ Fiber node：

- Fiber node 的工作是負責保存並維護目前 **React 應用程式的最新狀態資料**，整個應用程式之中只會存在一份；而 React element 則是 render 流程的產物，用於**描述某個歷史時刻的畫面結構**，會隨著不斷 re-render 而不斷重新產生好幾份。

- 與 React element 「一經建立就不會再被修改，是在表達特定歷史時刻」不同的是，fiber node 是在保存「最新的狀態」，因此會不斷的被更新修改以維護最新的狀態資料。

- Fiber node 是保存並維護 hooks 資料的實際載體。

▶ 為什麼 hooks 的運作是依賴於固定的呼叫順序：

- 因為一旦有某個 hook 的呼叫在某次 render 被跳過，後續所有 hook 的順序都會跟著跳號，導致 React 內部在存取狀態資料時會有錯置的問題。

▶ Hooks API 的設計思維與脈絡：

- 以函式作為載體，能讓邏輯與流程以最大的彈性被拆分與呼叫。函式可以自由的設計參數與回傳值，也能很好的自由拆分與組合。

- 依賴於固定的呼叫順序，來避免巢狀呼叫時的鑽石問題。純粹的函式呼叫並不會有鑽石問題，它們會自然的形成樹狀結構。而 component 只需要以這些自定義 hook 在層層呼叫所展開後的**整體呼叫順序**，來區分並追蹤 hooks 的狀態資料即可。

章節重要觀念自我檢測

▶ Hooks 的資料本體到底存放在何處？

▶ 為什麼 hooks 的運作是依賴於固定的呼叫順序？

▶ Hooks 如何透過順序式的資料結構設計來避免巢狀呼叫時的鑽石問題？

參考資料

▶ https://medium.com/@ryardley/react-hooks-not-magic-just-arrays-cd4f1857236e